南京航空航天大学研究生优质教学资源建设项目

机电能量转换

陈志辉　编著

電子工業出版社

Publishing House of Electronics Industry

北京 • BEIJING

内 容 简 介

本书主要介绍机电能量转换的基本原理及应用，共7章，分别为：机电能量转换装置及发展、基本电磁定律和磁场储能、机电能量转换原理、机电系统运动方程、坐标变换与原型电机、传统电机的分析、磁阻电机的分析，其中一些内容融入了作者近年的研究成果。

本书可作为高等院校机电类相关专业的研究生教材，也可作为电气工程、电机及控制等相关方向科研、工程技术人员的参考书。

图书在版编目(CIP)数据

机电能量转换/陈志辉编著．—北京：电子工业出版社，2023.1
ISBN 978-7-121-44943-7

Ⅰ.①机… Ⅱ.①陈… Ⅲ.①机械能－电能－能量转换－高等学校－教材 Ⅳ.①TM301.3

中国国家版本馆CIP数据核字(2023)第018437号

责任编辑：凌　毅
印　　刷：北京七彩京通数码快印有限公司
装　　订：北京七彩京通数码快印有限公司
出版发行：电子工业出版社
　　　　　北京市海淀区万寿路173信箱　邮编：100036
开　　本：720×1 000　1/16　印张：11.25　字数：227千字
版　　次：2023年1月第1版
印　　次：2023年8月第2次印刷
定　　价：49.00元

凡所购买电子工业出版社图书有缺损问题，请向购买书店调换。若书店售缺，请与本社发行部联系。联系及邮购电话：(010)88254888，88258888。

质量投诉请发邮件至zlts@phei.com.cn，盗版侵权举报请发邮件至dbqq@phei.com.cn。

本书咨询联系方式：(010)88254528，lingyi@phei.com.cn。

前　　言

能够实现机械能与电能之间相互转换功能的装置称为机电能量转换装置。在我们生产生活的实践中，存在大量这种类型的装置。本书侧重于阐述机电能量转换的基本物理原理，目标是建立机电能量转换装置的理论分析、建模、求解等较为完整的体系架构，编写过程力求采用简单的基本原理及公式对机电能量转换装置进行描述。

与“电机学”课程不同，“机电能量转换”课程研究机电装置中机械能与电能之间更为普遍的转换规律。本书大致脉络为：在基本电磁原理的基础上总结机电装置中的电磁力、感应电动势的产生原理，归纳出机电能量转换装置的一般分析方法，推导获得机电能量转换发生的条件；通过拉格朗日方程建立完整约束机电装置的数学模型；为了对机电系统实施控制，采用坐标变换简化、求解机电装置运动方程，并引入原型电机概念；最后在传统电机和开关磁阻电机、双凸极电机中应用机电能量转换原理进行分析。

本书由南京航空航天大学陈志辉编写，研究生朱嘉骏、马昕晨、薛敬业、朱磊、刘洋洋和于海涵等参加了图表的绘制等工作，在此表示感谢。在本书编写过程中，参考了很多国内外的著作和文献，在此对著作和文献的作者致以由衷的谢意。

本书承南京航空航天大学王晓琳、秦海鸿审阅，两位老师在本书结构、文字方面提出了宝贵意见，在此表示深切的谢意。

由于编者水平有限，书中存在的不当或错误之处，恳请读者批评指正。

陈志辉
2022年12月
于南京航空航天大学

前 言

能够实现机械能与电能之间相互转换功能的装置称为机电能量转换装置。在我们生产生活的实践中，存在大量这种类型的装置。本书侧重于阐述机电能量转换的基本物理原理，目标是建立机电能量转换装置的理论分析、建模、求解等较为完整的体系架构，编写过程力求采用简单的基本原理及公式对机电能量转换装置进行描述。

与“电机学”课程不同，“机电能量转换”课程研究机电装置中机械能与电能之间更为普遍的转换规律。本书大致脉络为：在基本电磁原理的基础上总结机电装置中的电磁力、感应电动势的产生原理，归纳出机电能量转换装置的一般分析方法；推导获得机电能量转换发生的条件；通过拉格朗日方程建立完整的机电装置的数学模型；为了对机电系统实施控制，采用坐标变换简化、求解机电装置运动方程，并引入原型电机概念；最后在传统电机和开关磁阻电机、双凸极电机中运用机电能量转换原理进行分析。

本书由南京航空航天大学陈志辉编写，研究生朱嘉琰、马昕晨、韩敬业、朱露、刘洋洋和丁斌煜等参加了图表的绘制等工作，在此表示感谢。在本书编写过程中，参考了很多国内外的著作和文献，在此对著作和文献的作者致以由衷的谢意。

本书承南京航空航天大学王慧贞教授、[illegible]审阅，两位老师在书稿、内容、文字方面提出了宝贵意见，在此表示深切的谢意。

由于编者水平有限，书中存在的不妥和疏漏之处，恳请读者批评指正。

陈志辉
2022年12月
于南京航空航天大学

目 录

第 1 章 机电能量转换装置及发展 …… 1
1.1 机电能量转换装置的分类 …… 1
1.2 机电能量转换装置的发展 …… 2
习题与思考题 1 …… 3
第 2 章 基本电磁定律和磁场储能 …… 4
2.1 静磁场中的基本定律 …… 4
2.1.1 洛伦兹力定律 …… 4
2.1.2 毕奥-萨伐尔定律 …… 5
2.1.3 安培环路定律 …… 6
2.2 磁导率和磁场强度 …… 7
2.3 判断电磁力的相互作用原理和对齐原理 …… 9
2.3.1 相互作用原理 …… 9
2.3.2 对齐原理 …… 10
2.4 磁路与气隙中的边缘效应 …… 11
2.5 电磁感应定律 …… 14
2.6 磁滞曲线 …… 16
2.7 永磁体的特性 …… 18
2.8 小结 …… 20
习题与思考题 2 …… 20
第 3 章 机电能量转换原理 …… 22
3.1 机电能量转换过程的能量关系 …… 22
3.2 保守系统和状态函数 …… 23
3.3 单边激励机电装置的分析 …… 24
3.3.1 输入耦合场的净电能 …… 25
3.3.2 磁场储能 …… 26
3.3.3 磁场力 …… 27
3.3.4 借助图形分析磁场力 …… 28
3.4 双边激励机电装置的分析 …… 30
3.4.1 输入耦合场的净电能 …… 31

3.4.2 磁场储能 …… 32
3.4.3 电磁转矩 …… 33
3.4.4 多边激励机电装置 …… 34
3.5 以电场作为耦合场的机电装置 …… 34
3.5.1 电场能和电场力 …… 34
3.5.2 电场型电机的分析 …… 35
3.5.3 电场型机电装置与磁场型机电装置的比较 …… 37
3.6 永磁系统中的力与转矩 …… 38
3.7 机电能量转换的条件 …… 40
3.8 旋转电机的电磁转矩 …… 41
3.8.1 隐极电机的分析 …… 42
3.8.2 凸极电机的分析 …… 46
3.8.3 电机产生平均电磁转矩的条件 …… 51
3.9 麦克斯韦应力张量 …… 54
3.10 电磁铁动铁的受力分析 …… 57
3.10.1 电磁力有限元暂态仿真法 …… 58
3.10.2 虚功法 …… 58
3.10.3 电磁力公式法 …… 59
3.10.4 磁能密度法 …… 60
3.11 小结 …… 61
习题与思考题 3 …… 61
第 4 章 机电系统运动方程 …… 65
4.1 机电类比 …… 65
4.1.1 机械系统和机械元件模型 …… 65
4.1.2 电路的对偶关系 …… 67
4.1.3 机械系统和电系统的类比关系 …… 69
4.1.4 机械系统的模拟电路 …… 71
4.2 机电系统的能量与拉格朗日函数 …… 72
4.2.1 拉格朗日方程反演 …… 73
4.2.2 广义坐标与拉格朗日函数 …… 75
4.3 拉格朗日方程与汉密尔顿运动方程 …… 75
4.3.1 变分的概念 …… 75
4.3.2 拉格朗日方程的推导 …… 76
4.3.3 汉密尔顿运动方程 …… 78

4.3.4 拉格朗日方程应用条件 …… 79
4.4 拉格朗日方程应用 …… 80
4.5 小结 …… 84
习题与思考题 4 …… 84
第 5 章 坐标变换与原型电机 …… 87
5.1 机电能量转换装置的运动方程分类 …… 87
5.2 三相电机的气隙磁通势 …… 92
5.3 综合矢量 …… 95
5.4 电机常用坐标系统 …… 98
5.4.1 $\alpha\beta0$ 坐标系统 …… 98
5.4.2 $dq0$ 坐标系统 …… 100
5.4.3 120 坐标系统 …… 102
5.4.4 $FB0$ 坐标系统 …… 103
5.4.5 功率不变约束下的 $\alpha\beta0$ 变换和 $dq0$ 变换 …… 104
5.5 电机统一理论 …… 106
5.6 小结 …… 115
习题与思考题 5 …… 115
第 6 章 传统电机的分析 …… 116
6.1 直流电机 …… 116
6.1.1 理想他励直流电机的运动方程 …… 116
6.1.2 复合励磁方式的直流电机运动方程 …… 119
6.1.3 直流电机的补偿绕组及换向极 …… 122
6.2 感应电机 …… 124
6.2.1 基于三相物理量的感应电机运动方程 …… 124
6.2.2 基于两相静止坐标系的感应电机运动方程 …… 126
6.2.3 基于两相同步旋转 $dq0$ 坐标系的感应电机运动方程 …… 132
6.2.4 转子磁链定向的 $MT0$ 坐标系下的感应电机运动方程 …… 136
6.2.5 感应电机矢量控制策略 …… 137
6.2.6 感应电机直接转矩控制(DTC)策略 …… 140
6.3 同步电机 …… 144
6.3.1 基于三相物理量的同步电机运动方程 …… 144
6.3.2 基于两相旋转坐标系的同步电机运动方程 …… 146
6.3.3 永磁同步电机运动方程 …… 147
6.4 小结 …… 152

习题与思考题 6 …………………………………………………………………… 152
第 7 章　磁阻电机的分析 ………………………………………………………… 153
7.1　开关磁阻电机 …………………………………………………………… 153
7.1.1　运动方程 ………………………………………………………… 153
7.1.2　开关磁阻电机的控制仿真与分析 ……………………………… 157
7.2　双凸极电机 ……………………………………………………………… 161
7.2.1　运动方程 ………………………………………………………… 161
7.2.2　双凸极电机的控制仿真与分析 ………………………………… 166
7.3　小结 ……………………………………………………………………… 170
习题与思考题 7 …………………………………………………………………… 170
参考文献 ………………………………………………………………………… 171

第1章　机电能量转换装置及发展

当前，人类正处于第四次工业革命时代，即我们常说的“工业4.0”。在此之前，人类经历了三次工业革命。第一次工业革命发生在18世纪60年代至19世纪中期，利用水力和蒸汽机实现工厂机械化，极大提高了社会生产力。第二次工业革命发生在19世纪70年代到20世纪初，在此期间，科学技术取得了突飞猛进的发展，并被迅速应用到工业生产中，大大促进了社会生产力的发展。电力的广泛使用是第二次工业革命的重要标志，人类由此进入“电气时代”。第三次工业革命是20世纪后半期出现的，主要是利用计算机技术和信息技术提高工业生产的自动化水平。而第四次工业革命的目标则是以人工智能技术、机器人技术、虚拟现实技术、量子信息技术、可控核聚变、清洁能源及生物技术为依托，通过人-机-物互联互通的手段，将制造业推向智能化。

可以说从第二次工业革命开始，工业生产就离不开电能，也就离不开机电能量转换装置。而且人们的日常生活也离不开电能，很多设备、产品本身属于或包含机电能量转换装置。机电能量转换装置的作用是实现机械能与电能之间的转换。发电机将机械能转变为电能，电动机则将电能转变为机械能。

1.1　机电能量转换装置的分类

1. 按照功率大小与用途不同分类

根据功率大小与用途不同，机电能量转换装置可以分成3类。

(1) 机电信号变换器

机电信号变换器变换的机电功率小，能够实现机械能到电能的转换，通常用于产生人们希望得到的电信号。常见的机电信号变换器有音响设备中的扬声器、话筒，它们用以捕捉空气的振动，产生相应幅值、频率的电信号，为了实现对声音的放大效果，还需要后级电路对相应的电信号进行功率放大，以驱动音箱等。此外，用作传感器的测速发电机、旋转变压器等也是常见的机电信号变换器，它们感受速度、转子位置变化，输出包含转速、位置信息的电信号，提供给控制电路。

(2) 动铁换能器

动铁换能器的输入为电能，输出为机械能，能够将电能转换成动铁部分的直线或旋转运动，其特点是动铁换能器的可动部分的运动范围是受到限制的。典型的动铁换能器有继电器、接触器、电磁铁等。

(3) 连续机电能量转换装置

该类机电能量转换装置的特点是能够较长时间进行连续机电能量转换，最为典型的有电动机和发电机等。

2. 按照能量转换的场所介质不同分类

机电能量转换装置按照能量转换的场所介质不同，可以分为磁场型、电场型及材料形变(压电效应、电致伸缩、磁致伸缩)型3类。

磁场型机电能量转换装置包括继电器、接触器、电磁铁、各种常见的电机，它们机电能量转换的场所都是磁场。电场型机电能量转换装置需要依靠静电场来实现机械能与电能之间的转换，诸如电容麦克风感受外界音源，引起电容极板振动导致电容容值变化，从而转变成电信号输出。

此外，一些材料依靠材料内部的结构特性实现机械能与电能之间的转换。例如，有的材料在施加电场或磁场作用下会发生形变，像锆钛酸铅陶瓷等多晶材料在外加电场时，内部电畴的极化方向会转动到与外电场相一致，从而导致相应方向的材料长度发生变化；在外加磁场中，一些材料如金属氧化物、铁氧体及稀土材料的磁化方向的尺寸会发生改变，这就是磁致伸缩现象。利用压电效应制成的压电陶瓷是一种能够将机械能和电能互相转换的信息功能陶瓷材料，它在机械应力作用下，引起内部正负电荷中心发生相对位移，导致材料两端面出现符号相反的束缚电荷，主要用于制造超声换能器、水声换能器、电声换能器及压电陀螺等。

1.2 机电能量转换装置的发展

磁场型机电能量转换装置中，电磁式电机是最重要的一类。随着我国“碳达峰”“碳中和”3060目标的确立，新能源汽车取代传统燃油车成为趋势，电动汽车产业蓬勃发展，促进了电驱动技术的快速进步；以电力(混合)驱动技术为核心的绿色航空概念也受到各国航空业界的高度关注，对电磁式电机提出了高功率密度、高效率等性能要求。随着新材料、电力电子器件、冷却技术的发展，出现了超导电机、容错电机等新型电磁式电机。电磁式电机驱动系统是一个跨机械、电气、控制、材料、传热等学科的复杂对象，通常要采用多物理场仿真技术对其进行研究。电机领域的研究可以分为新型电机拓扑结构、电机本体优化设计、高功率密度控制器、先进驱动控制策略等诸多方面。

电场型机电能量转换装置中的静电电动机可以细分为两类，一类是基于介电弛豫原理的静电感应电动机，另一类是可变电容型静电电动机。前者利用转子表面感应出的电荷产生的电场滞后于旋转电场的特性，转子上的感应电荷产生的电场与定子旋转电场之间就会存在一个夹角，使得转子上受到电场转矩的作用。后者是由于转子不同位置下对应的定、转子之间的电容值不同，导致电场储能发生变化，进而产生电场力及电场转矩。在微尺度领域，电磁式电机由于结构过于复杂，相比结构简单的静电电动机不再具有优势，在航天卫星和医疗器械领域中人们已经开始尝试用静电电动机来代替传统的电磁式电机。静电电动机除采用传统的机械加工手段外，比较成熟的有表面超微加工技术和光刻、电铸及脱模（LIGA）技术。表面超微加工技术利用牺牲层技术和集成电路工艺相结合对硅材料进行加工，可以实现微机械和微电子的系统集成。LIGA技术利用X射线光刻技术，通过电铸成型和铸塑形成深层微结构，这种方法可以对多种金属及陶瓷进行三维微细加工。静电电动机尺寸比较小，一般采用有限元法对它进行三维场分析，从而建立控制模型。此外，传动结构和微尺寸下的摩擦问题等是静电电动机领域的研究重点。

材料形变型机电转换装置与材料的发展密不可分。和传统的超磁致伸缩材料及压电陶瓷材料（PZT）相比，近期发展起来的稀土超磁致伸缩材料的伸缩应变λ更大，产生的推力也大，而且具有能量转换效率高的优点，可用于机器人、超精密机械加工、照相机快门、智能机翼等诸多领域。作为战略性功能材料，该类材料的应用研究一直受到人们的广泛关注，促进了相关新技术、新设备、新工艺的发展。

习题与思考题1

1.1 请列举几种你平时接触到的机电能量转换装置。

1.2 “电机学”课程中学习的同步电机属于哪一类机电能量转换装置？

1.3 变压器是一种机电能量转换装置吗？为什么？

第2章　基本电磁定律和磁场储能

机电能量转换装置是遵循一些基本物理原理进行工作的，本章将介绍本书中会用到的定律、原理，包括洛伦兹力定律、毕奥-萨伐尔定律及安培环路定律；讨论磁路的概念及磁性材料的特性。

2.1　静磁场中的基本定律

固定电荷会产生电场，如果这些电荷以一定速度运动，则会产生磁现象。因此，可以认为磁场是与运动电荷密切相关的，即电流产生磁场。磁场由称为磁通密度（亦称为磁感应强度）的矢量 $\boldsymbol{B}$ 来表征，在国际单位制中，其单位是特斯拉（T）。磁通 Φ 与磁通密度的关系为

$$\Phi=\boldsymbol{B}\cdot\boldsymbol{A} \tag{2.1}$$

式中，$\boldsymbol{A}$ 是面积矢量。因为磁通的单位是韦伯（Wb），因此，$1\text{T}=1\text{Wb/m}^2$。在厘米-克-秒(cgs)单位制中，磁通密度还会使用高斯(G)作为单位，$1\text{T}=10^4\text{G}$。

2.1.1　洛伦兹力定律

洛伦兹力定律不是从其他理论推导出来的定律，而是被多次重复实验所验证的电磁学基本公理。在磁通密度 $\boldsymbol{B}$ 的磁场中，以速度 $\boldsymbol{v}$ 运动的带电粒子 q 会受到一个力的作用，这个力的大小可以表示为电荷量 q 与电荷的速度 $\boldsymbol{v}$ 和磁通密度 $\boldsymbol{B}$ 的大小，以及 $\boldsymbol{v}$ 和 $\boldsymbol{B}$ 的夹角正弦值的乘积，方向则为 $\boldsymbol{v}$ 与 $\boldsymbol{B}$ 的矢量积方向，即

$$\boldsymbol{F}=q\,\boldsymbol{v}\times\boldsymbol{B} \tag{2.2}$$

如图 2.1 所示，在一个磁通密度为 y 轴方向的磁场中，若电荷 q 沿 x 轴运动，它受到的电磁力将会在 z 轴方向，可借助右手定则来判断。

式(2.2)的微分形式为

$$\mathrm{d}\boldsymbol{F}=\mathrm{d}q(\boldsymbol{v}\times\boldsymbol{B}) \tag{2.3}$$

导线上的电流是由电荷运动产生的，若一根导线上的电流为 $\boldsymbol{I}$(A)，假设单位导线长度上的电荷数，即线电荷密度为 ρ_{q}(Q/m)，电荷沿导线运动的速度为 $\boldsymbol{v}$(m/s)，容易得到

$$\boldsymbol{I}=\rho_{\text{q}}\boldsymbol{v} \tag{2.4}$$

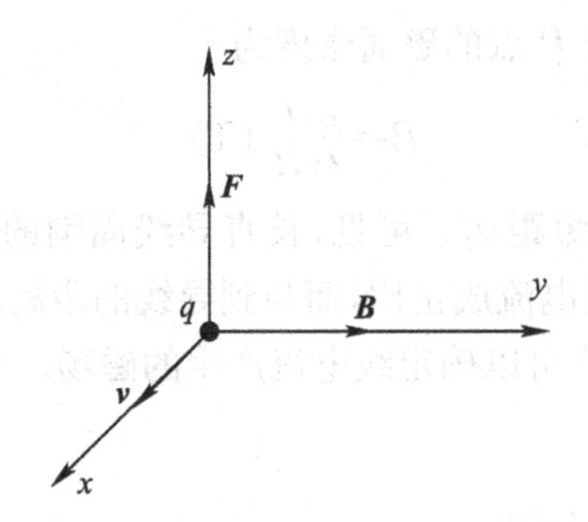

图 2.1 判断洛伦兹力方向示意图

而在导线上长度为 $\mathrm{d}l$ 的部分，将会有电荷 $\mathrm{d}q=\rho_q\cdot\mathrm{d}l$。结合式(2.3)与式(2.4)可以得到，在该导线上长度为 $\mathrm{d}l$ 的部分受到的电磁力为

$$\mathrm{d}\boldsymbol{F}=\mathrm{d}q(\boldsymbol{v}\times\boldsymbol{B})=I\mathrm{d}\boldsymbol{l}\times\boldsymbol{B} \tag{2.5}$$

一根导线上受到的电磁力可以由式(2.5)积分得到。另外，导体上的受力乘以对应的力臂就可以得到转矩，可见式(2.5)对电机的分析设计意义重大。

2.1.2 毕奥-萨伐尔定律

带电粒子以一定速度运动时会产生磁场。在自由空间内，与带有电荷 q 的粒子相距为 r 的 P 点处的磁通密度 $\boldsymbol{B}$ 可以由毕奥-萨伐尔方程得出

$$\boldsymbol{B}=\frac{\mu_0}{4\pi}q\frac{\boldsymbol{v}\times\boldsymbol{a}_r}{r^2}\ (\mathrm{T}) \tag{2.6}$$

式中，常数 μ_0 称为真空磁导率，为

$$\mu_0=4\pi\times10^{-7}(\mathrm{H/m}) \tag{2.7}$$

矢量 $\boldsymbol{a}_r$ 是从电荷 q 指向点 P 的单位矢量。在同一位置处，电荷增量 $\mathrm{d}q$ 导致了磁通密度的增量 $\mathrm{d}\boldsymbol{B}$，有

$$\mathrm{d}\boldsymbol{B}=\frac{\mu_0}{4\pi}\mathrm{d}q\frac{\boldsymbol{v}\times\boldsymbol{a}_r}{r^2}\ (\mathrm{T}) \tag{2.8}$$

利用式(2.5)中 $\mathrm{d}q\cdot\boldsymbol{v}=I\cdot\mathrm{d}\boldsymbol{l}$ 的关系，可以得到流过电流 I 的一段 $\mathrm{d}l$ 线路产生的磁通密度为

$$\mathrm{d}\boldsymbol{B}=\frac{\mu_0}{4\pi}I\frac{\mathrm{d}\boldsymbol{l}\times\boldsymbol{a}_r}{r^2}\ (\mathrm{T}) \tag{2.9}$$

针对一根长直导线，可以参考图 2.2，采用式(2.9)计算出某处的磁通密度。根据右手定则可以知道磁通密度的增量 $\mathrm{d}\boldsymbol{B}$ 为垂直纸面朝里的方向，其大小为

$$\mathrm{d}B=\frac{\mu_0}{4\pi}\frac{I\mathrm{d}l\sin\theta}{r^2}\ (\mathrm{T}) \tag{2.10}$$

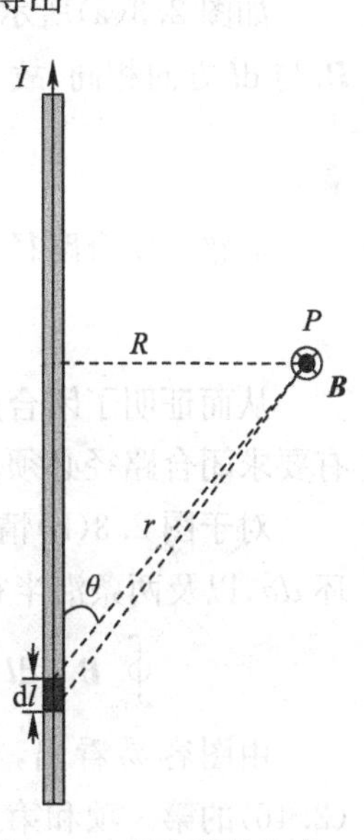

图 2.2 通电流的长直导线产生的磁场

通过积分即可计算出 P 点的磁通密度为

$$B=\frac{\mu_0 I}{2\pi R}\ (\mathrm{T}) \tag{2.11}$$

式中，R 为 P 到导线的最短距离。可见，长直导线周围的磁场会以同心圆形式围绕着导线。磁通密度与线电流成正比，而与到导线的距离成反比。

通过毕奥-萨伐尔定律可以确定线电流产生的磁场。此外，也可以根据安培环路定律来计算出磁场。

2.1.3 安培环路定律

安培环路定律可以描述为：磁通密度 $\boldsymbol{B}$ 沿任何闭合路径 c 的线积分等于该闭合路径所包围的各个电流的代数和 I 与磁导率 μ_0 的乘积。其表达式为

$$\oint_c \boldsymbol{B}\cdot \mathrm{d}\boldsymbol{l}=\mu_0 I \tag{2.12}$$

针对流过电流 I 的一根长直导线，由毕奥-萨伐尔定律可知磁场是以导线作为圆心的一系列同心圆的形式进行分布的。以半径 R_1 的圆上的磁通密度保持不变，即

$$B_1=\frac{\mu_0 I}{2\pi R_1}\ (\mathrm{T}) \tag{2.13}$$

如图 2.3(a)所示，当闭合路径 c_1 为一个圆周时，在圆周微增量上的磁通密度 $\boldsymbol{B}_1$ 与 $\mathrm{d}\boldsymbol{l}$ 方向相同，故

$$\boldsymbol{B}_1\cdot \mathrm{d}\boldsymbol{l}=B_1\cdot \mathrm{d}l=\frac{\mu_0 I}{2\pi R_1}\cdot R_1\mathrm{d}\theta \tag{2.14}$$

对整个闭合路径进行积分得

$$\oint_{c_1} \boldsymbol{B}_1\cdot \mathrm{d}\boldsymbol{l}=\int_0^{2\pi}\frac{\mu_0 I}{2\pi}\mathrm{d}\theta=\mu_0 I \tag{2.15}$$

从而证明了闭合路径为圆环时，安培环路定律成立。然而，安培环路定律并没有要求闭合路径必须是一个圆环。

对于图 2.3(b)情形，闭合路径由半径为 R_1 的上半圆环 bc、半径为 R_2 的下半圆环 da，以及两条沿半径方向的线段 ab 和 cd 组成。这样可以写出

$$\oint_{c_2} \boldsymbol{B}\cdot \mathrm{d}\boldsymbol{l}=\int_a^b \boldsymbol{B}_3\cdot \mathrm{d}\boldsymbol{l}+\int_b^c \boldsymbol{B}_1\cdot \mathrm{d}\boldsymbol{l}+\int_c^d \boldsymbol{B}_4\cdot \mathrm{d}\boldsymbol{l}+\int_d^a \boldsymbol{B}_2\cdot \mathrm{d}\boldsymbol{l} \tag{2.16}$$

由图容易看出，在 ab 和 cd 段，磁通密度 $\boldsymbol{B}_3$、$\boldsymbol{B}_4$ 与 $\mathrm{d}\boldsymbol{l}$ 方向正交，因此，式(2.16)的第一项和第三项均等于 0。第二项为

$$\int_b^c \boldsymbol{B}_1\cdot \mathrm{d}\boldsymbol{l}=\int_0^{\pi}\frac{\mu_0 I}{2\pi R_1}\cdot R_1\mathrm{d}\theta=\frac{\mu_0 I}{2} \tag{2.17}$$

计算式(2.16)的第四项，有

$$\int_{d}^{a} \boldsymbol{B}_2 \cdot \mathrm{d}\boldsymbol{l} = \int_{\pi}^{2\pi} \frac{\mu_0 I}{2\pi R_2} \cdot R_2 \mathrm{d}\theta = \frac{\mu_0 I}{2} \tag{2.18}$$

结合式(2.17)和式(2.18)，于是有

$$\oint_{c_2} \boldsymbol{B} \cdot \mathrm{d}\boldsymbol{l} = \mu_0 I \tag{2.19}$$

对于图 2.3(c)的闭合路径 c_3，由于其环绕的区域内电流为 0，由安培环路定律得

$$\oint_{c_3} \boldsymbol{B} \cdot \mathrm{d}\boldsymbol{l} = 0 \tag{2.20}$$

闭合路径 c_3 的情况可以采用与 c_2 同样的方法进行分析，要注意在 bc 段的磁通密度 $\boldsymbol{B}_1$ 与路径 c_3 定义的正方向相反，在这一段会有

$$\int_{b}^{c} \boldsymbol{B}_1 \cdot \mathrm{d}\boldsymbol{l} = \int_{0}^{\pi} \frac{-\mu_0 I}{2\pi R_1} \cdot R_1 \mathrm{d}\theta = -\frac{\mu_0 I}{2} \tag{2.21}$$

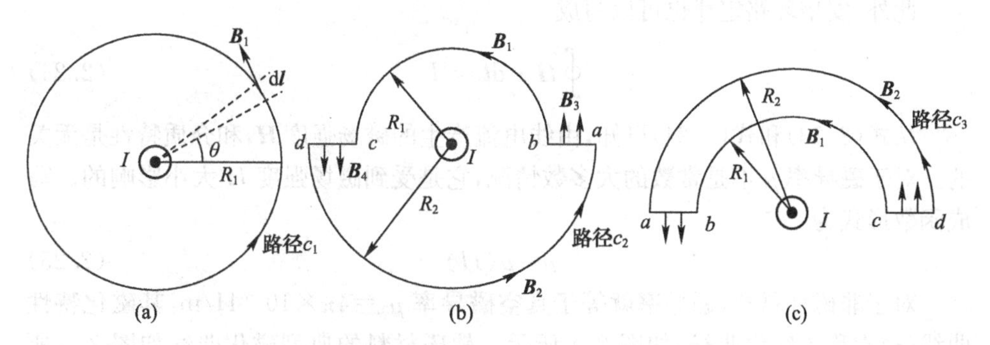

图 2.3　不同闭合路径情况下的安培环路定律图示

综上所述，借助毕奥-萨伐尔定律，在几种不同闭合路径下推导了安培环路定律。

2.2　磁导率和磁场强度

在毕奥-萨伐尔定律和安培环路定律中，我们在表达式中用到了真空磁导率 μ_0。由式(2.9)可知，正是因为真空磁导率 μ_0 是一个常数，自由空间的磁通密度 B 与电流 I 成线性关系。可以推断，若在另外一种材料中，磁通密度 B 与电流 I 也维持线性关系，则真空磁导率 μ_0 可以用与该材料有关的磁导率 μ 代替，而 2.1 节中的关系式在采用磁导率 μ 后仍然成立。

根据材料中磁通密度 B 与电流 I 的关系，可以把材料按磁性能分为两类。

① 非磁性材料，磁导率等于 μ_0 的所有介电材料和金属。

② 铁磁材料，在这类材料中，同样电流能够产生比自由空间中更大的磁通密

度 B。铁磁材料的磁导率比真空磁导率大得多，并且会随着电流大小而发生变化，这就是通常说的非线性。

铁磁材料可以划分为两大类，即软磁材料和硬磁材料。软磁材料易于磁化，也易退磁，应用较多的软磁材料包括铁硅合金（硅钢片）和软磁铁氧体等。在软磁材料中，磁通密度 $\boldsymbol{B}$ 可以认为是电流 I 的函数。硬磁材料则难以磁化，且剩余磁化强度高，主要是指各类永磁体。

磁场强度用矢量 $\boldsymbol{H}$ 表示，它和磁通密度的关系为

$$\boldsymbol{B}=\mu\boldsymbol{H} \tag{2.22}$$

在各向同性的材料中，磁导率 μ 是一个标量，因此 $\boldsymbol{B}$ 和 $\boldsymbol{H}$ 同方向。结合毕奥-萨伐尔定律，可以得到

$$\mathrm{d}\boldsymbol{H}=\frac{1}{4\pi}I\frac{\mathrm{d}\boldsymbol{l}\times\boldsymbol{a}_r}{r^2}\ (\mathrm{T}) \tag{2.23}$$

此外，安培环路定律也可以写成

$$\oint_c \boldsymbol{H}\cdot\mathrm{d}\boldsymbol{l}=I \tag{2.24}$$

从式(2.23)和式(2.24)可知，由线电流产生的磁场强度 $\boldsymbol{H}$，和介质特性是无关的。对于磁导率 μ 不是常数的大多数情况，它是受到磁场强度 H 大小影响的。写成函数形式为

$$\mu=\mu(H) \tag{2.25}$$

对于非磁性材料，磁导率就等于真空磁导率 $\mu_0=4\pi\times10^{-7}\,\mathrm{H/m}$，其磁化特性曲线（通常称为磁化曲线）如图 2.4 所示。软磁材料的典型磁化曲线如图 2.5 所示，其初始阶段斜率较小，而后斜率迅速增大。

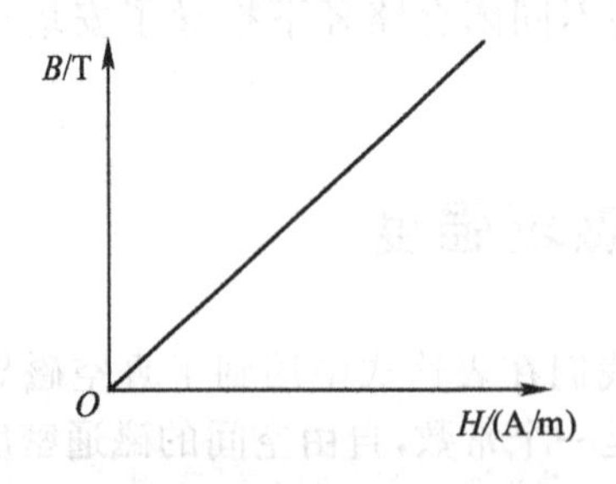

图 2.4　非磁性材料的磁化曲线

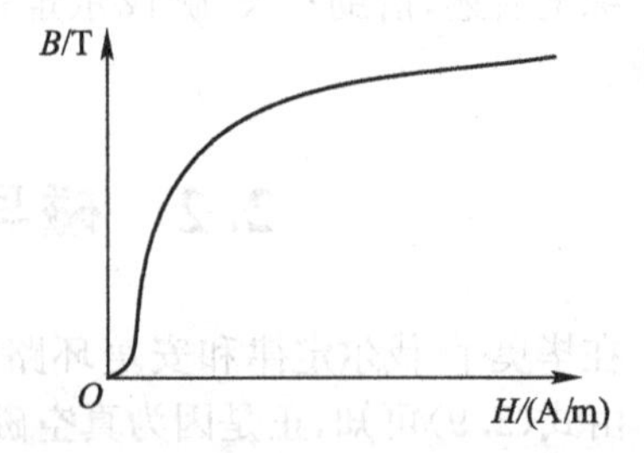

图 2.5　软磁材料的典型磁化曲线

磁化曲线上某一点对应的磁导率等于该点的磁通密度 B 与磁场强度 H 的比值，即 $\mu=B/H$。磁场强度较低阶段对应的磁导率也较小，这个阶段的磁导率称为初始磁导率。磁导率最大值出现在磁化曲线所谓的拐点位置。软磁材料的磁导率比真空磁导率大得多，因此经常会用到相对磁导率，并定义为

$$\mu_r = \mu / \mu_0 \tag{2.26}$$

相对磁导率 μ_r 随磁场强度 H 变化的关系曲线如图 2.6 所示。

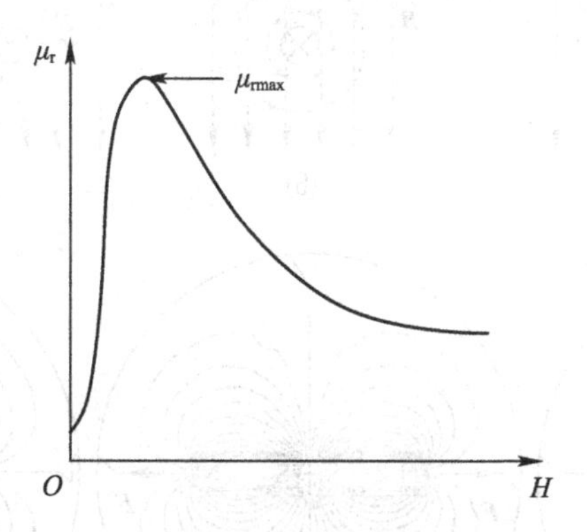

图 2.6　μ_r 随磁场强度 H 变化的关系曲线

在一些分析中,用过原点的直线来近似非线性的磁化曲线,从而起到简化分析的作用。

2.3　判断电磁力的相互作用原理和对齐原理

2.3.1　相互作用原理

采用相互作用原理(Principle of Interaction)可以分析通电导体所受的电磁力,也可以分析两个磁体之间的相互作用。导体中无电流流通时,空间中磁通密度 $\boldsymbol{B}$ 是各处相等的,方向向下,如图 2.7(a)所示。如果导体中通入垂直于纸面的电流 I,根据安培环路定律,在导体周围将产生磁场,磁力线将是一系列的同心圆,对应的磁通密度记为 $\boldsymbol{B}_i$,如图 2.7(b)所示。将通电流 I 的导体放在均匀磁场 $\boldsymbol{B}$ 中时,原有磁场 $\boldsymbol{B}$ 与电流 I 产生的磁场之间将会发生相互作用。导体附近的磁场将由 $\boldsymbol{B}_i$ 与 $\boldsymbol{B}$ 相互叠加而成,如图 2.7(c)所示。可以看出,导体右侧的磁通密度将比原磁通密度 $\boldsymbol{B}$ 大,而左侧的磁通密度则小于 $\boldsymbol{B}$。一方面,可以认为导体上所受到力的方向具有让磁场恢复到原有状态 $\boldsymbol{B}$ 的趋势,从而可以判断图 2.7(c)的导体将会受到向左方向的电磁力;另一方面,通过导体在电磁力的作用下具有使得磁场储能变小的趋势,也可以判断相应导体的受力情况。

图 2.7(d)是一块永磁体产生的磁场示意图,当两块永磁体靠近时就会受到电磁力的作用,当同极性端面接近时,永磁体会受到排斥力的作用,如图 2.7(e)所示;当异极性端面接近时,永磁体会受到吸引力的作用,如图 2.7(f)所示。

当一匝线圈处于一个磁场中时,由于两个边都会受到电磁力的作用,从而在该线圈产生电磁转矩,如图 2.8 所示。此外,图 2.8 还可以从线圈产生的磁通势(方

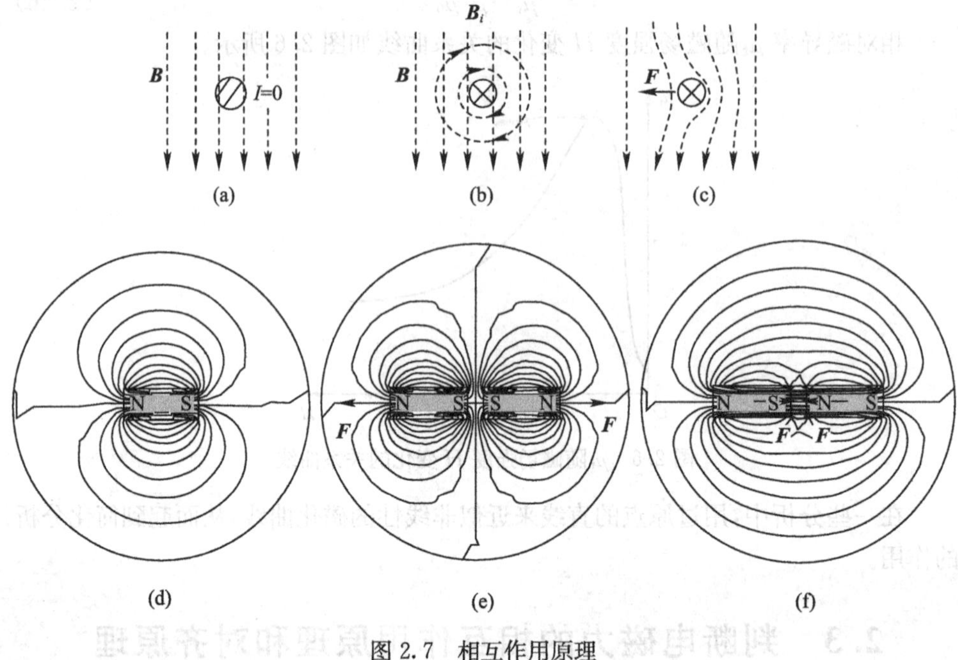

图 2.7　相互作用原理

向朝上)与原磁场相互作用,使得二者有趋于同向的趋势,从而判断线圈上的电磁转矩。

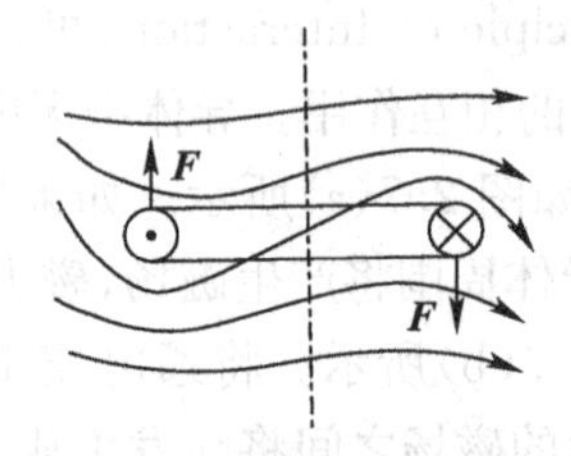

图 2.8　由载流导体和磁场相互作用产生的转矩

在电机分析中,采用定、转子磁通势相互作用来分析电机电磁转矩的方法就是基于相互作用原理的。

2.3.2　对齐原理

在磁场中,若有磁力线穿过两块铁磁物质,则这两块铁磁物质之间会产生相互吸引力,使得它们具有重合的趋势,如图 2.9 所示,这个现象就称为对齐原理。在磁阻类电机中,电磁力主要由这一原理产生。依据对齐原理产生的电磁力,会使整个磁路磁阻下降的趋势。在分析电机中的磁阻转矩时,采用的磁阻最小原理和对齐原理是等效的。

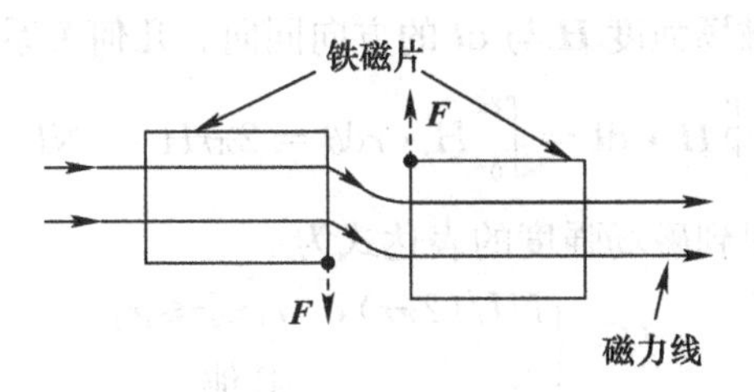

图2.9　对齐原理

2.4　磁路与气隙中的边缘效应

安培环路定律中的闭合环路若包含 N 根导线，每根导线上的电流均为 I，则式(2.24)变为

$$\oint_c \boldsymbol{H} \cdot \mathrm{d}\boldsymbol{l} = NI = F \tag{2.27}$$

式中，NI 称为磁通势，又称安匝数，用 F 来表示。

下面看一个例子，一个环形铁心上绕有一个 N 匝线圈，忽略导线的几何尺寸，环形铁心截面积为 A，如图2.10所示。这里，我们考虑环形铁心最大外圆所在平面的磁场情况。

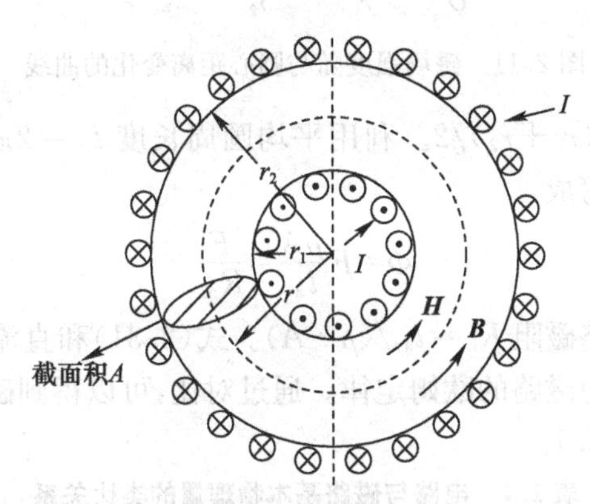

图2.10　环形铁心

① 当半径 r 小于 r_1 时，圆形路径包围的电流为0，因此，对应区域的磁场强度为0。

② 当半径 r 大于 r_2 时，圆形路径包围的导线有 $2N$ 根，其中 N 根流出纸面，每根电流为 I；另外 N 根流入，每根电流为 $-I$；总的电流代数和为0，因此，对应区域的磁场强度也为0。

③ 当半径 r 介于 r_1 和 r_2 之间时，由于对称性，半径为 r 的圆形路径上磁场大

小是不变的，各点处磁场强度 $\boldsymbol{H}$ 与 $\mathrm{d}\boldsymbol{l}$ 的方向同向。几何关系上，$\mathrm{d}l=r\mathrm{d}\theta$，于是有

$$\oint_c \boldsymbol{H}\cdot\mathrm{d}\boldsymbol{l}=\int_0^{2\pi} H\cdot r\mathrm{d}\theta=2\pi rH=NI \tag{2.28}$$

综上分析，可以得到磁场强度的表达式为

$$H=\begin{cases}NI/(2\pi r), & r_1\leqslant r\leqslant r_2\\ 0, & \text{其他}\end{cases} \tag{2.29}$$

因此，可以得到磁场强度分布曲线，如图 2.11 所示。计算磁通时，这里采用平均半径上的磁通密度作为截面的平均磁通密度，可以得到

$$\Phi=B_{\mathrm{av}}A=\frac{\mu NIA}{2\pi r_{\mathrm{av}}} \tag{2.30}$$

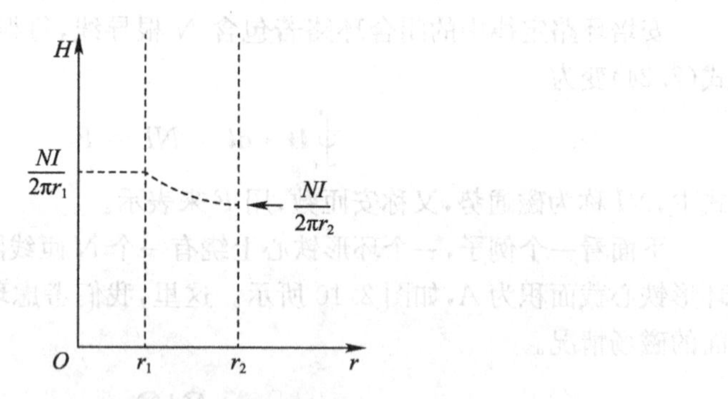

图 2.11　磁场强度随与圆心距离变化的曲线

式中，平均半径 $r_{\mathrm{av}}=(r_1+r_2)/2$。利用平均圆周长度 $l_{\mathrm{av}}=2\pi r_{\mathrm{av}}$ 及磁通势的定义式(2.27)，上式可以写成

$$\Phi=F\frac{\mu A}{l_{\mathrm{av}}}=\frac{F}{R_{\mathrm{m}}} \tag{2.31}$$

式中，环形铁心的磁路磁阻 $R_{\mathrm{m}}=l_{\mathrm{av}}/(\mu\cdot A)$。式(2.31)和直流电路中的欧姆定律形式上很相似，也称为磁路的欧姆定律。通过对比，可以得到磁路和电路基本物理量的类比关系，见表 2.1。

表 2.1　电路与磁路基本物理量的类比关系

	电路	磁路
基本物理量	电势 E(V)	磁通势 F(A)
	电流 I(A)	磁通 Φ(Wb)
	电阻 R(Ω)	磁阻 R_{m}(H^{-1})
	电导率 $\sigma(\Omega\cdot\mathrm{m})^{-1}$	磁导率 μ(H/m)

下面分析一个铁心中开有气隙的磁路，如图 2.12 所示。铁心的相对磁导率为 μ_{r}，在铁心中的平均磁路长为 l_1，气隙长度为 l_{g}，对应部分的磁场强度分别为 H_1 和

H_g，磁通密度分别为 B_1 和 B_g，磁路的磁通为 Φ。绕在铁心柱上的线圈匝数为 N，通有电流 i，由安培环路定律可得

$$F = Ni = H_1 l_1 + H_g l_g \tag{2.32}$$

假设磁路截面积均为 A，上式则可写成

$$Ni = \Phi\left(\frac{l_1}{\mu_r \mu_0 A} + \frac{l_g}{\mu_0 A}\right) = \Phi(R_{Fe} + R_g) = \Phi R_m \tag{2.33}$$

式中，R_{Fe} 是铁心部分的磁阻，R_g 是气隙部分的磁阻。因此，图 2.12 对应的等效磁路如图 2.13 所示。

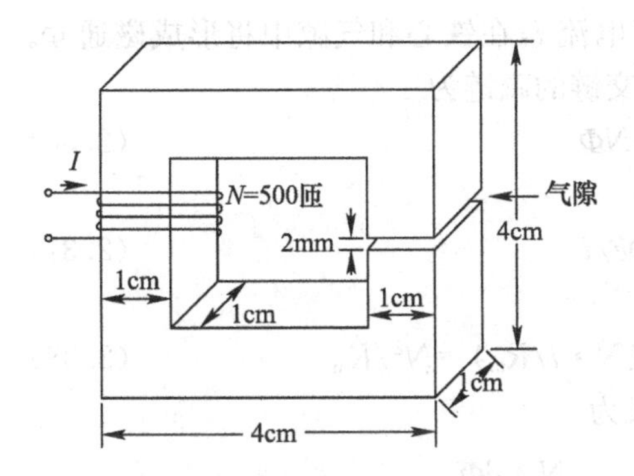

图 2.12 开有气隙的 C 形铁心

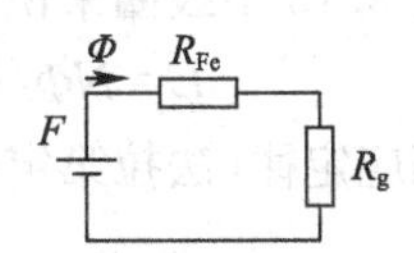

图 2.13 等效磁路

假设图 2.13 中，铁心的相对磁导率为 6000，铁心内的平均磁路长为 120mm，气隙长度为 2mm，通过式(2.32)和式(2.33)，可以推导出

$$H_g l_g = 100 H_1 l_1 \tag{2.34}$$

该式表明，磁通势大部分降落在气隙上。这个结论在电机等磁路的理想分析中经常会应用到。

上面在分析图 2.12 中的磁路时，认为气隙中的磁通路径的截面积和铁心截面积相等，对应气隙中的磁力线应如图 2.14(a)所示。但实际上，气隙中的磁力线会超出铁心截面，如图 2.14(b)所示，这种现象称为气隙的边缘效应。

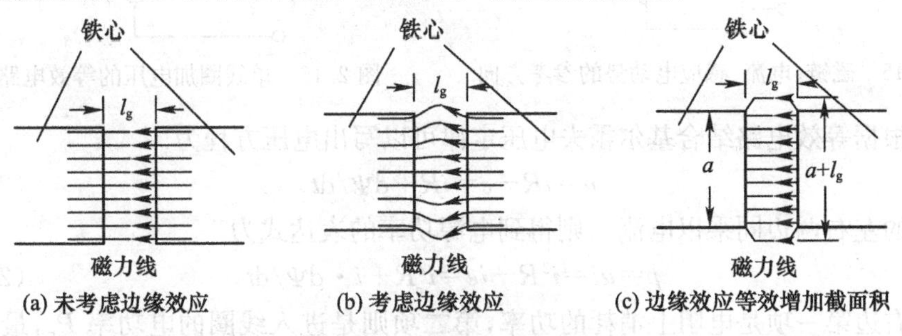

图 2.14 气隙中的磁力线

气隙的边缘效应使得磁通在气隙中实际通过的截面积变大。在气隙长度比较小的情况下，实际应用中为了考虑边缘效应，在如图 2.14(c)所示的二维磁路中，常将气隙长度叠加到截面上。若气隙处铁心截面为一个矩形，长和宽分别为 a 与 b，气隙中磁通通过的截面积近似为

$$A_g=(a+l_g)(b+l_g) \tag{2.35}$$

2.5 电磁感应定律

在图 2.12 中，若线圈匝数为 N，通有电流 i，在铁心和气隙中将形成磁通 Φ。假设磁通与每匝线圈都交链，则这个线圈交链的磁链为

$$\Psi=N\Phi \tag{2.36}$$

线圈的电感则定义为

$$L=\Psi/i \tag{2.37}$$

对于图 2.12 中线圈来说，电感为

$$L=N\Phi/i=(N/i)\cdot(N\cdot i/R_m)=N^2/R_m \tag{2.38}$$

电磁感应定律(法拉第定律)的表达式为

$$e=-d\Psi/dt=-\frac{N\cdot d\Phi}{dt} \tag{2.39}$$

此时采用的参考方向如图 2.15 所示，磁通(磁链)、电流的参考方向符合右手螺旋定则，感应电动势与电流的参考方向一致。若在该线圈上加电压 u，等效电路则如图 2.16 所示，图中的电阻 R 为线圈的电阻。

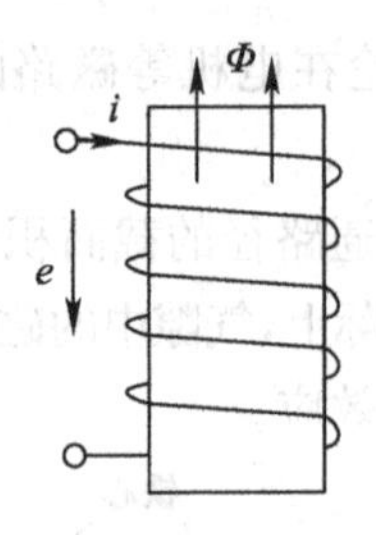

图 2.15　磁链、电流、感应电动势的参考方向

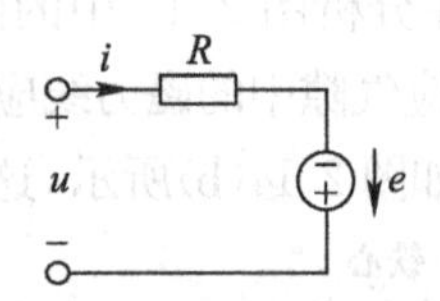

图 2.16　单线圈加电压的等效电路

根据等效电路结合基尔霍夫电压定律可以写出电压方程为

$$u=iR-e=iR+d\Psi/dt \tag{2.40}$$

上式的左右两边同乘以电流 i，则得到电源功率的表达式为

$$p=ui=i^2R-ie=i^2R+i\cdot d\Psi/dt \tag{2.41}$$

右边第一项是电阻上消耗的功率，第二项则是进入线圈的电功率 P_e，最终转变为磁场储能。在 dt 时间内，使得磁场储能增加 dW_f，有

$$dW_f = -ie \cdot dt = i \cdot d\Psi \tag{2.42}$$

式(2.42)还可以写成

$$dW_f = i \cdot d(N\Phi) = Ni \cdot d\Phi = F \cdot d\Phi \tag{2.43}$$

系统中的磁场储能则可以表示为

$$W_f = \int_0^{\Psi} i \cdot d\Psi = \int_0^{\Phi} F \cdot d\Phi \tag{2.44}$$

在对应图 2.17 的磁化曲线中，状态 1 变到状态 2 时，对应的磁场储能增加量就是图中阴影部分的面积。

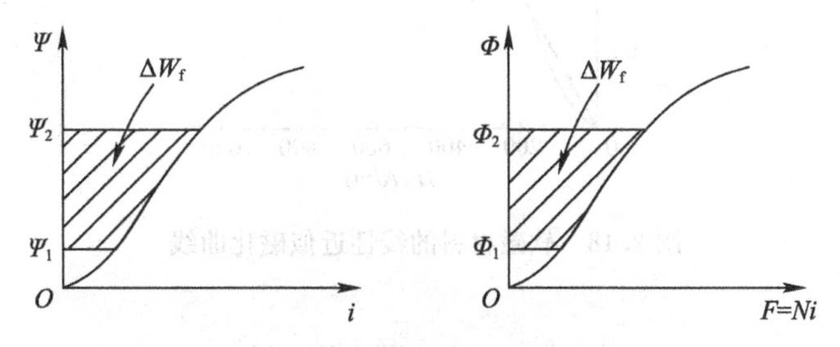

图 2.17　磁化曲线与磁场储能

若磁路如图 2.12 所示，铁心的磁导率为∞，则 $F = H \cdot l_g, \Phi = B_g A$。式(2.44)变为

$$W_f = \int_0^{\Phi} H l_g \cdot d(B_g \cdot A) = l_g \cdot A \int_0^{B_g} H dB \tag{2.45}$$

又因为 $l_g A$ 恰好是气隙部分的体积，因此单位体积的磁场储能可以表示为

$$w_f = \int_0^{B} H dB \tag{2.46}$$

w_f 又称为磁能密度，在磁导率为 μ 的线性介质中，$w_f = (BH)/2 = B^2/(2\mu)$。需要说明的是，式(2.46)对铁心中的磁场储能一样适用。一般情况下，磁场储能大部分存在气隙中，随着铁心饱和程度加深，铁心中的磁场储能也随之变大。

在一些应用中，铁心的磁通密度远低于饱和磁通密度，可以认为磁路是近似线性的，此时 B-H 曲线为直线，如图 2.18 所示，其磁场储能则可表示为

$$W_f = \int_0^{\Psi} i d\Psi = \frac{1}{2} i\Psi = \frac{1}{2} L i^2 \tag{2.47}$$

在电磁感应定律表达式(2.39)中，引起磁链变化的因素有两个：①磁场本身发生变化；②磁场本身不变，绕组的相对位置发生变化。这样，电磁感应定律变为

$$\begin{aligned} e &= -d\Psi(x,t)/dt = -\left[\partial\Psi(x,t)/\partial t + \frac{\partial\Psi(x,t)}{\partial x} \cdot dx/dt\right] \\ &= -\partial\Psi(x,t)/\partial t - v\frac{\partial\Psi(x,t)}{\partial x} = e_t + e_v \end{aligned} \tag{2.48}$$

式中，第一项 e_t 与运动无关，称为变压器电动势；第二项 e_v 是由运动产生的，称为运动电动势。

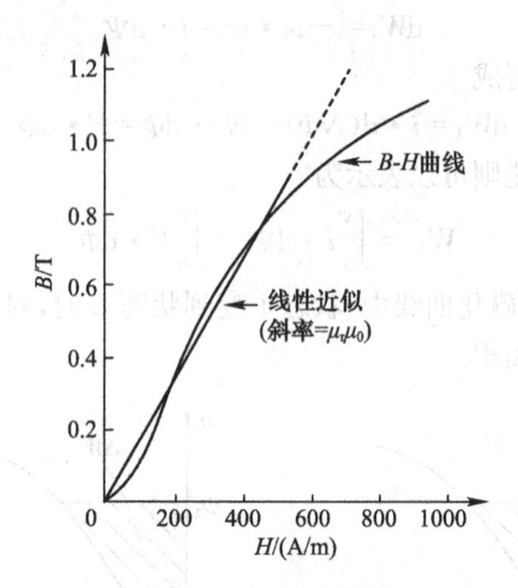

图 2.18　软磁材料的线性近似磁化曲线

2.6 磁滞曲线

软磁材料大多具有剩磁现象，即铁心在一定励磁磁通势作用下，其内部会显示出磁通密度 B，若将励磁磁通势减小为 0，铁心中仍有一定的磁通密度，称为剩余磁通密度。再进一步，若铁心上施加的磁通势是交变的，则对应的 B-H 曲线呈现出滞环回线的形状，如图 2.19 所示，这样的 B-H 曲线称为磁滞回线。

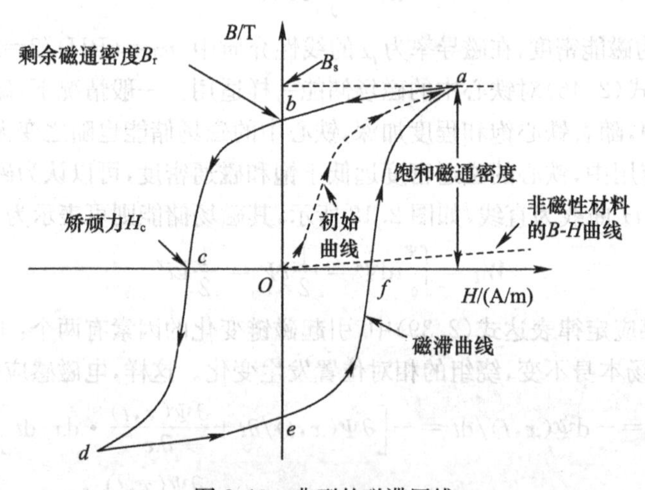

图 2.19　典型的磁滞回线

假设图 2.19 所示的磁化曲线对应于图 2.12 的 C 形铁心（气隙长度为 0），根据式(2.42)和式(2.46)可知，电源向线圈磁场提供的电能，即磁场吸收的电

能为

$$dW_f = i \cdot d\Psi = V \cdot HdB = Vd\omega_f \tag{2.49}$$

式中，V 是铁心的体积。在 ab 曲线段，H 为正，B 下降，故此时单位体积铁心吸收电能为负值，大小为图 2.20(a)中 w_1 指示的面积。同理，可以分析 bcd 段、de 段和 efa 段的单位铁心吸收电能的情况，见表 2.2。

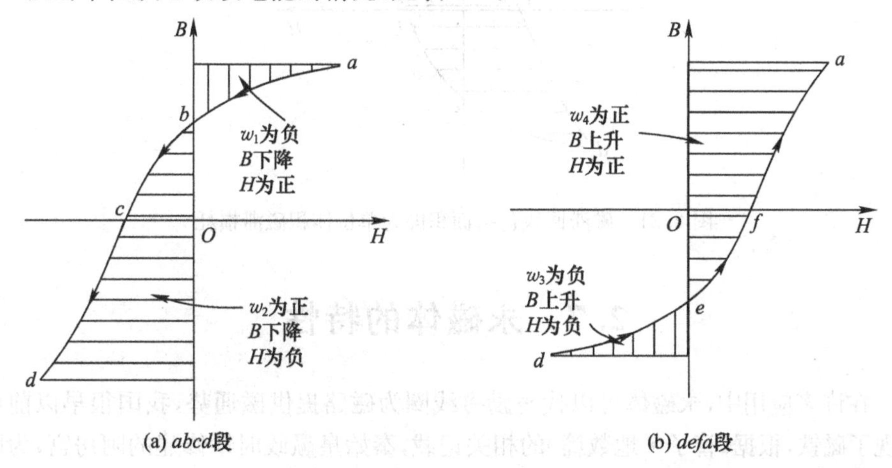

图 2.20　不同曲线段单位体积磁场吸收电能示意图

表 2.2　磁滞回线各段吸收的电能

曲线段	磁场强度 H	磁通密度 B 变化率	吸收电能对应面积
ab	+	−	$-w_1$
bcd	−	−	$+w_2$
de	−	+	$-w_3$
efa	+	+	$+w_4$

根据上述分析，在 a-b-c-d-e-f-a 的一个电周期里，单位体积磁场吸收的电能如图 2.21中的阴影面积，这一部分电能被磁场吸收，转变为热能，是机电装置损耗的重要组成部分，与铁心的磁化、去磁过程相对应，称为磁滞损耗。磁滞损耗的数学表达式为

$$P_h = k_h f \, (B_m)^n \tag{2.50}$$

式中，k_h 为与铁心材料相关的常数；f 为电频率；B_m 为交变磁通密度的最大值；指数 n 通常为 1.5～2.5，可经由实验测得。

在电机运行时，铁心内部的磁场强度情况非常复杂，不仅会有大小的变化，还有方向的变化，而且画出的磁滞曲线可能在局部小范围内形成滞环，目前电机铁损的精确计算仍没有得到很好解决。

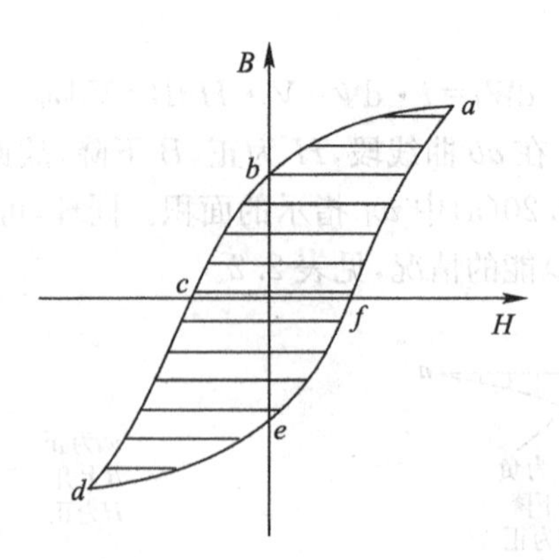

图 2.21　磁滞回线包络面积即为单位体积磁滞损耗

2.7　永磁体的特性

在许多应用中,永磁体可以代替励磁线圈为磁路提供磁通势,我国很早以前就发现了磁铁,根据《管子·地数篇》的相关记载,秦始皇嬴政时期修建的阿房宫,为防刺客专门设计了磁石门。

永磁材料在工业界的开发和制造开始于 20 世纪初,大致经历了钴钢、铁钴钒(FeCoV)、铝镍钴(AlNiCo)、钐钴($SmCo_5$,Sm_2Co_{17})、钕铁硼(NdFeB)等几个阶段。

永磁材料的典型磁化曲线如图 2.22 所示,形状有些像磁滞曲线,但要注意物理概念和单位都是不一样的,其纵坐标是永磁体磁化强度大小 M。$\boldsymbol{M}$ 表征单位体积磁性材料内各磁畴共同作用的磁矩矢量,因此,$\boldsymbol{M}$ 和 $\boldsymbol{H}$ 一样是矢量,具有大小和方向,单位是 A/m。在下面的分析中,因为认为材料是均匀的,故可以不考虑方向,写成标量的形式。

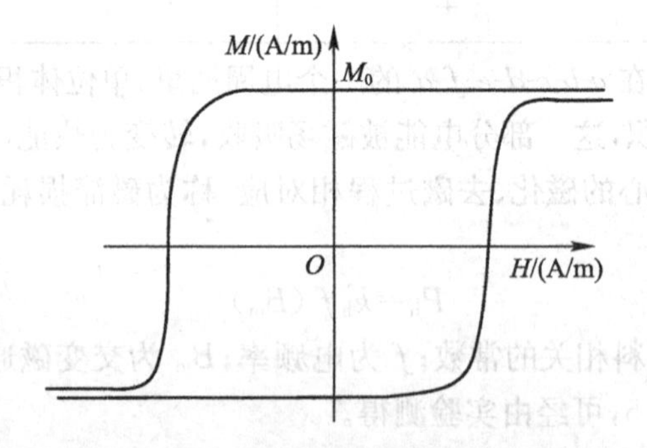

图 2.22　永磁材料的典型磁化曲线

首先分析一个均匀永磁磁环,如图 2.23 所示,该磁环是完全闭合的,绕在磁环上的线圈通入激磁电流用以磁化该永磁磁环,断开电源之后,假设磁环已被磁化。

因为磁路是对称的，故磁环中的磁场强度 H 和磁化强度 M 的磁力线都是同心圆环，而圆环内的电流为 0，所以 H 的线积分等于 0，由于对称性，每处的 H 大小相等，故磁环中的磁场强度 $H=0$。另外，在磁环内有

$$B=\mu_0 M_0 \tag{2.51}$$

式中，M_0是图 2.22 中磁化曲线和纵轴的交点坐标。这种情况可以看作材料已经永久磁化了，但还没有向外提供磁场（$H=0$）。

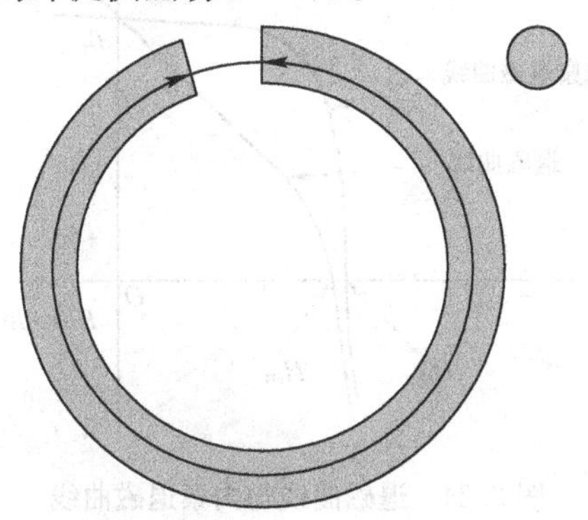

图 2.23　开口磁环磁场强度

在上述闭合磁环的基础上，将其切出一个气隙，假设磁化强度变化很小，而在 $M=M_0$左右的磁化曲线为直线，其斜率为

$$\left.\frac{\mathrm{d}M}{\mathrm{d}H}\right|_{M=M_0}=\frac{\mu_i}{\mu_0}-1 \tag{2.52}$$

式中，μ_i是永磁材料的增量磁导率。在此直线上，磁化强度 M 可表示为

$$M=M_0+\left(\frac{\mu_i}{\mu_0}-1\right)H \tag{2.53}$$

在磁环内，磁通密度为

$$B=\mu_0(M+H)=\mu_0 M_0+\mu_i H \tag{2.54}$$

需要注意的是，此时 H 沿闭合环路的积分仍然为 0，气隙里的磁场强度 H 与磁通密度 B 方向相同，而永磁材料内部的 H 却是和 B 的方向相反的。即定义气隙里 H 方向为正方向时，永磁材料内的 H 与正方向相反，因此在式(2.53)中，H 应取负值。

除磁化曲线外，内禀退磁曲线是表征永磁材料内在磁性能的重要曲线，它是表征内禀磁感应强度 B_i与磁场强度 H 之间关系的曲线 $B_i=f(H)$。B_i在一些文献中也称为磁极化强度，用字母 J 表示。式(2.54)中第一个等号的前一项与磁场强度 H 无关，就把它定义为内禀磁感应强度，于是

$$B_i = \mu_0 M = B - \mu_0 H \tag{2.55}$$

永磁材料的退磁曲线是磁感应强度与磁场强度的关系曲线，即 $B=f(H)$。只要在退磁曲线基础上减去 $\mu_0 H$ 便可得到内禀退磁曲线。典型稀土永磁体的退磁曲线和内禀退磁曲线如图 2.24 所示。

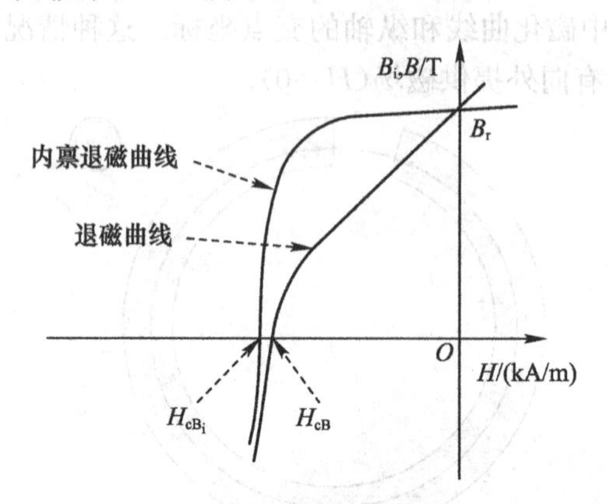

图 2.24 退磁曲线与内禀退磁曲线

由退磁曲线和内禀退磁曲线可以得到装置中永磁体磁通与磁通势的关系曲线 $\Phi=f(F)$，再与外磁路的 Φ-F 曲线相交截，就可通过图示法得到永磁体的工作点，在永磁电机设计中，该方法经常会使用。

2.8 小 结

本章回顾了电机学中的基本电磁原理，包括电磁场中的基本概念，静磁场中的洛伦兹力定律、毕奥-萨伐尔定律、安培环路定律，磁路分析方法，电磁感应定律及磁场储能的概念，为随后机电能量转换原理的相关内容学习提供了理论准备。

习题与思考题 2

2.1 有一根 20cm 通电导体放置在一个稳定磁场中，如图 2.25 所示。稳定磁场的磁通密度为 0.5T，通电导体中的电流为 2A，通电导体与磁场的夹角为 30°，计算导体的受力，并标出其方向。

2.2 如图 2.26 所示，有一面积为 S 的方形线圈置于一个恒定磁场 $\boldsymbol{B}$ 中，线圈平面与磁场方向成 45°角，线圈以速度 v 做 x 方向的运动，请问感应电动势为多大？

2.3 上题中的线圈围绕 x 轴做角速度为 ω 的旋转运动，如图 2.27 所示，请写出感应电动势的表达式。

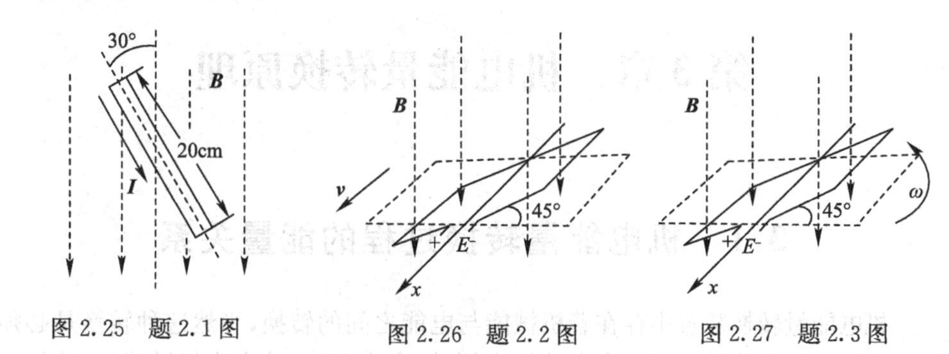

图 2.25　题 2.1 图　　图 2.26　题 2.2 图　　图 2.27　题 2.3 图

2.4　若 2.2 题中的磁场按照正弦规律 $B=B_{\mathrm{m}}\sin\left(\omega t+\frac{\pi}{3}\right)$ 变化，请写出感应电动势的表达式。

2.5　请画出图 2.23 所示磁环对应的等效磁路图。

第3章　机电能量转换原理

3.1　机电能量转换过程的能量关系

机电能量转换装置中存在着机械能与电能之间的转换，当然这种转换是必须符合能量守恒定律的。以一台电动机为例，输入为电能，输出为机械能，电动机中的耦合场存储有磁场能量，而且能量转换过程中还伴随多种损耗。

图3.1描述了在dt时间内电动机中的能量关系。其中的损耗比较复杂，包含绕组的电阻损耗、铁损（铁心损耗）及摩擦损耗等。

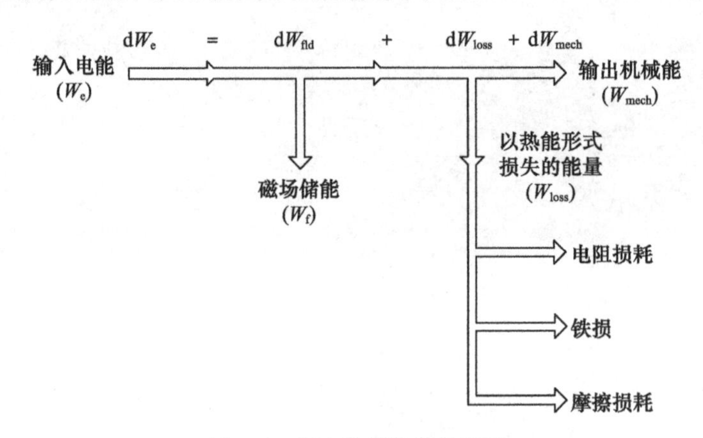

图3.1　机电装置能量关系图

电阻损耗、铁损、摩擦损耗等可以与输入电能、磁场储能、输出机械能进行归并，写成以下的形式：

（输入电能－电阻损耗）＝（增加的磁场储能＋铁损）＋（输出机械能＋摩擦损耗）

上面等式说明在机电能量转换过程中的损耗可以归并到相应的能量中，左边是dt时间内输入磁场的净电能，记为dW_e；右边第一项是dt时间内磁场吸收的能量，记为dW_f；右边第二项是dt时间内转换成机械能的总能量，记为dW_{mech}。这样可以得到

$$dW_e = dW_f + dW_{mech} \tag{3.1}$$

在对机电能量转换原理进行分析时，损耗部分并不会带来实质性的影响，因此在很多时候，我们将机电装置抽象成无损耗的机电系统加以分析，更有利于抓

住能量转换的核心问题，即机械系统与电系统如何通过磁场（或耦合场）联系在一起。

3.2 保守系统和状态函数

3.1节讲到，在研究机电能量转换过程的核心问题时，把机电装置抽象成无损耗的机电系统，而无损耗的机电系统就是一个保守系统。下面简要介绍保守系统的概念。

全部由储能元件所组成的，与周围系统没有能量交换的自守物理系统称为保守系统。其中涉及一个概念——储能元件，它是指能够存储能量，本身并不消耗能量的理想元件。在电系统中，理想电容会在其对应的电场中存储电场能；理想电感在通过电流时会存储对应的磁场能。在机械系统中，做直线运动和旋转运动的物体具有一定的动能；弹簧被压缩或拉伸时会具有一定的位能。常见的储能元件如表3.1所示。

表3.1 常见的储能元件

类别		元件符号	储能公式
直线运动	动能（质量块）	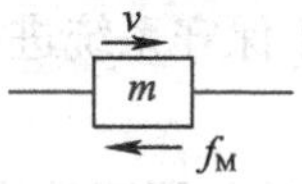 v, m, f_M	$W=\frac{1}{2}mv^2$
	位能（弹性元件）	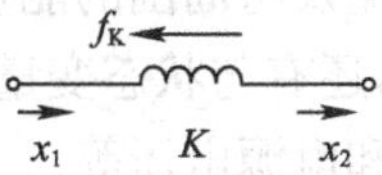 f_K, x_1, K, x_2	$V=\frac{1}{2}K(x_1-x_2)^2=\frac{1}{2}Kx^2$
旋转运动	动能（旋转刚体）	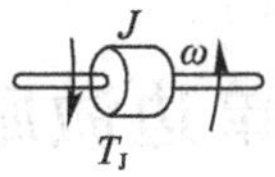 J, ω, T_J	$W=\frac{1}{2}J\omega^2$
	位能（弹性轴）	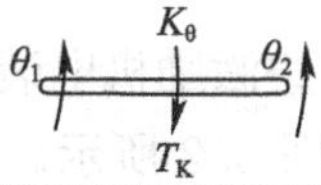 K_θ, θ_1, θ_2, T_K	$V=\frac{1}{2}K_\theta(\theta_1-\theta_2)^2=\frac{1}{2}K_\theta\theta^2$
电系统	磁场能（电感）	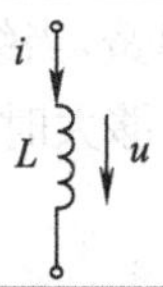 i, L, u	$W_m=\frac{1}{2}Li^2$
	电场能（电容）	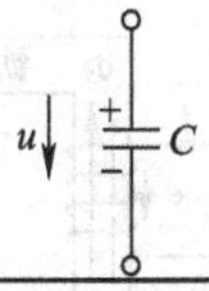 u, C	$W_e=\frac{1}{2}Cu^2$

在储能元件储能多少的表达式中，若统一采用 x 来表示变量，即在表3.1中电感储能表达式变为 $W_m=\frac{1}{2}Lx^2$，电容储能表达式变为 $W_e=\frac{1}{2}Cx^2$，旋转刚体的动能

表达式变为$W=\frac{1}{2}Jx^2$等，则整个保守系统在时刻t的储能表达式为

$$W(t)=\sum_{i=1}^{n}\frac{1}{2}K_i x_i^2(t)=f[x_1(t),x_2(t),\cdots,x_n(t)] \tag{3.2}$$

式中，K_i对应表 3.1 中不同的物理量。由上式可见，保守系统的储能总和$W(t)$是$x_i(i=1,2,\cdots)$的函数，它只与$x_i(t)$的即时大小有关，而与如何到达状态$x_i(t)$的路径(过程)无关。

用以描述一个系统即时状态的一组独立变量称为状态变量。由一组状态变量所确定、描述系统即时状态的单值函数，称为系统的状态函数。上述的系统储能$W(t)$便是一个状态函数。在系统中，属于状态变量的还有保守力。所谓保守力是指，与储能相关，并能以储能的函数表达的力或电压。直线运动中的弹力与电容上的电压可表示为

$$f_K=Kx=\sqrt{2KV},u=\sqrt{2W_e/C} \tag{3.3}$$

保守系统的特点是，系统储能及与储能相联系的保守力都是状态函数，两者仅与系统的即时状态有关，而与系统的历史路径无关。在研究机电装置中的机电能量转换规律时，通常是基于保守系统进行的，即认为所研究的机电系统是无损耗的机电系统。

考虑到损耗不可避免及与周围的能量交换，实际机电系统都是非保守系统，在实际系统中除保守力外，还有与状态变量无关的力或电压，这些物理量统称为非保守力，如外施力、摩擦力和电源电压等。

3.3 单边激励机电装置的分析

本节以一个简单的单边激励机电装置为例来讲述机电能量转换的过程，该机电装置是一个继电器，如图 3.2 所示。在 C 形铁心上绕制有线圈，右侧有绕支点转动的衔铁，衔铁上端连着弹簧，当线圈两端施加电压u时，线圈上流过电流i，在铁心中产生磁通Φ，当电流足够大时，磁场力F_e将大于弹簧拉力，使得衔铁吸向 C 形铁心。

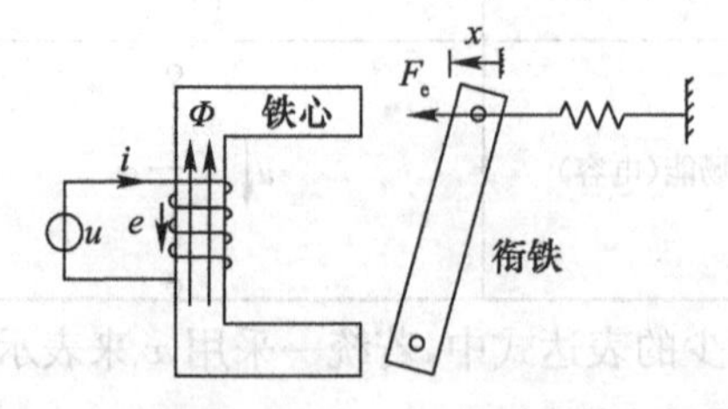

图 3.2 单边激励机电装置(继电器)示意图

下面将利用式(3.1)表达的能量守恒定律来对该机电装置展开分析，先分析 dW_e，再分析磁场吸收的能量 dW_f，从而得到 dW_{mech} 的表达式，进而获得电磁力的数学表达式。

这里需要注意，按照图 3.2 上标注各物理量正方向后，正方向的电流和磁链符合右手螺旋定则，电流和感应电动势的正方向一致，于是该机电装置线圈上的电压方程为

$$u=iR-e=iR+\frac{d\Psi}{dt} \tag{3.4}$$

3.3.1　输入耦合场的净电能

输入耦合场的净电能，也就是输入该机电装置的净电能，应等于电源输出的电能扣除线圈电阻上的损耗，在式(3.4)左右两边同乘以 $i\cdot dt$，整理可得 dt 时间内输入耦合场的净电能为

$$dW_e=ui dt-i^2R dt=-ei dt=i d\Psi \tag{3.5}$$

从上式可知，若 $e=0$，则输入耦合场的净电能就为 0，也就是说，耦合场无法从电源获得电能。因此，可得到一条规律：产生感应电动势 e 是电源向耦合场输入电能的必要条件。

下面针对线性系统做进一步分析。在线性系统中，有

$$\Psi=L(x)i \tag{3.6}$$

代入式(2.39)，有

$$\begin{aligned} e&=-\frac{d\Psi(x,t)}{dt}=\frac{-d[L(x)i]}{dt} \\ &=-L(x)\cdot\frac{di}{dt}-i\cdot\frac{dL(x)}{dx}\cdot\frac{dx}{dt} \end{aligned} \tag{3.7}$$

将式(3.7)代入式(3.5)，得到在时间段 dt 内输入耦合场的净电能可表示为

$$dW_e=i\cdot d\Psi=i\cdot L(x)\cdot di+i^2\cdot\frac{dL(x)}{dx}\cdot dx \tag{3.8}$$

对应于无位置变化的机电系统，$dx=0$，即上式右边的第二项为 0。此时，净电能表达式变为

$$dW_e=L(x)i di=d\left[\frac{1}{2}L(x)i^2\right]=dW_f \tag{3.9}$$

式(3.9)表明，输入的净电能全部转换成磁场储能的增量，而不存在机械能与电能之间的相互转换。

当然，如果 $dx\neq 0$，则感应电动势不等于零。此时式(3.9)将不再成立，需要用式(3.8)，即输入的净电能中不仅有一部分转换成了磁场储能，而且还有机械能向外输出。向外输出的机械能部分与式(3.8)的右边第二项相对应。

下面分析磁场储能的情况。

3.3.2 磁场储能

当图 3.2 中的衔铁位移无变化时，$\mathrm{d}x=0$，$\mathrm{d}W_e=\mathrm{d}W_f=i\mathrm{d}\Psi=F\mathrm{d}\Phi$。可以通过积分，得到磁场储能的表达式为

$$W_f=\int_0^{\Psi} i\mathrm{d}\Psi=\int_0^{\Phi} F\mathrm{d}\Phi \tag{3.10}$$

这里要注意到，磁场储能是状态函数，上式的积分是针对即时状态的磁化曲线进行的，而且上下限必然是从 0 积分到即时状态下的 Ψ 或者 Φ。

图 3.3 中，$OabO$ 的面积代表磁场储能，图中与磁场储能对应的是磁共能，其对应 $OacO$ 的面积，即

$$W'_f=\int_0^{i} \Psi\mathrm{d}i=\int_0^{F} \Phi\mathrm{d}F \tag{3.11}$$

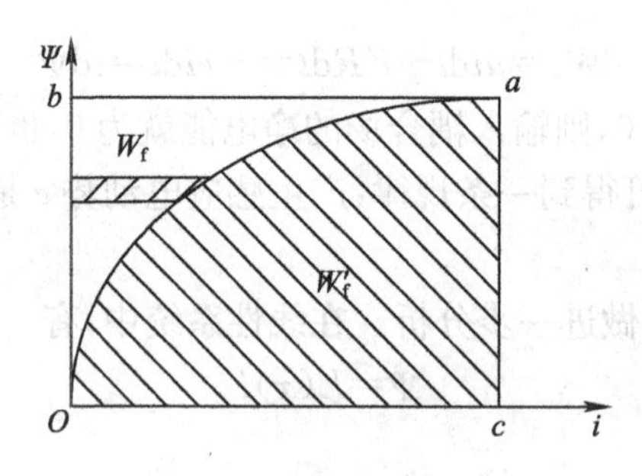

图 3.3　磁场储能与磁共能

从面积关系容易得到

$$W_f+W'_f=i\Psi=F\Phi \tag{3.12}$$

一般情况下，$W_f\neq W'_f$，但如果磁路为线性的，即 $\Psi=Li$，则有

$$W_f=W'_f=\frac{1}{2}i\Psi=\frac{1}{2}F\Phi=\frac{1}{2}Li^2=\frac{1}{2}R_m\Phi^2 \tag{3.13}$$

因为磁场储能是状态函数，由式(3.10)可知，它比较方便选用磁链 Ψ 与位移 x 作为它的两个独立变量，即$W_f(\Psi,x)$。这样，依据全微分方程，可以得到

$$\mathrm{d}W_f=\frac{\partial W_f(\Psi,x)}{\partial \Psi}\mathrm{d}\Psi+\frac{\partial W_f(\Psi,x)}{\partial x}\mathrm{d}x \tag{3.14}$$

同理，磁共能也是状态函数，通常选用电流 i 与位移 x 作为独立变量，即 $W'_f(i,x)$。其全微分方程形式为

$$\mathrm{d}W'_f=\frac{\partial W'_f}{\partial i}\mathrm{d}i+\frac{\partial W'_f}{\partial x}\mathrm{d}x \tag{3.15}$$

若磁路为线性的，有

$$dW_f = dW'_f = Li\,di + \frac{1}{2}i^2\frac{dL}{dx}dx \tag{3.16}$$

3.3.3　磁场力

由能量守恒方程 $dW_e = dW_f + dW_{mech}$ 可以得到

$$dW_f = dW_e - dW_{mech} = i\,d\Psi - F_e\,dx \tag{3.17}$$

与式(3.14)比较，容易得到

$$i\,d\Psi - F_e\,dx = \frac{\partial W_f}{\partial \Psi}d\Psi + \frac{\partial W_f}{\partial x}dx \tag{3.18}$$

由于 Ψ 和 x 是相互独立的两个变量，因此等式左右的 $d\Psi$ 和 dx 前面的系数分别相等，于是得

$$\begin{cases} i = \dfrac{\partial W_f(\Psi, x)}{\partial \Psi} \\ F_{mech} = F_e = -\dfrac{\partial W_f(\Psi, x)}{\partial x} \end{cases} \tag{3.19}$$

式(3.19)的第二式即为磁场力(电磁力)的表达式。

另外，通过磁共能也可以获得磁场力的表达式。根据磁场储能与磁共能之和等于 Ψi，磁共能增量表达式可以写成

$$dW'_f = d(\Psi i - W_f) = \Psi di + (i\,d\Psi - dW_f) = \Psi di + F_{mech}dx \tag{3.20}$$

与式(3.15)相比较，再利用电流 i 和位移 x 是两个独立变量，可得

$$\begin{cases} \Psi = \dfrac{\partial W'_f(i, x)}{\partial i} \\ F_e = F_{mech} = +\dfrac{\partial W'_f(i, x)}{\partial x} \end{cases} \tag{3.21}$$

综上所述，当磁场储能 W_f 的独立变量选取为 Ψ 和 x 时，或磁共能 W'_f 的独立变量选取为 i 和 x 时，磁场力的表达式为

$$F_e = -\frac{\partial W_f(\Psi, x)}{\partial x} \tag{3.22}$$

$$F_e = \frac{\partial W'_f(i, x)}{\partial x} \tag{3.23}$$

如果磁场储能 W_f 的独立变量要选取为 i 和 x，则需要把 $d\Psi$ 换成用 di 和 dx 表示，即

$$dW_f(i, x) = dW_e - dW_{mech} = i\,d\Psi - F_e\,dx = i\left(\frac{\partial \Psi}{\partial i}di + \frac{\partial \Psi}{\partial x}dx\right) - F_e\,dx \tag{3.24}$$

而在数学上有

$$dW_f(i, x) = \frac{\partial W_f(i, x)}{\partial i}di + \frac{\partial W_f(i, x)}{\partial x}dx \tag{3.25}$$

比较以上两式，$\mathrm{d}x$ 的系数应相等，可得

$$F_{\mathrm{e}}=i\frac{\partial\Psi}{\partial x}-\frac{\partial W_{\mathrm{f}}(i,x)}{\partial x} \tag{3.26}$$

同理，若磁共能 W'_{f}的独立变量选取为 Ψ 和 x，则

$$\mathrm{d}W'_{\mathrm{f}}(\Psi,x)=\Psi\mathrm{d}i+F_{\mathrm{e}}\mathrm{d}x=\Psi\left(\frac{\partial i}{\partial\Psi}\mathrm{d}\Psi+\frac{\partial i}{\partial x}\mathrm{d}x\right)+F_{\mathrm{e}}\mathrm{d}x \tag{3.27}$$

可以得到

$$F_{\mathrm{e}}=-\Psi\frac{\partial i}{\partial x}+\frac{\partial W'_{\mathrm{f}}(\Psi,x)}{\partial x} \tag{3.28}$$

此外，诸如旋转电机等很多机电装置做的运动是旋转运动而不是直线运动，我们更关注的是电磁转矩，这时只要用角位移 θ 取代上面的位移 x，就可以得到电磁转矩的表达式为

$$T_{\mathrm{e}}=-\frac{\partial W_{\mathrm{f}}(\Psi,\theta)}{\partial\theta}=\frac{\partial W'_{\mathrm{f}}(i,\theta)}{\partial\theta} \tag{3.29}$$

3.3.4 借助图形分析磁场力

下面以图形方式对单边激励机电装置的两个特殊情况分析其磁场力。分析思路仍然是先分析输入耦合场的净电能，再分析磁场储能的变化量，从而得到输出机械能对应的面积。需要注意的是，采用图形化分析时，其实就认为机电装置是一个保守系统了。

1. 衔铁缓慢移动

在 Δt 时间内，衔铁从位置 x_{A}缓慢移动到位置 x_{B}，因为这段时间比较长，故而可以近似认为 $\mathrm{d}\Psi/\mathrm{d}t=0$，电压方程(3.4)变成

$$u=iR+\frac{\mathrm{d}\Psi}{\mathrm{d}t}=iR \tag{3.30}$$

于是，在这段时间内，电流 i_1可认为是不变的，输入的净电能可以用图 3.4(a)中矩形$\Psi_1AB\Psi_2$的面积表示，表达式为

$$\Delta W_{\mathrm{e}}=i_1\Delta\Psi=i_1(\Psi_2-\Psi_1)=S_{\Psi_1AB\Psi_2} \tag{3.31}$$

A 点和 B 点处的磁场储能可以由图 3.4(b)中的两个类三角形面积分别代表，磁场储能的变化量为

$$\Delta W_{\mathrm{f}}=S_{O\Psi_2B}-S_{O\Psi_1A} \tag{3.32}$$

由能量守恒关系，可以得到输出的机械能为

$$\Delta W_{\mathrm{mech}}=\Delta W_{\mathrm{e}}-\Delta W_{\mathrm{f}}=S_{\Psi_1AB\Psi_2}-(S_{O\Psi_2B}-S_{O\Psi_1A})=S_{OAB} \tag{3.33}$$

也就是说，输出机械能恰好是类似“羊角”形区域 OAB 对应的面积，如图 3.5 所示。此面积恰好是 A、B 处的磁共能的增量。因此

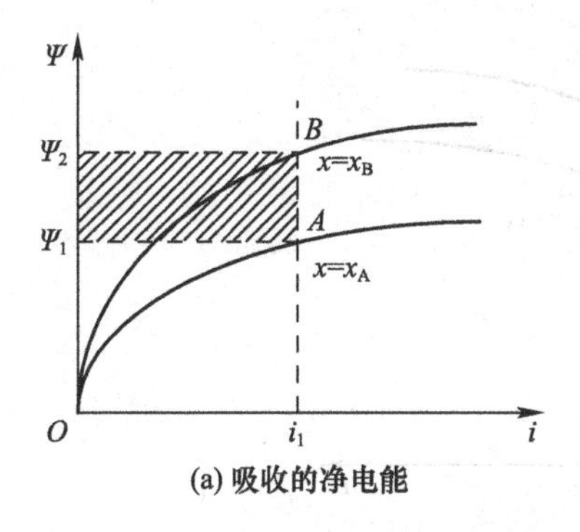

(a) 吸收的净电能

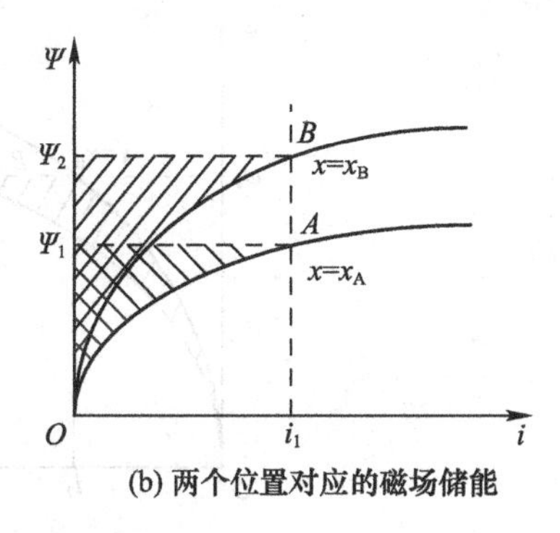

(b) 两个位置对应的磁场储能

图 3.4 衔铁缓慢移动时的能量图形

$$\Delta W'_{\mathrm{f}}=W'_{\mathrm{fB}}-W'_{\mathrm{fA}}=S_{Oi_1B}-S_{Oi_1A}=S_{OAB}=\Delta W_{\mathrm{mech}} \tag{3.34}$$

于是,在 Δt 时间内的平均磁场力可以表示为

$$F_{\mathrm{eav}}=\Delta W_{\mathrm{mech}}/\Delta x=\left.\frac{\Delta W'_{\mathrm{f}}}{\Delta x}\right|_{i=\mathrm{const}} \tag{3.35}$$

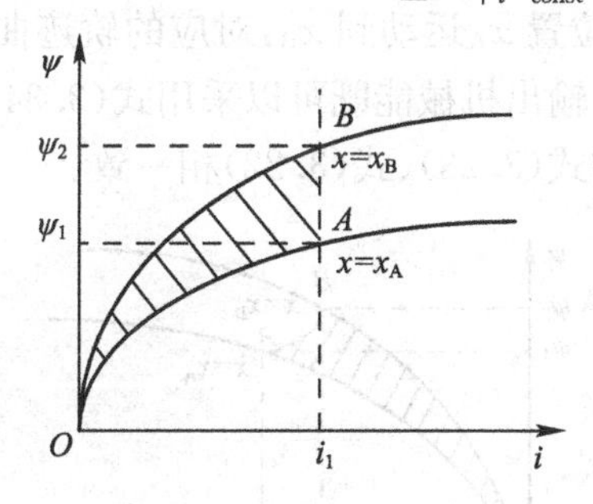

图 3.5 衔铁缓慢移动时输出的机械能面积

2. 衔铁快速移动

假设在 Δt 时间内,衔铁从位置 x_{A} 快速移动到位置 x_{B},此时 $\Delta t\to 0$,由电压方程(3.4)可以写出磁链变化量的表达式为

$$\Delta\Psi=\int_0^{\Delta t}(u-iR)\cdot \mathrm{d}t=0 \tag{3.36}$$

也就是说,在快速移动的这段时间内,磁链保持不变。于是在图 3.6 的磁化曲线中,工作点从 A 水平移动到工作点 B,输入耦合场的净电能为

$$\Delta W_{\mathrm{e}}=i\Delta\Psi=0 \tag{3.37}$$

由能量守恒关系,可以得到输出的机械能等于磁场储能的减少量,即

$$\Delta W_{\mathrm{mech}}=0-\Delta W_{\mathrm{f}}=-(S_{O\Psi_1B}-S_{O\Psi_1A})=S_{OAB} \tag{3.38}$$

于是,得到平均磁场力表达式为

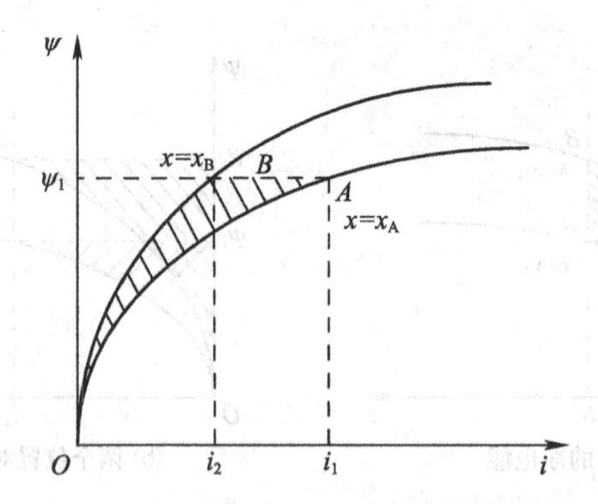

图 3.6　衔铁从 x_A 位置快速移动到位置 x_B 时的磁化曲线及能量

$$F_{eav}=\Delta W_{mech}/\Delta x=-\frac{\Delta W_f}{\Delta x}\bigg|_{\Psi=const} \tag{3.39}$$

3. 一般情况

一般情况下，衔铁从位置 x_A 运动到 x_B，对应的轨迹曲线如图 3.7 所示。当时间段 $\Delta t \to 0$，即 dt 时间内，输出机械能既可以采用式(3.34)，也可以采用式(3.38)；电磁力分别与前面得到的式(3.23)、式(3.22)相一致。

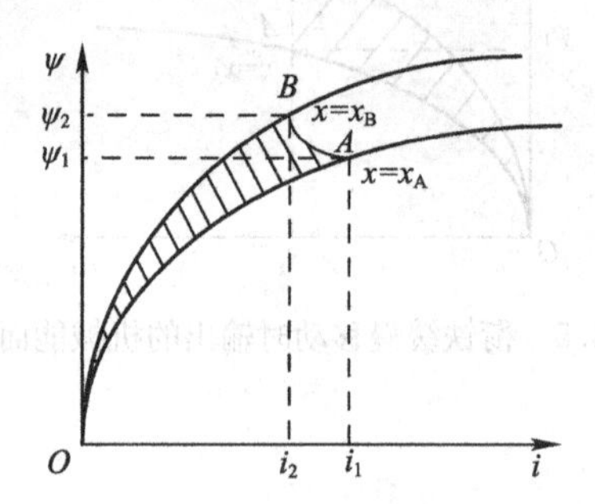

图 3.7　一般情况下从 x_A 位置运动到 x_B 位置的轨迹曲线和输出机械能面积

从本节的分析可知，一般情况下，由位移引起的磁场储能（简称磁能）变化将产生电磁力（磁场力），释放出磁场储能并转变为机械能。由磁链变化引起的磁能变化，将通过线圈内的感应电动势从电源吸收等量的电能而使得磁能不断得到补充。这样耦合磁场依靠感应电动势和电磁力分别作用于电系统和机械系统，使电能转换成机械能或反之。

3.4　双边激励机电装置的分析

本节分析比单边激励机电装置更为复杂的双边激励机电装置，以期在此基础上推导出双边激励机电装置的电磁力表达式，进而总结得到更具普遍性的多边激励机电装置的电磁力及电磁转矩表达式。

下面以图3.8所示的双边激励机电装置为例，来分析双边激励机电装置的能量转换过程。该双边激励机电装置的定子和转子上各有一个绕组，绕组上的电压分别是 u_1 和 u_2。电流、感应电动势的正方向符合电动机定向，在图中均已标出。要注意的是，双边激励机电装置中每一个线圈中交链的磁链均由两个线圈的电流共同确定，这一点比单边激励机电装置更为复杂。

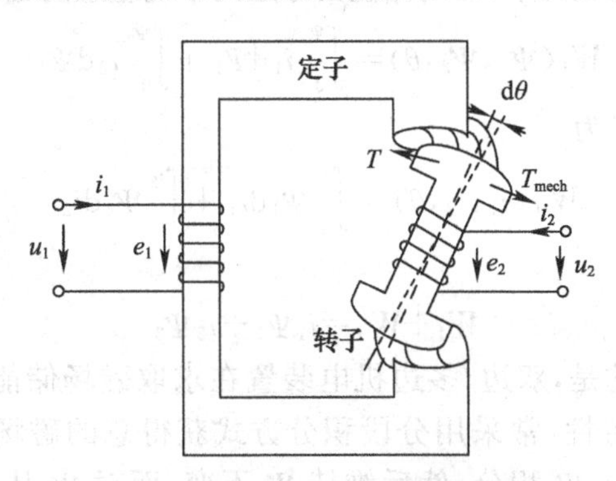

图3.8 双边激励机电装置示意图

要分析得到机械能及电磁转矩，仍采用与单边激励机电装置一样的方法，即以能量守恒定律为基础，先分析输入耦合场的净电能，再分析磁场储能情况，最后根据能量守恒定律得到输出的机械能，从而获得电磁转矩表达式。

3.4.1 输入耦合场的净电能

对双边激励机电装置来说，有两个电源分别加在两个线圈上，故输入耦合场（磁场）的净电能为

$$\mathrm{d}W_e = -(e_1 i_1 \mathrm{d}t + e_2 i_2 \mathrm{d}t) = i_1 \mathrm{d}\Psi_1 + i_2 \mathrm{d}\Psi_2 \tag{3.40}$$

其中，任一线圈的磁链均是由两个绕组中的电流（实质是磁通势）引起的磁通与对应绕组相交链而产生的，它们的一般形式可以写成

$$\begin{cases} \Psi_1 = \Psi_1(i_1, i_2, \theta) \\ \Psi_2 = \Psi_2(i_1, i_2, \theta) \end{cases} \tag{3.41}$$

某一线圈磁链由两部分构成，一部分是该线圈电流通过自感交链到自身；另一部分是另一线圈电流通过互感交链到该线圈上。通常自感与互感既是位置角的函数，也是两个线圈电流的函数。

若考虑磁路线性的特殊情况，电感与电流大小无关，仅是位置角的函数，则上式变为

$$\begin{cases}\Psi_1=L_{11}(\theta)i_1+L_{12}(\theta)i_2\\ \Psi_2=L_{21}(\theta)i_1+L_{22}(\theta)i_2\end{cases} \tag{3.42}$$

代入式(3.40),可得

$$dW_e=i_1 d[L_{11}(\theta)i_1+L_{12}(\theta)i_2]+i_2 d[L_{21}(\theta)i_1+L_{22}(\theta)i_2] \tag{3.43}$$

3.4.2 磁场储能

在双边激励机电装置中,磁场储能要考虑两个绕组总的磁场储能,其表达式为

$$W_f(\Psi_1,\Psi_2,\theta)=\int_0^{\Psi_1} i_1 d\Psi_1+\int_0^{\Psi_2} i_2 d\Psi_2 \tag{3.44}$$

磁共能的表达式为

$$W'_f(i_1,i_2,\theta)=\int_0^{i_1}\Psi_1 di_1+\int_0^{i_2}\Psi_2 di_2 \tag{3.45}$$

二者之和为

$$W_f+W'_f=i_1\Psi_1+i_2\Psi_2 \tag{3.46}$$

这里需要注意的是,双边/多边机电装置在求取磁场储能时,利用磁场储能为状态函数的这一特性,常采用分段积分方式获得总的磁场储能,例如先保持$\Psi_2=0$,而对Ψ_1从$0\sim\Psi_1$积分;然后维持Ψ_1不变,而对Ψ_2从$0\sim\Psi_2$积分。这种积分方法,在第一段积分路径中,对应的电流i_2要对应变化,以维持$\Psi_2=0$;同理,电流i_1在第二段积分路径中也要变化,以维持Ψ_1不变。

当然,还有一种分段积分的思路,第一段积分路经维持一个绕组电流(如i_2)为0,另一绕组电流i_1从0变化到i_1,由于$i_2=0$,第二项在此阶段应为0;第二段积分路径维持绕组电流i_1不变,绕组电流i_2从0变化到i_2,此时,第一项的磁链会有增量,故仍会有输出。写成具体的数学表达式为

$$\begin{aligned}W_f(\Psi_1,\Psi_2,\theta)&=\left(\int_0^{\Psi_1(i_1,0,\theta)} i_1 d\Psi_1+\int_0^{\Psi_2(i_1,0,\theta)} i_2 d\Psi_2\right)\Bigg|_{i_2=0}+\\&\quad\left(\int_{\Psi_1(i_1,0,\theta)}^{\Psi_1(i_1,i_2,\theta)} i_1 d\Psi_1+\int_{\Psi_2(i_1,0,\theta)}^{\Psi_2(i_1,i_2,\theta)} i_2 d\Psi_2\right)\Bigg|_{i_1\text{不变}}\\&=\int_0^{\Psi_1(i_1,0,\theta)} i_1 d\Psi_1\Bigg|_{i_2=0}+0+i_1\cdot[\Psi_1(i_1,i_2,\theta)-\Psi_1(i_1,0,\theta)]+\\&\quad\int_{\Psi_2(i_1,0,\theta)}^{\Psi_2(i_1,i_2,\theta)} i_2 d\Psi_2\Bigg|_{i_1\text{不变}}\end{aligned} \tag{3.47}$$

磁共能的分段积分方法也是类似的,此处不再赘述。

有了磁场储能表达式后,可以看出它是磁链(Ψ_1和Ψ_2)与位置角θ的函数,故得到磁场储能的微分形式为

$$dW_f=\frac{\partial W_f}{\partial \Psi_1}d\Psi_1+\frac{\partial W_f}{\partial \Psi_2}d\Psi_2+\frac{\partial W_f}{\partial \theta}d\theta \tag{3.48}$$

磁共能的微分为

$$dW'_f=\frac{\partial W'_f}{\partial i_1}di_1+\frac{\partial W'_f}{\partial i_2}di_2+\frac{\partial W'_f}{\partial \theta}d\theta \tag{3.49}$$

对于线性系统来说，磁场储能与磁共能相等，即

$$W_f=W'_f=\frac{1}{2}(i_1\Psi_1+i_2\Psi_2)=\frac{1}{2}L_{11}(\theta)i_1^2+L_{12}(\theta)i_1i_2+\frac{1}{2}L_{22}(\theta)i_2^2=\frac{1}{2}\boldsymbol{i}^{\mathrm{T}}\boldsymbol{L}\boldsymbol{i} \tag{3.50}$$

式中，$\boldsymbol{i}=\begin{bmatrix}i_1\\i_2\end{bmatrix}$，$\boldsymbol{L}=\begin{bmatrix}L_{11}(\theta) & L_{12}(\theta)\\L_{12}(\theta) & L_{22}(\theta)\end{bmatrix}$，$\boldsymbol{i}^{\mathrm{T}}$ 是电流矢量 $\boldsymbol{i}$ 的转置。

对式(3.50)进行微分，即可得到磁共能的微分为

$$\begin{aligned}dW'_f=&[L_{11}(\theta)i_1+L_{12}(\theta)i_2]di_1+[L_{21}(\theta)i_1+L_{22}(\theta)i_2]di_2+\\&\left[\frac{1}{2}i_1^2\frac{dL_{11}(\theta)}{d\theta}+i_1i_2\frac{dL_{12}(\theta)}{d\theta}+\frac{1}{2}i_2^2\frac{dL_{22}(\theta)}{d\theta}\right]d\theta\end{aligned} \tag{3.51}$$

3.4.3 电磁转矩

根据能量守恒原理及式(3.40)与式(3.48)，有

$$\begin{aligned}Td\theta=dW_{\mathrm{mech}}&=dW_e-dW_f\\&=i_1d\Psi_1+i_2d\Psi_2-\left(\frac{\partial W_f}{\partial\Psi_1}d\Psi_1+\frac{\partial W_f}{\partial\Psi_2}d\Psi_2+\frac{\partial W_f}{\partial\theta}d\theta\right)\\&=\left(i_1-\frac{\partial W_f}{\partial\Psi_1}\right)d\Psi_1+\left(i_2-\frac{\partial W_f}{\partial\Psi_2}\right)d\Psi_2-\frac{\partial W_f}{\partial\theta}d\theta\end{aligned} \tag{3.52}$$

由于磁链 Ψ_1、Ψ_2 和位置角 θ 是相互独立的，因此上式的左右两边对应变量前面的系数应分别相等，则

$$\begin{cases}\dfrac{\partial W_f}{\partial\Psi_1}=i_1\\[2mm]\dfrac{\partial W_f}{\partial\Psi_2}=i_2\\[2mm]T=-\dfrac{\partial W_f(\Psi_1,\Psi_2,\theta)}{\partial\theta}\end{cases} \tag{3.53}$$

同理可得

$$T=\frac{\partial W'_f(i_1,i_2,\theta)}{\partial\theta} \tag{3.54}$$

下面分析磁路线性的情形，此时可以利用式(3.50)和上式，得到

$$T=\frac{1}{2}\boldsymbol{i}^{\mathrm{T}}\frac{d\boldsymbol{L}}{d\theta}\boldsymbol{i}=\frac{1}{2}i_1^2\frac{dL_{11}(\theta)}{d\theta}+i_1i_2\frac{dL_{12}(\theta)}{d\theta}+\frac{1}{2}i_2^2\frac{dL_{22}(\theta)}{d\theta} \tag{3.55}$$

式中，右边第二项含有定子电流与转子电流的乘积，该部分转矩称为主电磁转矩；第一项只是定子侧电流的乘积，而第三项是转子侧电流的乘积，它们的共同点是乘积项中的电流来源于机电装置的同一侧，称为磁阻转矩。只有在双边或多边激励

机电装置中才会有主电磁转矩产生，主电磁转矩是一般旋转电机电磁转矩的主要部分。

3.4.4 多边激励机电装置

对于有 n 个绕组的多边激励机电装置，其磁场储能和磁共能的表达式为

$$W_{\mathrm{f}}=W_{\mathrm{f}}(\Psi_1,\Psi_2,\cdots,\Psi_n,\theta) \tag{3.56}$$

$$W'_{\mathrm{f}}=W'_{\mathrm{f}}(i_1,i_2,\cdots,i_n,\theta) \tag{3.57}$$

电磁转矩表达式为

$$T=-\frac{\partial W_{\mathrm{f}}(\Psi_1,\Psi_2,\cdots,\Psi_n,\theta)}{\partial\theta} \tag{3.58}$$

$$T=\frac{\partial W'_{\mathrm{f}}(i_1,i_2,\cdots,i_n,\theta)}{\partial\theta} \tag{3.59}$$

在磁路线性情形下，有

$$T=\frac{1}{2}\sum_{j=1}^{n}\sum_{k=1}^{n}i_j i_k\frac{\partial L_{jk}}{\partial\theta}=\frac{1}{2}\boldsymbol{i}^{\mathrm{T}}\frac{\partial\boldsymbol{L}}{\partial\theta}\boldsymbol{i} \tag{3.60}$$

至此，得到了机电装置中电磁力（电磁转矩）的表达式。需要注意式（3.58）与式（3.59）应用时，独立变量是不一样的。

3.5 以电场作为耦合场的机电装置

3.5.1 电场能和电场力

除磁场外，电场也可以作为机电装置的耦合场。下面以图 3.9 中的机电装置为例，对电场力进行分析。该机电装置含有一个可动极板和一个固定极板，在两个极板之间接有恒流源，分流元件 G 与恒流源并联。这样，两个极板就会存在电势差，极板之间的空间内就存在有电场。

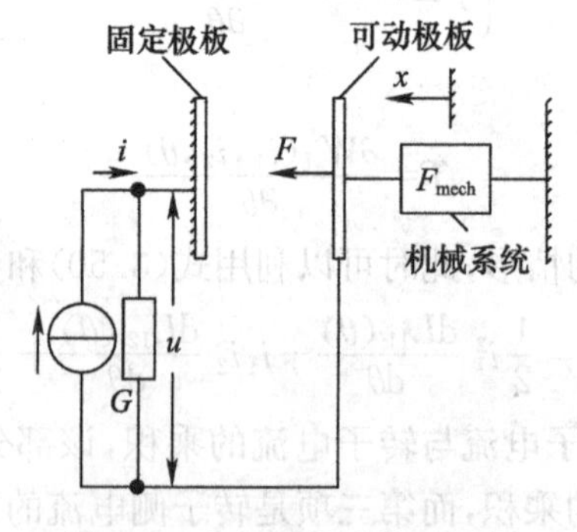

图 3.9 电场型机电装置示例

与上一节的分析类似，这里也利用能量守恒原理进行分析。在 $\mathrm{d}t$ 时间内，进入耦合场（电场）的电能 $\mathrm{d}W_e$ 将转变为电场储能的增量 $\mathrm{d}W_f$，加上输出的机械能 $\mathrm{d}W_{mech}$。写成表达式为

$$\mathrm{d}W_e = \mathrm{d}W_f + \mathrm{d}W_{mech} \tag{3.61}$$

下面逐项进行分析，首先，$\mathrm{d}t$ 时间内，进入电场的电能为

$$\mathrm{d}W_e = ui\mathrm{d}t = u\mathrm{d}q \tag{3.62}$$

式中，$\mathrm{d}q$ 为在 $\mathrm{d}t$ 时间内正极板上的电荷增加量。

机电装置输出的机械能为

$$\mathrm{d}W_{mech} = F_{mech}\mathrm{d}x \tag{3.63}$$

当选取极板电荷 q 与位移 x 作为独立变量时，电场储能的增量为

$$\mathrm{d}W_f(q,x) = \frac{\partial W_f}{\partial q}\mathrm{d}q + \frac{\partial W_f}{\partial x}\mathrm{d}x \tag{3.64}$$

将式(3.62)～式(3.64)代入式(3.61)，利用等式两边独立变量的系数应分别相等，即可推得

$$\begin{cases} u = \dfrac{\partial W_f(q,x)}{\partial q} \\ F_e = F_{mech} = -\dfrac{\partial W_f(q,x)}{\partial x} \end{cases} \tag{3.65}$$

与磁场作为耦合场的机电装置类似分析，可以得到

$$F_e = \frac{\partial W'_f(u,x)}{\partial x} \tag{3.66}$$

电场储能与磁场储能一样都是状态函数，故电场储能和电共能可以写成

$$W_f = \int_0^q u\mathrm{d}q \tag{3.67}$$

$$W'_f = \int_0^u q\mathrm{d}u \tag{3.68}$$

电场与磁场不一样，通常电场都是线性的，于是有

$$W_f = W'_f = \frac{1}{2}qu = \frac{1}{2}q^2/C = \frac{1}{2}Cu^2 \tag{3.69}$$

代入电场力表达式(3.65)或式(3.66)，有

$$F_e = -\frac{\partial W_f(q,x)}{\partial x} = -q^2 \cdot \left(-\frac{1}{C^2}\right)\frac{\mathrm{d}C}{\mathrm{d}x} = u^2\frac{\mathrm{d}C}{\mathrm{d}x} = \frac{\partial W'_f(u,x)}{\partial x} \tag{3.70}$$

3.5.2 电场型电机的分析

一个电场型同步电机的结构示意图如图 3.10 所示。定片 S 的截面近似扇形，动片 R 的截面为圆形，动片安装在轴上，可以在定片的轴向间隙旋转。定片与动

片之间加上电源电压 u。S 与 R 之间的电容随着动片位置角 θ 而变化。

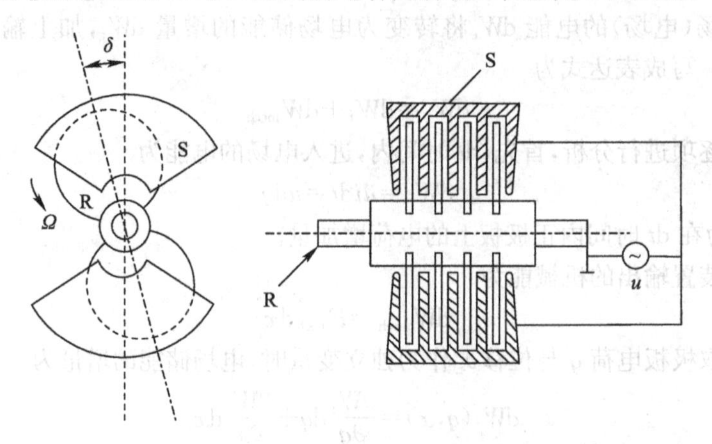

图 3.10 电场型同步电机的结构示意图

$$\begin{cases}\theta=0 & C\rightarrow C_{\max}\\ \theta=\dfrac{\pi}{2} & C\rightarrow C_{\min}\end{cases} \tag{3.71}$$

假设电容 C 随转子位置角按正弦(余弦)规律变化,则

$$C(\theta)=C_0+C_1\cos2\theta=\frac{1}{2}(C_{\max}+C_{\min})+\frac{1}{2}(C_{\max}-C_{\min})\cos2\theta \tag{3.72}$$

电容的变化曲线如图 3.11 所示。

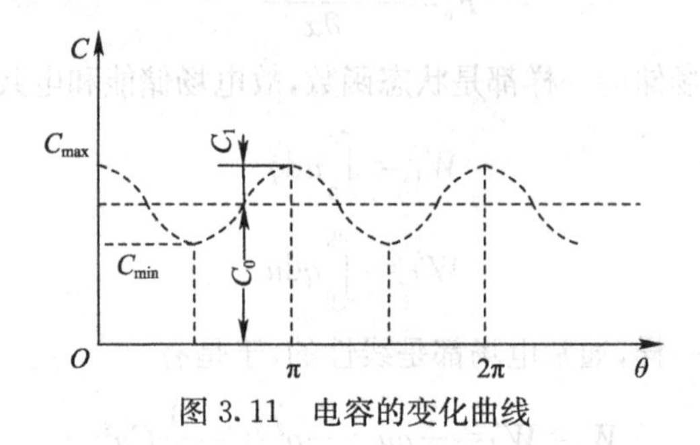

图 3.11 电容的变化曲线

电场转矩为

$$T=\frac{\partial W'_{\mathrm{f}}}{\partial\theta}=\frac{1}{2}u^2\frac{\partial C(\theta)}{\partial\theta}=-C_1u^2\sin2\theta \tag{3.73}$$

若 u 是一个恒值,则电场转矩随转子位置角做周期性变化,平均转矩将为 0。因此,要使得该电场型同步电机能正常旋转,需要产生平均电场转矩,电压 u 必须是交流的。假设动片转速为 ω_{m},初始位置角为 δ,则角位移为 $\theta=\omega_{\mathrm{m}}t+\delta$。此外,电压 $u=U_{\mathrm{m}}\cos\omega t$,代入式(3.73)得

$$T=-C_1U_m^2\cos^2\omega t\sin2(\omega_m t+\delta)$$
$$=-\frac{C_1}{2}U_m^2\left\{\sin2(\omega_m t+\delta)+\frac{1}{2}\sin2[(\omega_m-\omega)t+\delta]+\frac{1}{2}\sin2[(\omega_m+\omega)t+\delta]\right\} \tag{3.74}$$

因为 $\omega_m\neq0$，式中，第一项必是正弦量，其平均值为0，当 $\omega_m\neq\pm\omega$ 时，第二、三项也是正弦项，也不会产生平均转矩。当 $\omega_m=\omega$ 时，第二项将变成与时间 t 无关的常数项，得到该电场型同步电机的平均转矩为

$$T_{av}=-\frac{1}{4}U_m^2C_1\sin2\delta \tag{3.75}$$

由于要产生平均转矩，动片的角速度必须与电源电压的角频率相等，故该电动机称为电容型同步电机。

3.5.3 电场型机电装置与磁场型机电装置的比较

磁场与电场物理量的对应关系可参见表3.2。

表3.2 磁场与电场物理量的对应关系

磁场	电场
磁场强度 H	电场强度 E
磁通密度 $B=\mu H$	电通密度 $D=\varepsilon E$
磁导率 μ	介电常数 ε
真空磁导率 $\mu_0=4\pi\times10^{-7}$H/m	真空介电常数 $\varepsilon_0=8.85\times10^{-12}$F/m
电感 L	电容 C
电流 i	电压 u
磁链 $\Psi=Li$	电荷 $q=Cu$
磁场储能 $W_f=\frac{1}{2}Li^2=\frac{1}{2}\Psi i$	电场储能 $W_f=\frac{1}{2}Cu^2=\frac{1}{2}uq$
单位体积磁场储能 $\omega=\frac{1}{2}\frac{B^2}{\mu}$	单位体积电场储能 $\omega=\frac{1}{2}\frac{D^2}{\varepsilon}$

下面重点比较单位体积的磁场储能与单位体积的电场储能的差别，即表3.2中最后一行的物理量。

对于典型的磁场型机电装置——普通电机来说，若气隙的磁通密度 $B=0.8$T，则可算出 $\omega_1=2.55\times10^5$J/m^3，此数值为单位体积内气隙磁场储能的典型数据，也是定、转子表面单位面积上受到的电磁力。

对于耦合场为电场的电场型电机，以空气作为介质，则介电常数 $\varepsilon_0=8.85\times10^{-12}$F/m，空气能够承受的最大电场强度 $E=3\times10^6$V/m，可以计算得到 $\omega_2=39.8$J/m^3。通过单位体积储能大小的比较，可以发现磁场储能要比电场储能大

6000 倍以上。这也是为何日常生产生活实践中，机电装置几乎全是磁场型的原因所在。

3.6 永磁系统中的力与转矩

对于前面分析的单边、双边激励机电装置，当所有的绕组不通电流时，若铁心无剩磁，各绕组交链的磁链必然为 0。但是，如果机电装置中含有永磁体，当绕组电流为 0 时，磁路中的磁通仍然不会为 0。

要分析永磁系统中的力和转矩，可以采用“虚拟线圈”法。“虚拟线圈”法的基本思想是在永磁体作用的磁路上添加一个虚拟线圈，用以平衡永磁磁势的作用，当虚拟线圈通电流 I_{f0} 时，产生的磁场强度恰为矫顽力 H_c，将会使得磁路中的磁通密度达到 0。而在正常工作状态，虚拟线圈的电流为 0。这样，在利用磁场储能或磁共能来求取电磁力或电磁转矩的过程中，可以使用虚拟线圈交链的磁链、电流等物理量来列写方程，分析过程与普通线圈一致。对于采用磁共能偏导数来获取电磁力和电磁转矩的方法来说，因为磁共能采用电流作为独立变量，因而使用“虚拟线圈”法会更加方便。

下面以一个单永磁体激励的系统为例来进行分析。该系统示意图如图 3.12 所示，对于图中的机电系统，可以套用单边机电装置的分析方法，其磁共能微分的表达式为

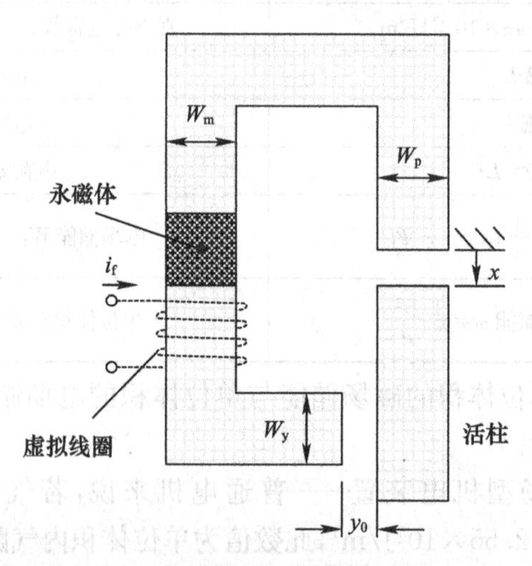

图 3.12 含有永磁体的单边激励机电系统

$$dW'_f(i_f,x)=\Psi_f di_f+F_e dx \tag{3.76}$$

于是，电磁力表达式变为

$$F_e = \frac{\partial W'_f(i_f, x)}{\partial x}\bigg|_{i_f=0} = \frac{\partial W'_f(i_f=0, x)}{\partial x} \tag{3.77}$$

要注意的是，在对上式求偏导数时，要维持虚拟线圈上的电流为 0。为了求得电磁力，需要得到 $W'_f(i_f=0,x)$ 的表达式。因为磁共能是状态函数，可以将衔铁固定在 x 位置，让虚拟线圈上的电流从 I_{f0} 变化到 0，对这个过程进行下式的积分运算即可。

$$W'_f(i_f = 0, x) = \int_{I_{f0}}^{0} \Psi_f(i_f, x) \cdot \mathrm{d}i_f \tag{3.78}$$

需要指出的是，上式对于磁路线性或非线性的情形均是适用的。

对于图 3.12 所示的机电系统，假设其中的永磁体是稀土永磁材料，铁心的磁导率无穷大。由于永磁体去磁曲线为线性的，回复磁导率为 μ_R，则永磁体发出的磁通密度为

$$B_m = \mu_R (H_m - H_c) = \mu_R H_m + B_r \tag{3.79}$$

式中，H_c 为矫顽力，为负值；B_r 为永磁体的剩余磁通密度。在图中，添加了虚拟线圈后，根据安培环路定律，其安匝数为

$$N_f i_f = H_m l_m + H_x x + H_y y_0 \tag{3.80}$$

设图 3.12 的机电装置 z 方向（垂直纸面方向）深度为 L，依据磁通连续性条件，各截面通过的磁通应相等，即

$$B_m W_m L = B_x W_p L = B_y W_y L \tag{3.81}$$

从上面式子可以求解出

$$B_m = \frac{\mu_R (N_f i_f - H_c l_m)}{l_m + W_m \dfrac{\mu_R}{\mu_0}\left(\dfrac{x}{W_p} + \dfrac{y_0}{W_y}\right)} \tag{3.82}$$

因此，虚拟线圈交链的磁链为

$$\Psi_f = N_f (B_m W_m L) = \frac{N_f W_m L \mu_R (N_f i_f - H_c l_m)}{l_m + W_m \dfrac{\mu_R}{\mu_0}\left(\dfrac{x}{W_p} + \dfrac{y_0}{W_y}\right)} \tag{3.83}$$

要使虚拟线圈的磁链为 0，必须满足

$$i_f = I_{f0} = H_c l_m / N_f = -B_r l_m / (\mu_R N_f) \tag{3.84}$$

于是，可通过积分求得磁共能为

$$W'_f = \int_{H_c l_m / N_f}^{0} \frac{N_f W_m L \mu_R (N_f i_f - H_c l_m)}{l_m + W_m \dfrac{\mu_R}{\mu_0}\left(\dfrac{x}{W_p} + \dfrac{y_0}{W_y}\right)} \mathrm{d}i_f = \frac{W_m L\,(B_r l_m)^2}{2\mu_R \left[l_m + W_m \dfrac{\mu_R}{\mu_0}\left(\dfrac{x}{W_p} + \dfrac{y_0}{W_y}\right)\right]} \tag{3.85}$$

进一步，求出活柱上受到的电磁力为

$$f_{\mathrm{e}}=\frac{\partial W_{\mathrm{f}}'}{\partial x}=-\frac{W_{\mathrm{m}}^{2}L\left(B_{\mathrm{r}}l_{\mathrm{m}}\right)^{2}}{2\mu_{0}W_{\mathrm{p}}\left[l_{\mathrm{m}}+W_{\mathrm{m}}\frac{\mu_{\mathrm{R}}}{\mu_{0}}\left(\frac{x}{W_{\mathrm{p}}}+\frac{y_{0}}{W_{\mathrm{y}}}\right)\right]^{2}} \tag{3.86}$$

从式(3.86)可知，电磁力表达式与虚拟线圈的匝数、电流无关。此外，需要注意的是，因为矫顽力 H_{c}是负值，在求磁共能时，虚拟电流从负电流积分到0。

3.7 机电能量转换的条件

要发生机械能与电能之间的转换，必须要满足一些基本条件。本节以磁路线性的电机系统为对象来对其中的规律作出归纳。假设电机有 n 个绕组，其中任一个绕组(设为第 k 个)的电压方程可写成

$$u_{k}=i_{k}R_{k}+\frac{\mathrm{d}\Psi_{k}}{\mathrm{d}t} \tag{3.87}$$

式中，磁链 Ψ_{k}可认为是由各相电流引起的，即

$$\Psi_{k}=\sum_{j=1}^{n}L_{kj}i_{j} \tag{3.88}$$

式中，L_{kj}为 k 绕组和 j 绕组之间的互感，当 $k=j$ 时，为 L_{k}，即 k 绕组的自感。

因此，各绕组的磁链方程可以写成矩阵形式为

$$\boldsymbol{\Psi}=\boldsymbol{L}\boldsymbol{i} \tag{3.89}$$

式中，$\boldsymbol{\Psi}=[\Psi_{1}\quad\Psi_{2}\quad\cdots\quad\Psi_{n}]^{\mathrm{T}}$，$\boldsymbol{i}=[i_{1}\quad i_{2}\quad\cdots\quad i_{n}]^{\mathrm{T}}$，$\boldsymbol{L}=\begin{bmatrix}L_{1}&L_{12}&\cdots&L_{1n}\\L_{21}&L_{2}&\cdots&L_{2n}\\\cdots&\cdots&\cdots&\cdots\\L_{n1}&L_{n2}&\cdots&L_{n}\end{bmatrix}$。

因为本节主要考虑磁路线性的情况，即电感矩阵中的每个元素只是转子位置角的函数，而不受电流大小的影响，对任一电感或电感矩阵来说，有

$$L_{kj}=L_{kj}(\theta),\boldsymbol{L}=\boldsymbol{L}(\theta) \tag{3.90}$$

下一步利用全微分原理，电压表达式的矩阵形式就可以写成

$$\boldsymbol{u}=\boldsymbol{R}\boldsymbol{i}+\frac{\mathrm{d}(\boldsymbol{L}\boldsymbol{i})}{\mathrm{d}t}=\boldsymbol{R}\boldsymbol{i}+\boldsymbol{L}\frac{\mathrm{d}\boldsymbol{i}}{\mathrm{d}t}+\frac{\mathrm{d}\boldsymbol{L}}{\mathrm{d}\theta}\omega\boldsymbol{i} \tag{3.91}$$

式中，$\boldsymbol{L}\dfrac{\mathrm{d}\boldsymbol{i}}{\mathrm{d}t}$是由电流变化引起的感应电动势，而变压器绕组中的感应电动势也是依据类似原理产生的，因此该项称为变压器电动势。最后一项$\dfrac{\mathrm{d}\boldsymbol{L}}{\mathrm{d}\theta}\omega\boldsymbol{i}$ 是由于转子位置变化引起电感变化，从而产生出的感应电动势，它与运动角速度 ω 成正比，因而该项称为运动电动势，通常记为 $\boldsymbol{E}_{\Omega}$。

为了进行功率分析，在式(3.91)的左右两边同时左乘电流 $\boldsymbol{i}^{\mathrm{T}}$，即可得到

$$\boldsymbol{i}^{\mathrm{T}}\boldsymbol{u}=\boldsymbol{i}^{\mathrm{T}}\boldsymbol{R}\boldsymbol{i}+\boldsymbol{i}^{\mathrm{T}}\boldsymbol{L}\frac{\mathrm{d}\boldsymbol{i}}{\mathrm{d}t}+\boldsymbol{i}^{\mathrm{T}}\boldsymbol{E}_{\Omega} \tag{3.92}$$

左边$\boldsymbol{i}^{\mathrm{T}}\boldsymbol{u}$即为电源提供的电功率，右边第一项为电阻损耗，其余两项则是进入耦合场的功率。进入耦合场的功率，一部分变为机械功率 P_{mech} 输出，另一部分则转变为耦合场储能的功率 P_{f}，即

$$\boldsymbol{i}^{\mathrm{T}}\boldsymbol{L}\frac{\mathrm{d}\boldsymbol{i}}{\mathrm{d}t}+\boldsymbol{i}^{\mathrm{T}}\boldsymbol{E}_{\Omega}=P_{\mathrm{f}}+P_{\mathrm{mech}} \tag{3.93}$$

由于系统线性，磁场储能（简称磁能）与磁共能表达式为

$$W_{\mathrm{f}}=W'_{\mathrm{f}}=\frac{1}{2}\boldsymbol{i}^{\mathrm{T}}\boldsymbol{L}\boldsymbol{i} \tag{3.94}$$

上式对时间求导，得到

$$P_{\mathrm{f}}=\frac{\mathrm{d}W_{\mathrm{f}}}{\mathrm{d}t}=\boldsymbol{i}^{\mathrm{T}}\boldsymbol{L}\frac{\mathrm{d}\boldsymbol{i}}{\mathrm{d}t}+\frac{1}{2}\boldsymbol{i}^{\mathrm{T}}\frac{\mathrm{d}\boldsymbol{L}}{\mathrm{d}t}\boldsymbol{i}=\boldsymbol{i}^{\mathrm{T}}\boldsymbol{L}\frac{\mathrm{d}\boldsymbol{i}}{\mathrm{d}t}+\frac{1}{2}\boldsymbol{i}^{\mathrm{T}}\boldsymbol{E}_{\Omega} \tag{3.95}$$

将式(3.95)代入式(3.93)，即可得到

$$P_{\mathrm{mech}}=\frac{1}{2}\boldsymbol{i}^{\mathrm{T}}\boldsymbol{E}_{\Omega} \tag{3.96}$$

若发生了电能与机械能之间的转换，在一段时间内的输出机械能不应为 0，即平均机械功不能为 0，写成数学表达式为

$$(P_{\mathrm{mech}})_{\mathrm{av}}=\left(\frac{1}{2}\boldsymbol{i}^{\mathrm{T}}\boldsymbol{E}_{\Omega}\right)_{\mathrm{av}}\neq 0 \tag{3.97}$$

当电机平稳运行时，电流等物理量均是周期性变化的，某个时刻 t 的磁场分布情况必然与 $t+kT_{\mathrm{e}}$（其中，k 是整数，T_{e}是电周期）时刻保持一致，由于磁场储能是状态函数，于是时刻 t 的磁场储能也必然与时刻 $t+kT_{\mathrm{e}}$的磁场储能相等。所以有

$$(P_{\mathrm{f}})_{\mathrm{av}}=\left(\boldsymbol{i}^{\mathrm{T}}\boldsymbol{L}\frac{\mathrm{d}\boldsymbol{i}}{\mathrm{d}t}+\frac{1}{2}\boldsymbol{i}^{\mathrm{T}}\boldsymbol{E}_{\Omega}\right)_{\mathrm{av}}=0 \tag{3.98}$$

综合式(3.97)与式(3.98)，可以得到

$$\boldsymbol{i}^{\mathrm{T}}\boldsymbol{L}\frac{\mathrm{d}\boldsymbol{i}}{\mathrm{d}t}\neq 0 \tag{3.99}$$

从式(3.97)和式(3.99)可以总结得到机电能量转换能持续进行的条件如下：

① 运动电动势不能都为零；

② 所有的绕组电流不能都是直流，即至少有一个电机绕组电流是含有交流分量的。

3.8 旋转电机的电磁转矩

对旋转电机而言，产生平均转矩和恒定转矩才是其稳定运行的基础，因此有必要分析产生平均转矩和恒定转矩的条件。为了便于分析，本节分析采用以下近似

假定：

① 磁饱和效应、磁滞和涡流的影响可以忽略不计，即磁路是线性的，因而可以采用叠加原理进行分析。

② 定子绕组的电流在电机气隙中只产生理想正弦分布的磁通势，忽略磁场的高次谐波分量。

③ 电机转子结构是关于直轴和交轴对称的。

④ 电机定子/转子绕组的空载电动势是理想正弦波，即转子绕组和定子绕组之间的互感系数是转子位置角的正弦(或余弦)函数。

基于上面的假定，可以得到磁场储能与磁共能为

$$W_f = W'_f = \frac{1}{2}\boldsymbol{i}^T\boldsymbol{L}\boldsymbol{i} \tag{3.100}$$

电磁转矩表达式变为

$$T = \frac{\partial W'_f}{\partial \theta_m} = \frac{1}{2}n_p\,\boldsymbol{i}^T\,\frac{\partial \boldsymbol{L}}{\partial \theta}\boldsymbol{i} \tag{3.101}$$

式中，n_p是极对数；θ_m是转子机械角度；θ是转子电角度。

因为各物理量可以按照定子侧与转子侧进行区分，在矩阵表达式中，可以写成

$$\boldsymbol{i} = \begin{bmatrix} \boldsymbol{i}_s \\ \boldsymbol{i}_r \end{bmatrix}, \boldsymbol{L} = \begin{bmatrix} \boldsymbol{L}_s & \boldsymbol{L}_{sr} \\ \boldsymbol{L}_{rs} & \boldsymbol{L}_r \end{bmatrix} \tag{3.102}$$

式中，$\boldsymbol{i}_s$ 是定子电流矢量；$\boldsymbol{i}_r$ 是转子电流矢量；$\boldsymbol{L}_s$、$\boldsymbol{L}_r$ 分别是定子/转子绕组的自感矩阵；$\boldsymbol{L}_{sr}$或 $\boldsymbol{L}_{rs}$为定、转子间的互感矩阵。这样一来，电磁转矩的矩阵形式可以进一步写成

$$T = \frac{1}{2}n_p\left[\boldsymbol{i}_s^T\,\frac{\partial \boldsymbol{L}_s}{\partial \theta}\boldsymbol{i}_s + \boldsymbol{i}_s^T\,\frac{\partial \boldsymbol{L}_{sr}}{\partial \theta}\boldsymbol{i}_r + \boldsymbol{i}_r^T\,\frac{\partial \boldsymbol{L}_{rs}}{\partial \theta}\boldsymbol{i}_s + \boldsymbol{i}_r^T\,\frac{\partial \boldsymbol{L}_r}{\partial \theta}\boldsymbol{i}_r\right] \tag{3.103}$$

从上式可以看出，要得到电磁转矩，对绕组电感特性的分析至关重要，下面针对典型的隐极电机和凸极电机逐一展开分析。

3.8.1 隐极电机的分析

三相隐极电机示意图如图 3.13 所示，该电机为一对极结构，定子和转子各有三相绕组，定子上有 A、B、C 三相对称绕组，转子上也有 a、b、c 三相对称绕组。为分析简便，假设：

① 转子绕组折算到定子侧后，相数、每相匝数、绕组系数等与定子相同。即 6 个相绕组中的任意一相通入相等电流，作用在气隙中的磁通势波形完全相同，仅在相位上有差别。

② 转子 a 相绕组轴线超前定子 A 相绕组轴线 θ 角。

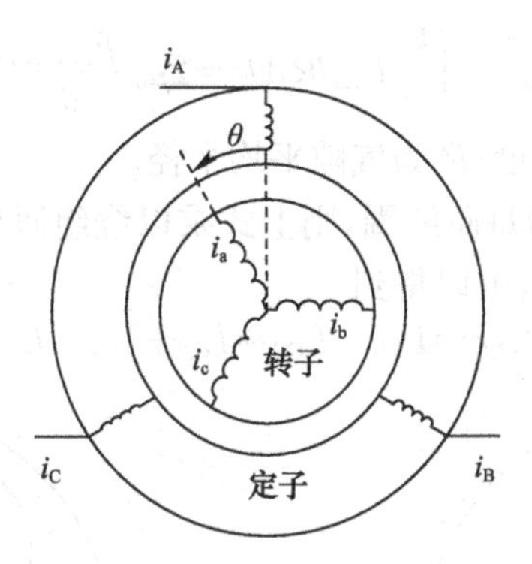

图 3.13　三相隐极电机示意图

此外，本节开始就假定磁路线性。对于图 3.13 所示的隐极电机，电感矩阵的具体表示为

$$\boldsymbol{L}_s=\begin{bmatrix}L_{AA} & L_{AB} & L_{AC}\\ L_{BA} & L_{BB} & L_{BC}\\ L_{CA} & L_{CB} & L_{CC}\end{bmatrix},\quad \boldsymbol{L}_r=\begin{bmatrix}L_{aa} & L_{ab} & L_{ac}\\ L_{ba} & L_{bb} & L_{bc}\\ L_{ca} & L_{cb} & L_{cc}\end{bmatrix},\quad \boldsymbol{L}_{sr}=\begin{bmatrix}L_{Aa} & L_{Ab} & L_{Ac}\\ L_{Ba} & L_{Bb} & L_{Bc}\\ L_{Ca} & L_{Cb} & L_{Cc}\end{bmatrix} \tag{3.104}$$

首先，分析自感矩阵 $\boldsymbol{L}_s$ 和 $\boldsymbol{L}_r$。自感矩阵中的对角线元素才是真正意义的自感，而非对角线元素却是对应的相间互感。第一步，先对自感矩阵中的自感项进行分析，由于隐极电机的气隙均匀，定、转子自感矩阵均为常数矩阵，与转子位置无关。

考察一个特殊位置，即转子 a 相轴线与定子 A 相轴线重合时，对应的示意图如图 3.14 所示。当只有 A 相通入电流 i 时，磁力线分布如图 3.14(b)所示。A 相电流产生的磁通包括气隙主磁通 $\Phi_{A\delta}$ 和漏磁通 $\Phi_{A\sigma}$，分别对应与 A 相绕组交链的主磁链 $\Psi_{A\delta}$ 和漏磁链 $\Psi_{A\sigma}$。于是，A 相的自感为

$$L_{AA}=\frac{\Psi_A}{i}=\frac{\Psi_{A\delta}+\Psi_{A\sigma}}{i}=L_{s\delta}+L_{s\sigma} \tag{3.105}$$

式中，$L_{s\delta}$ 是与主气隙磁场对应的自感，$L_{s\sigma}$ 是漏磁自感，它通常由槽漏磁自感、端部漏磁自感等组成。分析上式中的主磁链 $\Psi_{A\delta}$，可以从气隙磁通势入手。当 A 相通入电流 i 时，在图 3.14(b)的 A 相轴线位置(设为 0°)，气隙磁通势达到最大 $F_{A\delta\max}$，于是，在气隙中磁通势的分布可以表示为

$$F_{A\delta}=F_{A\delta\max}\cos\theta \tag{3.106}$$

在气隙的 θ 位置，该 A 相磁通势产生的磁通密度为

$$B_{A\delta}=\mu_0\,\frac{F_{A\delta\max}}{\delta}\cos\theta \tag{3.107}$$

从 $-\frac{\pi}{2}$ 积分到 $\frac{\pi}{2}$，就可以得到 A 相电流产生的气隙主磁通，表达式为

$$\Phi_{A\delta}=\int_{-\frac{\pi}{2}}^{\frac{\pi}{2}}B_{A\delta}lR\,\mathrm{d}\theta=2\mu_0\,\frac{F_{A\delta\max}}{\delta}lR \tag{3.108}$$

式中，l 为电机轴向有效长度；R 为气隙平均半径。

若该磁通交链A相的每匝线圈，则上式乘以绕组匝数便得到主磁链 $\Psi_{A\delta}$。依据定子三相绕组的对称性，可以得到

$$L_{AA}=L_{BB}=L_{CC}=L_{s\delta}+L_{s\sigma}=L_1 \tag{3.109}$$

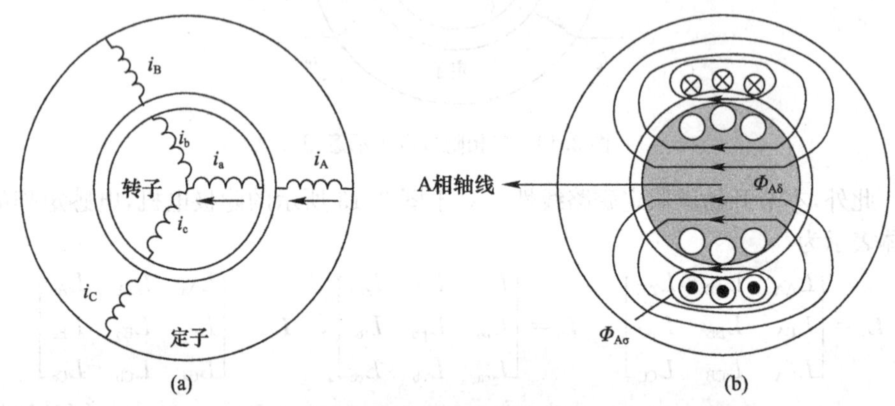

图 3.14　转子 a 相轴线与定子 A 相轴线重合位置及磁通路径

由于转子上也是三相对称绕组，与定子绕组自感类似，可得到

$$L_{aa}=L_{bb}=L_{cc}=L_{r\delta}+L_{r\sigma}=L_2 \tag{3.110}$$

根据前面的折算假设，即转子绕组的匝数、绕组系数都与定子绕组一致，当只有a相绕组通入电流 i 时，磁通势的大小应与图3.14(b)中A相通入电流 i 时的大小相等；气隙主磁通路径即为 $\Phi_{A\delta}$ 的路径，此主磁通路径对应的磁路磁阻在A相通电或a相通电情况均是一样的。因此，a相绕组通入电流 i 时，产生的气隙主磁通应与图中的 $\Phi_{A\delta}$ 完全相等，所以有

$$L_{s\delta}=L_{r\delta} \tag{3.111}$$

即 $L_2=L_{s\delta}+L_{r\sigma}$。

第二步，分析自感矩阵中的互感项，以A、B相互感 L_{BA} 为例，根据互感的定义，当A相通入电流 i 时，B相绕组交链到的磁链为 Ψ_{BA}，则互感表达式为

$$L_{BA}=\frac{\Psi_{BA}}{i} \tag{3.112}$$

当A相通入电流 i，它产生的磁通中假设只有气隙主磁通可与B相绕组相交链。又因为B相绕组与A相绕组的轴线夹角为120°(电角度)，如图3.15所示。参考式(3.106)～式(3.108)，可以求取A相电流在B相绕组产生的气隙主磁通 $\Phi_{BA\delta}$，只需将式(3.108)中的积分上下限分别替换成$\frac{7\pi}{6}$和$\frac{\pi}{6}$进行运算即可。

通常，可以由A、B两相轴线夹角的余弦来表示互感，即

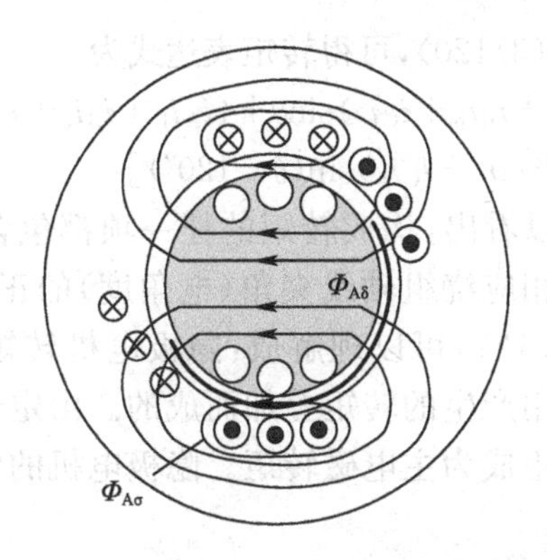

图3.15　定子A相与B相磁通交链示意图

$$L_{BA}=L_{s\delta}\cos 120^\circ=-\frac{1}{2}L_{s\delta}=-M_1 \tag{3.113}$$

根据对称性，A、B、C相任意两相之间的互感大小相等，为

$$L_{AB}=L_{BA}=L_{BC}=L_{CB}=L_{CA}=L_{AC}=-M_1=-\frac{1}{2}L_{s\delta} \tag{3.114}$$

与定子类似，转子两相之间的互感为

$$L_{ab}=L_{ba}=L_{bc}=L_{cb}=L_{ca}=L_{ac}=-M_1=L_{s\delta}\cos 120^\circ=-\frac{1}{2}L_{s\delta} \tag{3.115}$$

第三步，分析定、转子之间的互感矩阵。分析方法与自感矩阵中的互感系数类似，可以得到两个绕组之间的互感是相应绕组轴线夹角的余弦函数，即

$$L_{Aa}=L_{aA}=L_{Bb}=L_{bB}=L_{Cc}=L_{cC}=L_{s\delta}\cos\theta \tag{3.116}$$

$$L_{Ab}=L_{bA}=L_{Bc}=L_{cB}=L_{Ca}=L_{aC}=L_{s\delta}\cos(\theta+120^\circ) \tag{3.117}$$

$$L_{Ac}=L_{cA}=L_{Ba}=L_{aB}=L_{Cb}=L_{bC}=L_{s\delta}\cos(\theta-120^\circ) \tag{3.118}$$

将定、转子之间互感写成矩阵形式，变成

$$L_{sr}=2M_1\begin{bmatrix}\cos\theta & \cos(\theta+120^\circ) & \cos(\theta-120^\circ)\\ \cos(\theta-120^\circ) & \cos\theta & \cos(\theta+120^\circ)\\ \cos(\theta+120^\circ) & \cos(\theta-120^\circ) & \cos\theta\end{bmatrix} \tag{3.119}$$

因为电感矩阵中，与转子位置角相关的只有定、转子互感矩阵，于是，电磁转矩变为

$$\begin{aligned}T&=\frac{1}{2}n_p\left[\boldsymbol{i}_s^T\frac{\partial \boldsymbol{L}_s}{\partial\theta}\boldsymbol{i}_s+\boldsymbol{i}_s^T\frac{\partial \boldsymbol{L}_{sr}}{\partial\theta}\boldsymbol{i}_r+\boldsymbol{i}_r^T\frac{\partial \boldsymbol{L}_{rs}}{\partial\theta}\boldsymbol{i}_s+\boldsymbol{i}_r^T\frac{\partial \boldsymbol{L}_r}{\partial\theta}\boldsymbol{i}_r\right]\\&=\frac{1}{2}n_p\left[\boldsymbol{i}_s^T\frac{\partial \boldsymbol{L}_{sr}}{\partial\theta}\boldsymbol{i}_r+\boldsymbol{i}_r^T\frac{\partial \boldsymbol{L}_{rs}}{\partial\theta}\boldsymbol{i}_s\right]=n_p\boldsymbol{i}_s^T\frac{\partial \boldsymbol{L}_{sr}}{\partial\theta}\boldsymbol{i}_r\end{aligned} \tag{3.120}$$

把式(3.119)代入式(3.120),可得转矩表达式为

$$T=-2n_{p}M_{1}\left[(i_{A}i_{a}+i_{B}i_{b}+i_{C}i_{c})\sin\theta+(i_{A}i_{b}+i_{B}i_{c}+i_{C}i_{a})\sin(\theta+120^{\circ})+(i_{A}i_{c}+i_{B}i_{a}+i_{C}i_{b})\sin(\theta-120^{\circ})\right] \tag{3.121}$$

从该转矩表达式可以看出,构成转矩的任一项都包含定子一相电流与转子一相电流的乘积再乘以相应绕组轴线夹角(电角度)的正弦,电流乘以等效匝数就是磁通势,因此,式(3.121)可以理解成:隐极电机转矩是定子各相磁通势和转子各相磁通势相互作用产生的转矩叠加而成的。由定子磁通势和转子磁通势相互作用产生的电磁转矩成为主电磁转矩。隐极电机的电磁转矩只包含主电磁转矩。

若定、转子各有一个绕组,即仅有A绕组和a绕组,则式(3.121)变成

$$T=-2n_{p}M_{1}i_{A}i_{a}\sin\theta \tag{3.122}$$

这里需要指出的是,上述公式是在磁路为线性、磁场在空间按正弦分布的假定条件下得到的,但对定、转子电流的波形并没有做任何限定,并不一定要是理想正弦波形。因此,上述的电磁转矩公式对研究由变频器供电的三相异步电动机调速系统仍然是有意义的。

3.8.2 凸极电机的分析

典型的凸极电机结构图如图3.16所示。定子上有三相对称绕组A、B、C;凸极转子上有励磁绕组F、直轴(d轴)阻尼绕组D和交轴(g轴)阻尼绕组Q。转子逆时针旋转,转子N极(凸极)位置定义为直轴(d轴),q轴超前d轴90°电角度,d轴超前A相轴线的电角度为θ。

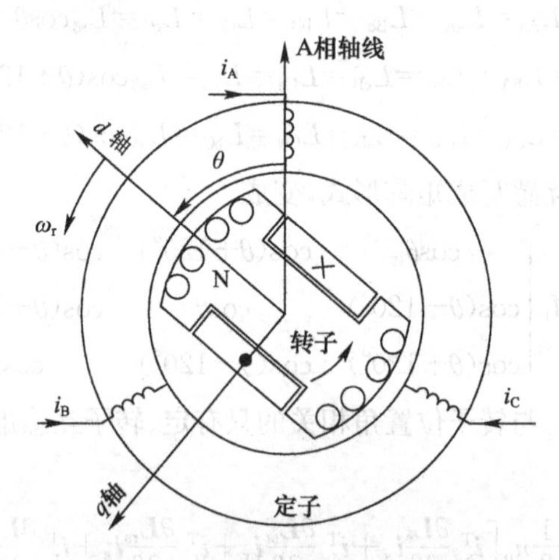

图3.16 典型的凸极电机结构图

首先,凸极电机的电感矩阵为

$$\boldsymbol{L}=\begin{bmatrix}\boldsymbol{L}_s & \boldsymbol{L}_{sr}\\ \boldsymbol{L}_{rs} & \boldsymbol{L}_r\end{bmatrix}=\begin{bmatrix}L_{AA} & L_{AB} & L_{AC} & L_{AF} & L_{AD} & L_{AQ}\\ L_{BA} & L_{BB} & L_{BC} & L_{BF} & L_{BD} & L_{BQ}\\ L_{CA} & L_{CB} & L_{CC} & L_{CF} & L_{CD} & L_{CQ}\\ L_{FA} & L_{FB} & L_{FC} & L_F & L_{FD} & 0\\ L_{DA} & L_{DB} & L_{DC} & L_{DF} & L_D & 0\\ L_{QA} & L_{QB} & L_{QC} & 0 & 0 & L_Q\end{bmatrix} \tag{3.123}$$

电感矩阵中自感系数和互感系数可分为以下 4 类。

(1) 定子绕组的自感系数 L_{AA}、L_{BB}、L_{CC}

由于转子是凸极的，定、转子间的气隙不均匀，会使定子绕组的自感因定、转子相对位置的不同而不同，即随转子位置角 θ 呈周期性变化，需要注意定子自感与磁路的磁阻有关，而与转子的极性无关。

当 d 轴（或 $-d$ 轴）与定子某相重合时，定子该相绕组的自感达到最大值，为 L_{sd}；当 q 轴与定子某相重合时，定子该相绕组的自感为最小值 L_{sq}，即

$$L_{sd}=L_{s\sigma}+L_{sd\delta} \tag{3.124}$$

$$L_{sq}=L_{s\sigma}+L_{sq\delta} \tag{3.125}$$

式中，$L_{s\sigma}$ 是定子绕组漏感；$L_{sd\delta}$ 与 $L_{sq\delta}$ 分别是定子绕组在直轴和交轴位置时的气隙磁场自感。对应磁路如图 3.17 所示。

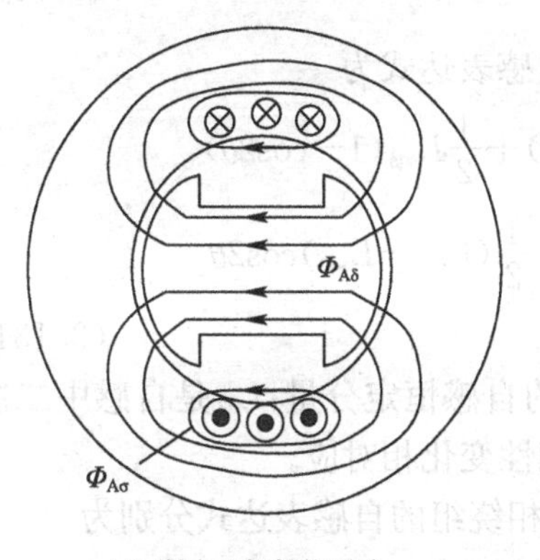

(a) d轴与A相轴线重合

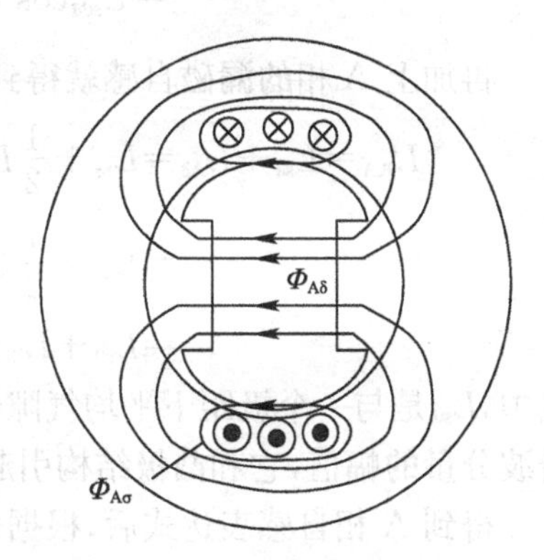

(b) q轴与A相轴线重合

图 3.17　凸极电机的两个特殊位置

一般情况下，转子不会停在图 3.17 中的特殊位置。因此，需要分析转子在任一 θ 位置上定子绕组的自感，这时要利用到双反应理论。以 A 相自感为例，它的表达式写为

$$L_{AA}=L_{s\sigma}+L_{A\delta} \tag{3.126}$$

式中，$L_{A\delta}$ 是 A 相绕组在转子处于 θ 位置上的气隙磁场自感，可以从磁路获得，即

$$L_{A\delta}=\frac{\Psi_{A\delta}}{I_A} \tag{3.127}$$

首先，把A相电流分解为直轴与交轴两个分量，电流分解实质上是磁通势分解，即

$$\boldsymbol{I}_A=\boldsymbol{I}_{Ad}+\boldsymbol{I}_{Aq} \tag{3.128}$$

式中，$\boldsymbol{I}_{Ad}=\boldsymbol{I}_A\cos\theta$；$\boldsymbol{I}_{Aq}=-\boldsymbol{I}_A\sin\theta$。

由A相电流产生的基波气隙磁场，可以等效为A相电流两个分量分别产生的直轴气隙磁通密度和交轴气隙磁通密度在气隙中叠加的结果。

A相绕组在直轴上由I_{Ad}产生的气隙磁场自感磁链为$\Psi_{sd\delta}$，在交轴上由I_{Aq}产生的气隙磁场自感磁链为$\Psi_{sq\delta}$。A相基波气隙磁场的自感磁链$\Psi_{A\delta}$为该直轴气隙磁场和交轴气隙磁场分别在A相绕组中交链的磁链之和，由于直轴与A相轴线的夹角为θ，则

$$\boldsymbol{\Psi}_{A\delta}=\boldsymbol{\Psi}_{sd\delta}\cos\theta-\boldsymbol{\Psi}_{sq\delta}\sin\theta \tag{3.129}$$

利用自感的定义，A相气隙磁场自感为

$$\begin{aligned}L_{A\delta}&=\frac{\Psi_{A\delta}}{I_A}=\frac{\Psi_{sd\delta}\cos\theta-\Psi_{sq\delta}\sin\theta}{I_A}=\frac{\Psi_{sd\delta}\cos\theta}{I_{Ad}/\cos\theta}+\frac{\Psi_{sq\delta}\sin\theta}{I_{Aq}/\sin\theta}\\&=L_{sd\delta}\cos^2\theta+L_{sq\delta}\sin^2\theta\end{aligned} \tag{3.130}$$

再加上A相的漏磁自感就得到A相绕组自感表达式为

$$\begin{aligned}L_{AA}&=L_{s\sigma}+L_{A\delta}=L_{s\sigma}+\frac{1}{2}L_{sd\delta}(1+\cos2\theta)+\frac{1}{2}L_{sq\delta}(1-\cos2\theta)\\&=L_{s\sigma}+\frac{1}{2}(L_{sd\delta}+L_{sq\delta})+\frac{1}{2}(L_{sd\delta}-L_{sq\delta})\cos2\theta\\&=L_{s0}+L_{s2}\cos2\theta\end{aligned} \tag{3.131}$$

式中，L_{s0}是与一个极距下平均气隙长度相对应的自感恒定分量；L_{s2}是自感中二次谐波分量的幅值，它和凸极结构引起的气隙周期性变化相对应。

得到A相自感表达式后，根据对称性，B、C相绕组的自感表达式分别为

$$\begin{aligned}L_{BB}&=L_{s0}+L_{s2}\cos2(\theta-120°)\\L_{CC}&=L_{s0}+L_{s2}\cos2(\theta+120°)\end{aligned} \tag{3.132}$$

(2) 定子绕组之间的互感系数

按照互感的定义，定子两相绕组间的气隙磁场互感可以这样得到，即一相绕组通过单位电流，该电流的直、交轴两个分量（也就是直、交轴上的磁通势）分别产生直、交轴基波气隙磁场，在另一相绕组中交链到的直、交轴气隙磁链之和就是两相绕组间的气隙磁场互感$M_{s\delta}$。$M_{s\delta}$再加上两相绕组通过漏磁路交链的漏磁互感$-M_{s\sigma}$，就得到了互感的最终表达式，即

$$L_{AB}=L_{BA}=-M_{s\sigma}+\frac{\Psi_{BA\delta}}{I_A}=-M_{s\sigma}+\frac{\Psi_{sd\delta}\cos(\theta-120^\circ)-\Psi_{sq\delta}\sin(\theta-120^\circ)}{I_A}$$
$$=-M_{s\sigma}+L_{sd\delta}\cos\theta\cos(\theta-120^\circ)+L_{sq\delta}\sin\theta\sin(\theta-120^\circ) \tag{3.133}$$

上式整理后，变为

$$L_{AB}=L_{BA}=-M_{s\sigma}-\frac{1}{4}(L_{sd\delta}+L_{sq\delta})+\frac{1}{2}(L_{sd\delta}-L_{sq\delta})\cos(2\theta-120^\circ)$$
$$=-M_{s0}+M_{s2}\cos(2\theta-120^\circ) \tag{3.134}$$

式中，M_{s0}是互感中的恒定分量，M_{s2}是互感中的二次谐波幅值。

$$\begin{aligned} M_{s0}&=M_{s\sigma}+\frac{1}{4}(L_{sd\delta}+L_{sq\delta})\approx\frac{1}{2}L_{s0} \\ M_{s2}&=\frac{1}{2}(L_{sd\delta}-L_{sq\delta})=L_{s2} \end{aligned} \tag{3.135}$$

同理可推得

$$\begin{aligned} L_{BC}&=L_{CB}=-M_{s0}+M_{s2}\cos 2\theta \\ L_{CA}&=L_{AC}=-M_{s0}+M_{s2}\cos(2\theta+120^\circ) \end{aligned} \tag{3.136}$$

(3) 定子和转子绕组之间的互感系数

对于一台理想电机，定子和转子电流所产生的磁通势在气隙中均呈正弦分布，因此定、转子绕组之间的互感系数会随角度的余弦规律进行变化。当定子某相绕组轴线与转子某一绕组轴线重合时，这两个绕组的互感系数达到最大值；当两个绕组的轴线相互垂直时，它们之间的互感系数则变为 0。因此，励磁绕组与定子三相绕组间的互感系数分别为

$$\begin{aligned} L_{AF}&=L_{FA}=L_{sF}\cos\theta \\ L_{BF}&=L_{FB}=L_{sF}\cos(\theta-120^\circ) \\ L_{CF}&=L_{FC}=L_{sF}\cos(\theta+120^\circ) \end{aligned} \tag{3.137}$$

式中，L_{sF}是励磁绕组与定子绕组轴线重合时的互感系数。

同理，转子直轴阻尼绕组与定子三相绕组间的互感系数为

$$\begin{aligned} L_{AD}&=L_{DA}=L_{sD}\cos\theta \\ L_{BD}&=L_{DB}=L_{sD}\cos(\theta-120^\circ) \\ L_{CD}&=L_{DC}=L_{sD}\cos(\theta+120^\circ) \end{aligned} \tag{3.138}$$

式中，L_{sD}是直轴阻尼绕组与定子绕组轴线重合时的互感系数。

由于 q 轴超前 d 轴 90°，因此，交轴阻尼绕组轴线与定子某一相绕组轴线的夹角会比直轴阻尼绕组轴线与同一相定子绕组轴线的夹角大 90°。于是，转子交轴阻尼绕组与定子三相绕组间的互感系数为

$$
\begin{aligned}
L_{AQ} &= L_{QA} = -L_{sQ}\sin\theta \\
L_{BQ} &= L_{QB} = -L_{sQ}\sin(\theta - 120^\circ) \\
L_{CQ} &= L_{QC} = -L_{sQ}\sin(\theta + 120^\circ)
\end{aligned} \tag{3.139}
$$

式中,L_{sQ}是交轴阻尼绕组与定子绕组轴线重合时的互感系数。

(4) 转子绕组的自感系数和转子绕组之间的互感系数

因为定子无凸极性,从转子侧看定子,不论什么位置都是一样的。因此,转子绕组的自感系数 L_F、L_D、L_Q都是固定的常数。

由于交轴和直轴绕组之间没有磁通交链,故

$$
L_{FQ} = L_{QF} = L_{DQ} = L_{QD} = 0 \tag{3.140}
$$

此外,励磁绕组与直轴阻尼绕组之间的互感系数 L_{FD}也是一个与转子位置角 θ 无关的常数,且 $L_{FD} = L_{DF}$。

将以上得到的电感矩阵的各个元素代入式(3.103),可以得到电磁转矩表达式为

$$
\begin{aligned}
T &= \frac{1}{2}n_p\left[\boldsymbol{i}_s^T \frac{\partial \boldsymbol{L}_s}{\partial\theta}\boldsymbol{i}_s + \boldsymbol{i}_s^T \frac{\partial \boldsymbol{L}_{sr}}{\partial\theta}\boldsymbol{i}_r + \boldsymbol{i}_r^T \frac{\partial \boldsymbol{L}_{rs}}{\partial\theta}\boldsymbol{i}_s + \boldsymbol{i}_r^T \frac{\partial \boldsymbol{L}_r}{\partial\theta}\boldsymbol{i}_r\right] \\
&= \frac{1}{2}n_p\left[\boldsymbol{i}_s^T \frac{\partial \boldsymbol{L}_s}{\partial\theta}\boldsymbol{i}_s + \boldsymbol{i}_s^T \frac{\partial \boldsymbol{L}_{sr}}{\partial\theta}\boldsymbol{i}_r + \boldsymbol{i}_r^T \frac{\partial \boldsymbol{L}_{rs}}{\partial\theta}\boldsymbol{i}_s\right] = \frac{1}{2}n_p\boldsymbol{i}_s^T \frac{\partial \boldsymbol{L}_s}{\partial\theta}\boldsymbol{i}_s + n_p\boldsymbol{i}_s^T \frac{\partial \boldsymbol{L}_{sr}}{\partial\theta}\boldsymbol{i}_r \\
&= \frac{1}{2}n_p\boldsymbol{i}_s^T\begin{bmatrix} -2L_{s2}\sin2\theta & -2M_{s2}\sin(2\theta-120^\circ) & -2M_{s2}\sin(2\theta+120^\circ) \\ -2M_{s2}\sin(2\theta-120^\circ) & -2L_{s2}\sin(2\theta+120^\circ) & -2M_{s2}\sin2\theta \\ -2M_{s2}\sin(2\theta+120^\circ) & -2M_{s2}\sin2\theta & -2L_{s2}\sin(2\theta-120^\circ) \end{bmatrix}\boldsymbol{i}_s + \\
&\quad n_p\boldsymbol{i}_s^T\begin{bmatrix} -L_{sF}\sin\theta & -L_{sD}\sin\theta & -L_{sQ}\cos\theta \\ -L_{sF}\sin(\theta-120^\circ) & -L_{sD}\sin(\theta-120^\circ) & -L_{sQ}\cos(\theta-120^\circ) \\ -L_{sF}\sin(\theta+120^\circ) & -L_{sD}\sin(\theta+120^\circ) & -L_{sQ}\cos(\theta+120^\circ) \end{bmatrix}\boldsymbol{i}_r \\
&= -n_pL_{s2}\boldsymbol{i}_s^T\begin{bmatrix} \sin2\theta & \sin(2\theta-120^\circ) & \sin(2\theta+120^\circ) \\ \sin(2\theta-120^\circ) & \sin(2\theta+120^\circ) & \sin2\theta \\ \sin(2\theta+120^\circ) & \sin2\theta & \sin(2\theta-120^\circ) \end{bmatrix}\boldsymbol{i}_s - \\
&\quad n_p\boldsymbol{i}_s^T\begin{bmatrix} L_{sF}\sin\theta & L_{sD}\sin\theta & L_{sQ}\cos\theta \\ L_{sF}\sin(\theta-120^\circ) & L_{sD}\sin(\theta-120^\circ) & L_{sQ}\cos(\theta-120^\circ) \\ L_{sF}\sin(\theta+120^\circ) & L_{sD}\sin(\theta+120^\circ) & L_{sQ}\cos(\theta+120^\circ) \end{bmatrix}\boldsymbol{i}_r
\end{aligned} \tag{3.141}
$$

如果不考虑转子上的阻尼绕组 D 和 Q,则凸极电机的转子上仅有一个励磁绕组,电磁转矩表达式变为

$$
\begin{aligned}
T = &-n_pL_{s2}[i_A^2\sin2\theta + i_B^2\sin(2\theta+120^\circ) + i_C^2\sin(2\theta-120^\circ) + \\
&2i_Ai_B\sin(2\theta-120^\circ) + 2i_Bi_C\sin2\theta + 2i_Ci_A\sin(2\theta+120^\circ)] - \\
&n_pL_{sF}i_F[i_A\sin\theta + i_B\sin(\theta-120^\circ) + i_C\sin(\theta+120^\circ)]
\end{aligned} \tag{3.142}
$$

观察上式构成，第一个方括号内的每一项均包含定子相电流（设为m、n相）之间的乘积，若θ_m和θ_n分别为m相与n相轴线落后d轴的角度，则第一个方括号可以写成下面形式

$$i_A^2\sin 2\theta+i_B^2\sin(2\theta+120°)+i_C^2\sin(2\theta-120°)+2i_Ai_B\sin(2\theta-120°)+$$
$$2i_Bi_C\sin 2\theta+2i_Ci_A\sin(2\theta+120°)=\sum_{\substack{m=A,B,C\\n=A,B,C}} i_mi_n\sin(\theta_m+\theta_n) \tag{3.143}$$

式中，由图3.16可知，$\theta_A=\theta$，$\theta_B=\theta-120°$，$\theta_C=\theta+120°$。

更特殊的情况是，定子上只有一相绕组A，则电磁转矩变为比较简单的形式，即

$$T=-n_p(L_{s2}i_A^2\sin 2\theta+L_{sF}i_Fi_A\sin\theta) \tag{3.144}$$

3.8.3 电机产生平均电磁转矩的条件

当一台电机的电磁转矩与转速方向一致时，作为电动机运行；而电磁转矩与转速方向相反时，作为发电机运行。因此，电机产生平均电磁转矩是其连续进行机电能量转换的基本条件，本节分析电机要产生平均电磁转矩必须满足的条件。和前面一样，分隐极和凸极电机两种进行讨论。

1. 隐极电机

在电机稳定运行时，转子运动角速度ω_m保持不变，当电机极对数为n_p时，转子电角位移θ的表达式为

$$\theta=n_p\omega_mt+\theta_0 \tag{3.145}$$

将上式代入式(3.121)，电磁转矩表达式变为

$$\begin{aligned}T=[&-2n_pM_1(i_Ai_a+i_Bi_b+i_Ci_c)\sin(n_p\omega_mt+\theta_0)+\\&(i_Ai_b+i_Bi_c+i_Ci_a)\sin(n_p\omega_mt+\theta_0+120°)+\\&(i_Ai_c+i_Bi_a+i_Ci_b)\sin(n_p\omega_mt+\theta_0-120°)]\end{aligned} \tag{3.146}$$

仔细观察式(3.146)，如果定子电流用i_s替代，转子电流用i_r表示，则每一项都可写成$i_si_r\sin(n_p\omega_mt+\alpha)$的形式，若该项的平均值不等于0，则要求$i_si_r$乘积的结果中必须包含角频率为$n_p\omega_m$的分量，即

$$i_si_r=A\cos n_p\omega_mt+B\sin n_p\omega_mt+\cdots \tag{3.147}$$

如果定子电流和转子电流为理想正弦波形（无谐波）或稳定直流，且ω_r是转子绕组电流的角频率，ω_s是定子绕组电流的角频率，则两个角频率必须满足下式约束

$$\omega_r\pm\omega_s=\pm n_p\omega_m \tag{3.148}$$

根据式(3.148)的定、转子电流角频率约束条件，当定、转子中的一方电流角频率为ω时，另一方电流的角频率必须是$n_p\omega_m\pm\omega$，才能产生平均电磁转矩。其对应的物理实质是：隐极电机的定、转子中至少要有一对磁通势同步旋转，才能产生平

均电磁转矩。下面结合几个实际电机进行说明。

在同步电机中,转子侧励磁绕组为直流,$\omega_r=0$;定子侧相电流角频率为 ω_s,因而电机只能在同步角速度 $\omega_m=\omega_s/n_p$时,才能正常运行。

在异步电动机中,转子绕组电流角频率与定子电流角频率和转差率的关系为 $\omega_r=s\omega_s$;另外有 $n_p\omega_m=(1-s)\omega_s$,因此异步电动机自动满足频率约束条件。

在直流电机中,定子侧是直流励磁,定子电流角频率为 0,即 $\omega_s=0$;利用换向器和电刷作为机械变频器,把外电路的直流电流变换为转子电枢导体内的交流电流,电枢导体内电流的角频率 $\omega_r=n_p\omega_m$,也满足频率约束条件。

2. 凸极电机

在凸极电机的转矩表达式(3.142)中,电磁转矩构成可以分为两部分,第二部分中的三项为主电磁转矩,构成形式和隐极电机类似,若要此三项的平均电磁转矩不为 0,对应的电流角频率约束也和隐极电机相同,故不再赘述。

式(3.142)中的前六项为磁阻转矩,是凸极电机所特有的。式(3.142)典型的磁阻转矩项可写成 $K(i_{s1}^2+2i_{s2}i_{s3})\sin(2n_p\omega_m t+\alpha)$,一般地,定子侧各相绕组的角频率相同,故要产生磁阻转矩平均值,必须满足 $i_s=I_m\sin(n_p\omega_m t+\theta_s)$。因此,产生平均磁阻转矩的条件是:定子绕组电流角频率 $\omega_s=\pm n_p\omega_m$。从电机学知识可知,定子侧各相绕组通入角频率为 ω_s的对称电流时,将在气隙中产生一个角速度为 ω_s/n_p的旋转磁场,这样定子磁通势的旋转速度与转子的转速同步。

综上所述,对于凸极电机,就有产生平均转矩需要满足的两个式子,即

$$\begin{cases}\omega_r\pm\omega_s=\pm n_p\omega_m\\ \omega_s=\pm n_p\omega_m\end{cases}\tag{3.149}$$

需要注意的是,如果凸极电机要产生平均电磁转矩,并不是要求式(3.149)中的两个式子同时成立,只要有一个成立就会有平均电磁转矩产生。

上面的磁阻转矩产生条件是针对转子为凸极结构的电机得到的。对于定子凸极的电机,若要利用定子凸极的磁阻转矩,则要求转子绕组电流的角频率 $\omega_r=\pm n_p\omega_m$。

下面结合各种常见电机进行简要分析。

直流电机由于定子侧励磁电流为直流,即 $\omega_s=0$;转子电枢绕组的每根导体上都是交流,且角频率 $\omega_r=n_p\omega_m$,所以直流电机满足定子为凸极时的频率约束,可见在直流电机中,凸极结构也可产生平均电磁转矩。平均主电磁转矩正比于 $\sin\alpha$,平均磁阻转矩正比于 $\sin2\alpha$。其中,角度 α 的大小在直流电机中取决于电刷的位置。通常,直流电机的电刷安装在几何中性线上,即 $\alpha=90°$,因此平均主电磁转矩为最大值;此时 $\sin2\alpha=0$,没有平均磁阻转矩产生。如果电刷不放在几何中性线上,即 $\alpha\neq90°$,有 $\sin2\alpha\neq0$,就会产生由于凸极效应引起的平均磁阻转矩。

磁阻同步电机的转子是凸极结构,而且没有激励,即 $i_r=0$,参考式(3.142)可

知主电磁转矩此时为0。这种电机定子接入交流电时若能正常运行，其电磁转矩全部由磁阻转矩构成。此时，定子绕组电流的角频率必然满足 $\omega_s=\pm n_p\omega_m$。

感应电机中定子绕组、转子绕组的角频率均不为0，因而平均磁阻转矩必然为0。这说明感应电机不能利用凸极效应产生平均磁阻转矩，若做成凸极结构，平均磁阻转矩为0，但可能产生瞬时磁阻转矩，因此会产生振动、噪声等有害结果。因此，感应电机通常采用隐极结构，只有少数小容量的罩极电机为了简化制造工艺才采用凸极结构。

在同步电机中，如果凸极侧电流角频率等于0，凸极效应产生的平均磁阻转矩叠加在平均主电磁转矩上，有可能增加电机的总平均电磁转矩。这个机理就是同步电机选用直流励磁的理由之一。通常，设计同步电动机和四极以上的同步发电机时，选用凸极结构比隐极结构更合理，至于两极、四极的同步发电机(核电厂发电机大多数采用四极结构)，则会因其容量大、转速高、转子各部分受到的离心力很大，故采用在机械上更坚固的隐极结构。

双边激励的仅转子是凸极的电机中，只要凸极侧电流不是直流，即角频率 $\omega_r\neq0$，则式(3.149)的两个式子就不可能同时成立。通常电机是以主电磁转矩为主的，即总是在满足第一个式子的条件下运行的，若 $\omega_r\neq0$，第二个式子肯定不成立，即平均磁阻转矩为0，这会使电机增添若干个因凸极引起的脉振转矩，从而产生振动、噪声、损耗增加和发热加大等有害效应。以上说明：对于单边凸极电机，若凸极侧电流不是直流，凸极效应是有害无益的。

在定、转子双边均为凸极结构的电机中，由于不可能同时满足 $\omega_s=\pm n_p\omega_m$ 和 $\omega_r=n_p\omega_m$，因而至少存在一个平均值等于零的脉振转矩，这是从原理上无法消除的，因而普通旋转电机很少采用双边凸极结构。需要说明的是，开关磁阻电机及反应式步进电机中仅有磁阻转矩，不存在主电磁转矩，而且激励在定子侧，故只要保证定子磁通势与转子凸极同步即可。

我们回过来看凸极电机角频率约束式(3.149)中两个式子的物理实质。第一个式子是产生主电磁转矩的角频率约束条件，由于转子上绕组的机械角速度为 ω_m，当该式子满足时，定、转子磁通势将相对静止；第二个式子是产生平均磁阻转矩的角频率约束条件，它要求非凸极侧的旋转磁通势与凸极保持相对静止。因此，两个式子概括起来，可以说是，只要任一定子旋转磁通势与任一转子旋转磁通势或转子凸极保持同步旋转，即保持相对静止，电机便能够产生平均电磁转矩。

单相交流电机在正常运行时，除了有同步旋转的定、转子磁通势(对)会产生平均电磁转矩，还有其他的定、转子磁通势以非同步速度旋转，从而产生随时间作周期性变化的脉振转矩，这些脉振转矩会引起电机振动、发出噪声、增加损耗和导致发热等有害效应。此外，还使得单相绕组感应电机不能自起动，故而单相同步电机必须装设阻尼绕组。可见，单相绕组电机是不可能从根本上消除脉振转矩的，它的振动和噪声总是存在的，只是大小不同而已，这类电机的性能和效率比较差。三相电机在正常运行时，就可以消除由单相引起的多余的定、转子磁通势（对），避免单相电机脉振转矩引起的一系列有害作用，从而大大改善电机运行性能，这就是现在世界上广泛采用三相电机和三相交流制的理由之一。

3.9 麦克斯韦应力张量

麦克斯韦方程是描述电磁场原理的基本方程，其微分形式为

$$\nabla\cdot\boldsymbol{D}=\rho \tag{3.150}$$

$$\nabla\times\boldsymbol{E}=-\frac{\partial\boldsymbol{B}}{\partial t} \tag{3.151}$$

$$\nabla\cdot\boldsymbol{B}=0 \tag{3.152}$$

$$\nabla\times\boldsymbol{H}=\boldsymbol{J}+\frac{\partial\boldsymbol{D}}{\partial t} \tag{3.153}$$

式(3.150)描述电通量密度线（D 线）总是从正电荷出发终止于负电荷，对应大家熟知的高斯电场定理。式(3.151)描述电场的旋度性质，变化的磁场产生电场，与电磁感应定律相对应。式(3.152)是磁通密度的散度方程，体现了磁通密度线（磁力线）是无头无尾的闭合曲线的特性。式(3.153)描述的是磁场强度的旋度，电流和随时间变化的电通量在周围产生磁场，与安培环路定律相一致。

将式(3.151)与 $-\boldsymbol{H}$ 的标量积，以及式(3.153)与 $\boldsymbol{E}$ 的标量积相加，可得

$$\boldsymbol{E}\cdot\nabla\times\boldsymbol{H}-\boldsymbol{H}\cdot\nabla\times\boldsymbol{E}=\boldsymbol{E}\cdot\boldsymbol{J}+\boldsymbol{E}\cdot\frac{\partial\boldsymbol{D}}{\partial t}+\boldsymbol{H}\cdot\frac{\partial\boldsymbol{B}}{\partial t} \tag{3.154}$$

上式左边可以变成

$$\boldsymbol{E}\cdot\nabla\times\boldsymbol{H}-\boldsymbol{H}\cdot\nabla\times\boldsymbol{E}=-\nabla\cdot(\boldsymbol{E}\times\boldsymbol{H}) \tag{3.155}$$

此外，电场能密度可以表达为

$$w_{\mathrm{e}}=\int_0^{\boldsymbol{D}}\boldsymbol{E}\cdot\mathrm{d}\boldsymbol{D} \tag{3.156}$$

磁场能密度为

$$w_{\mathrm{m}}=\int_0^{\boldsymbol{B}}\boldsymbol{H}\cdot\mathrm{d}\boldsymbol{B} \tag{3.157}$$

于是，式(3.154)变成

$$\nabla\cdot(\boldsymbol{E}\times\boldsymbol{H})+\boldsymbol{E}\cdot\boldsymbol{J}=-\frac{\partial}{\partial t}(w_{\mathrm{e}}+w_{\mathrm{m}}) \tag{3.158}$$

上式左边括号内的矢量积就定义为坡印廷矢量

$$\boldsymbol{S}=\boldsymbol{E}\times\boldsymbol{H} \tag{3.159}$$

对任意空间，式(3.158)的积分形式为

$$-\frac{\mathrm{d}}{\mathrm{d}t}\int_V (w_\mathrm{e}+w_\mathrm{m})\mathrm{d}V=\int_V \boldsymbol{J}\cdot\boldsymbol{E}\mathrm{d}V+\oint_a \boldsymbol{S}\cdot\boldsymbol{n}\mathrm{d}a \tag{3.160}$$

式中，$\boldsymbol{n}$ 为面积微分 $\mathrm{d}a$ 的法向单位矢量。

下面解释上式的物理意义，其左边是空间 V 内电磁场能量（电场能与磁场能之和）的减小率，右边第二项是通过该空间界面 a 向外流出的能量，而右边第一项代表转换成热能、机械能等其他形式的能量。因此，坡印廷矢量可以认为是单位时间穿过单位面积的电磁能量流。式(3.160)体现了电磁场的能量守恒定律。

电磁场中除了能量守恒定律，也有动量守恒定律。对某个空间存在的运动电荷，单位体积内的电荷受到的洛伦兹力为

$$\boldsymbol{f}=\rho\boldsymbol{E}+\boldsymbol{J}\times\boldsymbol{B} \tag{3.161}$$

对其在整个空间进行积分，可得

$$\boldsymbol{F}=\int_V \boldsymbol{f}\mathrm{d}V=\int_V(\rho\boldsymbol{E}+\boldsymbol{J}\times\boldsymbol{B})\mathrm{d}V=\frac{\mathrm{d}}{\mathrm{d}t}\boldsymbol{P}_\mathrm{mech} \tag{3.162}$$

式中，$\boldsymbol{P}_\mathrm{mech}$代表电荷粒子的动量。

利用麦克斯韦方程，将式(3.162)中的 ρ 和 $\boldsymbol{J}$ 表示为场量的形式，可得

$$\rho\boldsymbol{E}+\boldsymbol{J}\times\boldsymbol{B}=(\nabla\cdot\boldsymbol{D})\boldsymbol{E}+(\nabla\times\boldsymbol{H})\times\boldsymbol{B}-\frac{\partial\boldsymbol{D}}{\partial t}\times\boldsymbol{B} \tag{3.163}$$

利用式(3.152)，可以在上式右边补上等于 0 的项$(\nabla\cdot\boldsymbol{B})\boldsymbol{H}$，再利用

$$\frac{\partial\boldsymbol{D}}{\partial t}\times\boldsymbol{B}=\frac{\partial}{\partial t}(\boldsymbol{D}\times\boldsymbol{B})-\boldsymbol{D}\times\frac{\partial\boldsymbol{B}}{\partial t} \tag{3.164}$$

以及式(3.151)，可以将式(3.163)变为

$$\begin{aligned}\rho\boldsymbol{E}+\boldsymbol{J}\times\boldsymbol{B}&=(\nabla\cdot\boldsymbol{D})\boldsymbol{E}+(\nabla\cdot\boldsymbol{B})\boldsymbol{H}+(\nabla\times\boldsymbol{H})\times\boldsymbol{B}-\frac{\partial}{\partial t}(\boldsymbol{D}\times\boldsymbol{B})+\boldsymbol{D}\times\frac{\partial\boldsymbol{B}}{\partial t}\\&=(\nabla\cdot\boldsymbol{D})\boldsymbol{E}+(\nabla\cdot\boldsymbol{B})\boldsymbol{H}+(\nabla\times\boldsymbol{H})\times\boldsymbol{B}-\boldsymbol{D}\times(\nabla\times\boldsymbol{E})-\frac{\partial}{\partial t}(\boldsymbol{D}\times\boldsymbol{B})\\&=(\nabla\cdot\boldsymbol{D})\boldsymbol{E}+(\nabla\times\boldsymbol{E})\times\boldsymbol{D}+(\nabla\cdot\boldsymbol{B})\boldsymbol{H}+(\nabla\times\boldsymbol{H})\times\boldsymbol{B}-\frac{\partial}{\partial t}(\boldsymbol{D}\times\boldsymbol{B})\end{aligned} \tag{3.165}$$

在介电系数为 ε、磁导率为 μ 的空间中，最后一项可以用坡印廷矢量来表示为

$$\frac{\partial}{\partial t}(\boldsymbol{D}\times\boldsymbol{B})=\mu\varepsilon\frac{\partial}{\partial t}\boldsymbol{S} \tag{3.166}$$

此外，令电磁场的动量为

$$\boldsymbol{P}_\mathrm{f}=\mu\varepsilon\int_V \boldsymbol{S}\mathrm{d}V \tag{3.167}$$

将式(3.165)～式(3.167)代入式(3.162)，可得

$$\frac{\mathrm{d}}{\mathrm{d}t}(\boldsymbol{P}_\mathrm{mech}+\boldsymbol{P}_\mathrm{f})=\int_V((\nabla\cdot\boldsymbol{D})\boldsymbol{E}+(\nabla\times\boldsymbol{E})\times\boldsymbol{D}+(\nabla\cdot\boldsymbol{B})\boldsymbol{H}+(\nabla\times\boldsymbol{H})\times\boldsymbol{B})\mathrm{d}V \tag{3.168}$$

式(3.168)右边的积分项可以用麦克斯韦应力张量来表达。首先，前两项可以写成

$$\begin{aligned}(\nabla\cdot\boldsymbol{D})\boldsymbol{E}+(\nabla\times\boldsymbol{E})\times\boldsymbol{D}&=\varepsilon[(\nabla\cdot\boldsymbol{E})\boldsymbol{E}+(\nabla\times\boldsymbol{E})\times\boldsymbol{E}]\\&=\varepsilon\left[\left(\boldsymbol{e}_i\cdot\boldsymbol{e}_j\frac{\partial E_j}{\partial x_i}\right)E_k\boldsymbol{e}_k+\left(\boldsymbol{e}_i\times\boldsymbol{e}_j\frac{\partial E_j}{\partial x_i}\right)\times E_k\boldsymbol{e}_k\right]\\&=\varepsilon\left[\left(E_i\frac{\partial E_j}{\partial x_j}+E_j\frac{\partial E_i}{\partial x_i}-E_j\frac{\partial E_j}{\partial x_i}\right)\boldsymbol{e}_i\right]\\&=\varepsilon\left[\frac{\partial}{\partial x_j}(E_iE_j)-\frac{1}{2}\frac{\partial}{\partial x_i}(E_jE_j)\right]\boldsymbol{e}_i\end{aligned}\tag{3.169}$$

式中，$i,j,k=1,2,3$，代表 3 个坐标系，$\boldsymbol{e}_i$ 是第 i 个坐标系下的单位矢量。在笛卡儿坐标系中，1,2,3 可以用 x,y,z 来取代。

于是，式(3.169)的第 i 个坐标系下的分量为

$$[(\nabla\cdot\boldsymbol{D})\boldsymbol{E}+(\nabla\times\boldsymbol{E})\times\boldsymbol{D}]_i=\varepsilon\left[\frac{\partial}{\partial x_j}\left(E_iE_j-\frac{1}{2}\delta_{ij}E_kE_k\right)\right]\tag{3.170}$$

式中

$$\delta_{ij}=\begin{cases}1, & i=j\\0, & i\neq j\end{cases}\tag{3.171}$$

这样，式(3.168)的第 i 个坐标系下的平衡方程可以写成

$$\frac{\mathrm{d}}{\mathrm{d}t}(\boldsymbol{P}_{\mathrm{mech}}+\boldsymbol{P}_{\mathrm{f}})_i=\int_V\frac{\partial}{\partial x_j}\left(\varepsilon E_iE_j+\mu H_iH_j-\frac{1}{2}\delta_{ij}(\varepsilon E_kE_k+\mu H_kH_k)\right)\mathrm{d}V\tag{3.172}$$

上式右边可以看成是麦克斯韦应力张量 $\boldsymbol{T}$ 的散度的积分。

$$T_{ij}=\varepsilon E_iE_j+\mu H_iH_j-\frac{1}{2}\delta_{ij}(\varepsilon E_kE_k+\mu H_kH_k)\tag{3.173}$$

从上式可知，麦克斯韦应力张量是对称张量，可以写成

$$\boldsymbol{T}=\begin{bmatrix}D_1E_1+H_1B_1-W & D_1E_2+H_1B_2 & D_1E_3+H_1B_3\\D_1E_2+H_1B_2 & D_2E_2+H_2B_2-W & D_2E_3+H_2B_3\\D_1E_3+H_1B_3 & D_2E_3+H_2B_3 & D_3E_3+H_3B_3-W\end{bmatrix}\tag{3.174}$$

对于笛卡儿坐标系，上式的 1,2,3 可分别用 x,y,z 代替；对圆柱坐标系，则可以分别用 r,θ,z 代替。而场储能 W 为

$$W=\frac{1}{2}(D_1E_1+H_1B_1+D_2E_2+H_2B_2+D_3E_3+H_3B_3)\tag{3.175}$$

再由高斯定理，把体积分转变为面积分，式(3.172)变为

$$\frac{\mathrm{d}}{\mathrm{d}t}(\boldsymbol{P}_{\mathrm{mech}}+\boldsymbol{P}_{\mathrm{f}})_i=\oint_S T_{ij}n_j\mathrm{d}S\tag{3.176}$$

式中，n_j 指 $\mathrm{d}S$ 面上的单位法向矢量在第 j 个坐标系的投影。上式右边可以看成穿过闭合面的动量流。

在电机稳态运行时，磁场的动量是周期性变化的，即它的积分应等于 0，电机

转矩的大小就决定于麦克斯韦应力张量对应的动量流大小。在电机中，与磁场能相比，电场能可以忽略，即不考虑 D 和 E 的乘积项。使用时，在电机转子表面做一个面，包围转子，利用此面，就可以应用麦克斯韦应力张量，T_{11} 产生径向分量，T_{21} 产生切向分量，即径向和切向应力分别为

$$\sigma_{\mathrm{Fr}}=\frac{1}{2}H_{\mathrm{r}}B_{\mathrm{r}}-\frac{1}{2}H_{\theta}B_{\theta} \tag{3.177}$$

$$\sigma_{\mathrm{F}\theta}=H_{\mathrm{r}}B_{\theta} \tag{3.178}$$

麦克斯韦应力张量从基本电磁场理论的动量概念出发描述电机转矩的产生机理。但在有限元分析中，直接采用麦克斯韦应力张量法求取电磁转矩却会带来求解数值不精确的问题，一般采用改进的 Arkkio 法或磁化电流法，前者是对定、转子之间的全部气隙空间的麦克斯韦应力产生的转矩进行积分；后者需要用到转子表面的转子侧磁通密度和气隙侧磁通密度数据来计算电磁转矩。

在有限元仿真软件中，求转矩的一种常用方法是“虚功法”，它是基于前面推导的电磁转矩与磁共能之间的偏导关系式(3.29)，应用时，可以对整个电机求取磁共能，即

$$W'_{\mathrm{f}}=\int_{V}\left(\int_{0}^{\boldsymbol{H}}\boldsymbol{B}\cdot \mathrm{d}\boldsymbol{H}\right)\mathrm{d}V \tag{3.179}$$

在有限元数值计算中，当要计算在转子位置角为 θ 的转矩时，先算出此时电机内的磁共能，然后保持各激励电流不变，让电机的转子位置发生一个微小的变化 $\Delta\theta$，再计算电机内的磁共能，则这个位置点的电磁转矩就可以由下式计算而得

$$T(\theta)=\frac{W'_{\mathrm{f}}(\theta+\Delta\theta)-W'_{\mathrm{f}}(\theta)}{\Delta\theta} \tag{3.180}$$

采用上述“虚功法”得到电磁转矩，有限元仿真软件需要两次有限元运算计算磁共能，计算负荷大，因此有限元仿真软件一般采用仅需一次有限元运算的库仑虚功法。

3.10 电磁铁动铁的受力分析

本节以一个简单电磁铁系统为例，以电磁力有限元暂态分析法、虚功法、电磁力公式法和磁能密度法等方法来求动铁的受力。电磁铁系统示意图如图 3.18 所示，固定铁心与动铁之间有两个气隙，y 轴方向有固定气隙 $y=0.1$mm，x 轴方向的气隙长度为 x，设置其初始长度为 3mm，铁心截面为正方形，宽度 $l=15$mm，其他各处尺寸在图 3.18 中标出，固定铁心处绕制的线圈匝数为 200，通入电流 5A，动铁只可水平方向运动，不计摩擦，铁心材料的相对磁导率 $\mu_{\mathrm{r}}=2500$，真空磁导率 $\mu_0=4\pi\times10^{-7}$ H/m。本例中的前两种方法需要借助有限元仿真软件才能实现。

有限元分析(Finite Element Analysis，FEA)利用数学近似的方法对真实物理

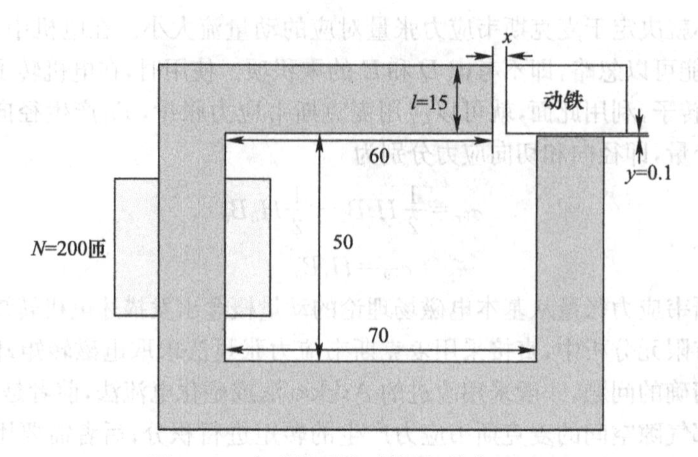

图 3.18 电磁铁系统示意图(单位:mm)

系统(几何和载荷工况)进行模拟。利用简单而又相互作用的元素(单元),就可以用有限数量的未知量去逼近无限未知量的真实系统。随着计算机技术的快速发展和普及,有限元分析方法迅速从结构工程强度分析计算扩展到几乎所有的科学技术领域,成为一种应用广泛且实用高效的数值分析方法。

3.10.1 电磁力有限元暂态仿真法

通过有限元建模及电磁仿真的后处理可以直接求得动铁受到的电磁力,如图 3.19所示。从图中可以看出,当 $x=3\text{mm}$ 时,电磁力为 14.68N;当 $x=2.8\text{mm}$ 时,电磁力为 16.41N。

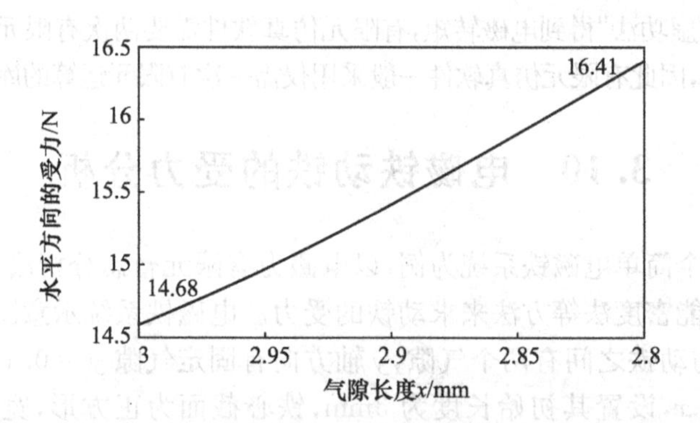

图 3.19 动铁受力与气隙长度的关系

3.10.2 虚功法

虚功法是求取做了虚位移前后系统磁共能(磁能)的差异,除以虚位移获得电磁力或电磁转矩的。此例中,先求水平气隙长度 3mm 时的磁共能,设置虚位移分别为 0.1mm 和 0.2mm，则将气隙对应变为 2.9mm 和 2.8mm 时，再次计算磁共能，从而得到动铁所受电磁力。

通过有限元仿真软件的静态电磁场仿真可以计算电磁铁的总磁共能（磁能）。有限元仿真计算结果如图 3.20 所示。在二维静态电磁场仿真中，模型的宽度默认为 1m，而本例的铁心宽度为 15mm，所以仿真结果乘以 0.015 后才是最终的计算结果。经计算，动铁位于初始位置时，磁共能为 0.0733J；气隙长度 $x=2.9\text{mm}$ 时，磁共能为 0.0749J；气隙长度 $x=2.8\text{mm}$ 时，磁共能为 0.0766J。

Pass	Triangles	Total Energy (J)	Energy Error (%)	Delta Energy (%)
1	3273	4.8797	0.053811	N/A
2	3954	4.8856	0.021902	0.11982

(a) x=3mm时的磁共能

Pass	Triangles	Total Energy (J)	Energy Error (%)	Delta Energy (%)
1	3271	4.9883	0.05325	N/A
2	3952	4.994	0.021773	0.11391

(b) x=2.9mm时的磁共能

Pass	Triangles	Total Energy (J)	Energy Error (%)	Delta Energy (%)
1	3255	5.1001	0.06559	N/A
2	3932	5.1094	0.02207	0.18252

(c) x=2.8mm时的磁共能

图 3.20 有限元仿真计算结果

根据虚功法的原理，计算动铁受力的公式为

$$F=\frac{W'_{\mathrm{f}}(x+\Delta x)-W'_{\mathrm{f}}(x)}{\Delta x} \tag{3.181}$$

取虚位移为 0.2mm，代入数据得电磁力为 16.79N，比仿真结果略偏大。若取虚位移为 0.1mm，算得的电磁力为 16.26N，由此可以知道，在利用虚功法计算电磁力时，虚位移应取得尽量小，才能使得计算得到的电磁力更接近实际值（有限元仿真值）。

3.10.3 电磁力公式法

如果将系统看作线性的，则可以先求出线圈的电感，再由式（3.13）求磁共能，从而求出动铁受到的力。磁路的磁阻主要由铁心磁阻和气隙磁阻构成，分别为

$$R_{Fe}=\frac{l_1}{\mu_r\mu_0 A}$$

$$R_g=\frac{x}{\mu_0 A} \tag{3.182}$$

式中，l_1为铁心的计算长度；A 为线圈的横截面积。则电感表达式为

$$L=\frac{N^2}{R_{Fe}+R_g}=\frac{\mu_r\mu_0 AN^2}{l_1+\mu_r x} \tag{3.183}$$

由式(3.13)得磁共能的表达式为

$$W'_f=\frac{1}{2}Li^2=\frac{\mu_r\mu_0 AN^2 i^2}{2(l_1+\mu_r x)} \tag{3.184}$$

对上式求导得

$$dW'_f=\frac{1}{2}i^2\frac{dL}{dx}dx=\frac{\mu_0\mu_r^2 Ai^2N^2}{2(l_1+\mu_r x)^2}dx \tag{3.185}$$

由式(3.23)，电磁力表达式为

$$F=\frac{\partial W'_f}{\partial x}=\frac{\mu_0\mu_r^2 Ai^2N^2}{2(l_1+\mu_r x)^2} \tag{3.186}$$

将 $\mu_r=2500$，$l_1=0.275\text{m}$，$A=0.015^2\text{m}^2$，$N=200$，$i=5\text{A}$ 代入上式，当 $x=3\text{mm}$ 时，$F=14.62\text{N}$；当 $x=2.8\text{mm}$ 时，$F=16.69\text{N}$。

3.10.4 磁能密度法

根据磁路欧姆定律

$$NI=\Phi(R_x+R_y) \tag{3.187}$$

$$R_x=\frac{x}{\mu_0 l^2},R_y=\frac{y}{\mu_0 l^2} \tag{3.188}$$

磁链和磁通的关系为

$$\Psi=N\Phi \tag{3.189}$$

将磁路看作线性的，得到电感表达式为

$$L=\frac{\Psi}{I}=\frac{\mu_0 N^2 l^2}{x+y} \tag{3.190}$$

磁通量密度的表达式为

$$B=\frac{\Phi}{l^2}=\frac{NI}{l^2(R_x+R_y)}=\frac{\mu_0 NI}{x+y} \tag{3.191}$$

磁能密度为单位面积上的电磁力，表达式为

$$w=\frac{1}{2}\frac{B^2}{\mu_0}=\frac{1}{2}\frac{\mu_0 N^2 I^2}{(x+y)^2} \tag{3.192}$$

电磁力为

$$F=wl^2=\frac{1}{2}\frac{N^2 I^2\mu_0 l^2}{(x+y)^2} \tag{3.193}$$

代入数值，可以得到计算结果为 $F=14.71\text{N}(x=3\text{mm})$，$F=16.80\text{N}(x=2.8\text{mm})$，与有限元仿真结果符合较好。

通过以上4种途径，我们得到的衔铁受力大小相互之间较为符合，也验证了几种计算方法的正确性。

3.11　小　　结

本章分析机电装置中的能量转换过程，介绍了保守系统与状态函数等基本概念，而磁场储能、电场储能等就属于状态函数，从而为研究机电能量转换规律奠定基础。从简单的单边激励机电装置出发，通过输入的净电能、磁场储能与机械能的关系推导了磁场力与磁场储能、磁共能的关系表达式，在此基础上对双边激励机电装置中的磁场力、电磁转矩等进行了推导。同时对电场作为耦合场的机电装置也进行了电场力的分析。此外，还分析了带有永磁体的机电装置的电磁转矩、电磁力，归纳了机电能量转换现象的发生条件，并分析了典型的隐极电机及凸极电机的电感矩阵和电磁转矩，介绍了麦克斯韦应力张量求取电机电磁转矩的表达式。最后，用不同方法计算并分析了简单电磁铁装置的受力情况。

习题与思考题3

3.1　图3.21为一单边激励机电装置，其气隙 x 可以靠移动动铁心柱P而变化，铁心的横截面积为 10cm^2，线圈匝数 N 为1000，当 $x=0$ 时装置的磁通势为 F，磁通密度 B 的数据如下：

F/A	6	6.8	7.8	10	11.6	19.7	59.7	346.2
$B/(\text{Wb/m}^2)$	0.45	0.6	0.75	0.9	1	1.2	1.4	1.6

试画出当 $x=0.1\text{cm}$ 和 $x=0.2\text{cm}$ 时的磁化曲线 $B=f(F)$。如果在 $x=0.2\text{cm}$ 时的磁通密度为 1Wb/m^2，试计算磁场储能。

3.2　如图3.21所示的电磁铁，线圈匝数 $N=1000$，动铁心柱截面积为 10cm^2，若铁心磁阻、铁心与动铁心柱之间的径向间隙磁阻忽略不计，且不计漏磁和边缘效应，当线圈中流过10A电流且在 $x=1\text{cm}$ 和 2cm 情况下，试计算线圈电感和磁场储能；如果动铁心柱缓慢地由 $x=2\text{cm}$ 移动至 $x=1\text{cm}$，试计算储能变化、不计线圈损耗时输入的电能量、所做机械功。

3.3　图3.22为有一固定线圈和一可动线圈的线性双边机电系统，线圈自感分别为常值：L_{11} 与 L_{22}；互感 $L_{12}=L_{21}=M\cos\theta$，$M$ 为互感幅值。试求下列3种情况下电磁转矩的瞬时值和平均值。

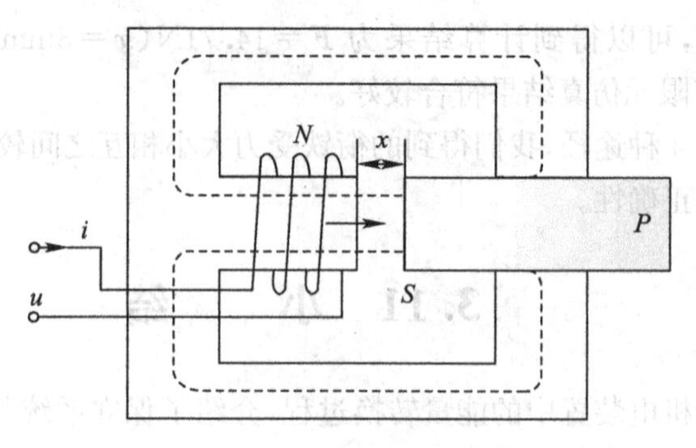

图 3.21　题 3.1 图

(1) $i_1=i_2=I_0$(直流);

(2) $i_1=I_m\sin\omega t$;$i_2=I_0$(直流);

(3) $i_1=i_2=I_m\sin\omega t$。

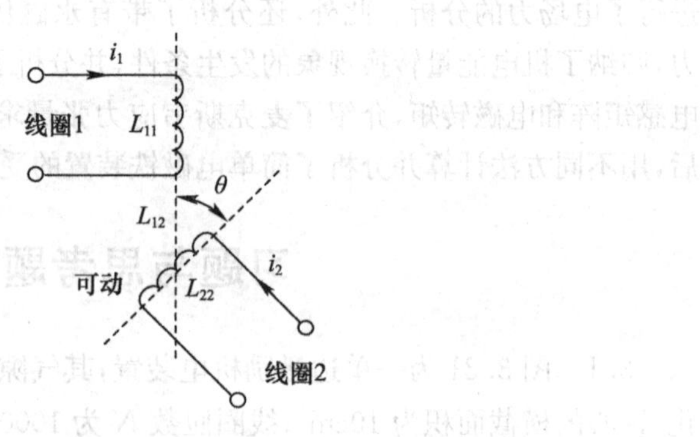

图 3.22　题 3.2 图

3.4　有一单边激励的机电装置,当磁路未饱和时,其Ψ-i曲线为一直线;当磁路开始饱和时(从 a 点开始),Ψ-i 曲线可用另一直线 ab 近似表示,如图 3.23 所示。试求系统状态达到 a 点和 b 点时的磁场储能和磁共能。

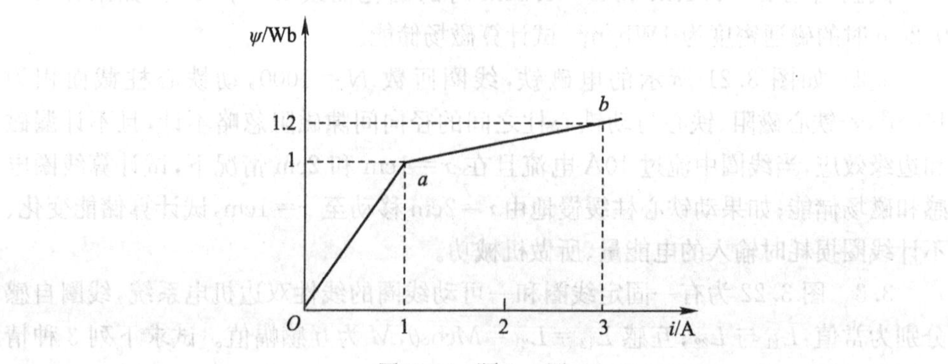

图 3.23　题 3.4 图

3.5　某单相磁阻电动机如图 3.24 所示，其定子上装有一个线圈，转子为凸极式的，转子上没有线圈。已知定子的自感随转子的转角 θ 如下变化

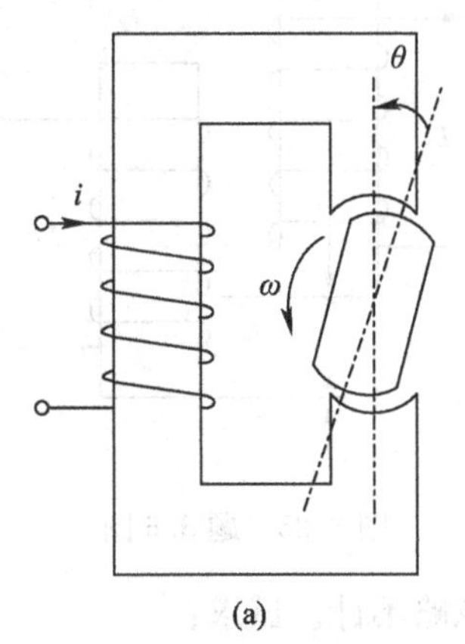

(a)

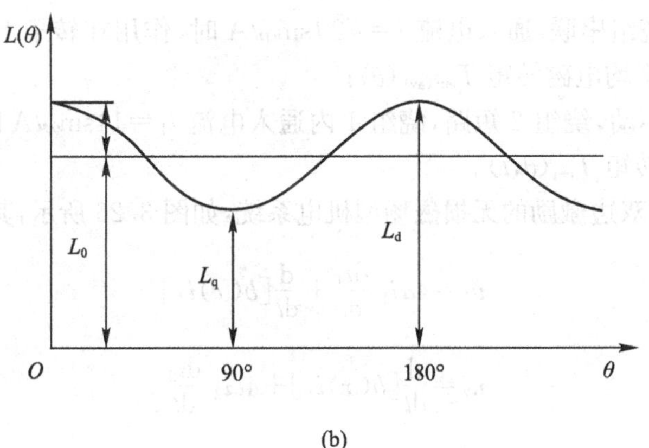

(b)

图 3.24　题 3.5 图

$$L(\theta)=L_0+L_2\cos2\theta$$

试求定子线圈内通入正弦电流 $i=\sqrt{2}I\sin\omega t$ 时，电动机的瞬时电磁转矩和平均转矩。

3.6　一双边激励的电磁系统，如图 3.25 所示。铁心磁导率 $\mu_{Fe}=\infty$，漏磁及边缘效应忽略不计；自感 $L_1=L_2=1-0.1x$，互感 $M=0.5-0.2x$，单位为 H，x 的变化范围为 0～0.3m。计算当 $x=0.2$m，两线圈电流为下列数据时作用在转子上的电磁力。

(1) $i_1=6$A，$i_2=2$A；

(2) $i_1=\sqrt{2}10\sin10t$A，线圈 2 短路(线圈电阻忽略不计)。

3.7　某一机电系统上装有两个绕组，一个绕组装在定子上，另一个绕组装在转子上。设绕组的电感分别为 $L_{11}=2$H，$L_{22}=1$H，$L_{12}=1.4\cos\theta$H，式中 θ 为绕组

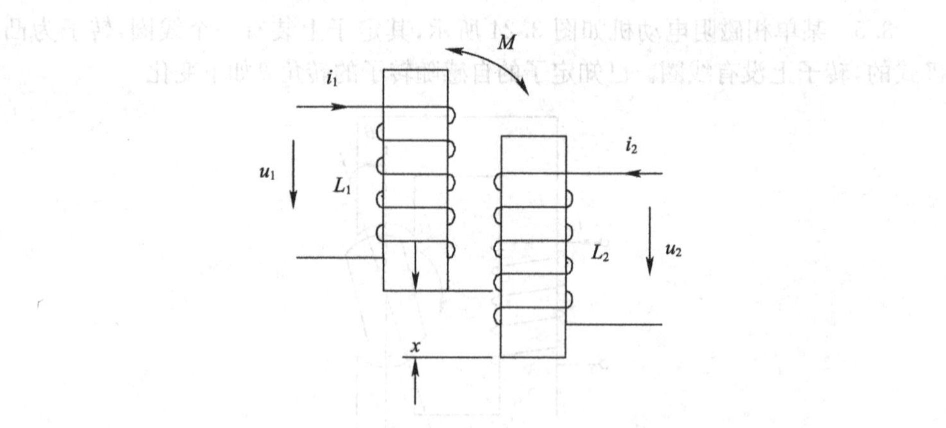

图 3.25　题 3.6 图

轴线间的夹角，绕组的电阻忽略不计。试求：

(1) 两个绕组串联，通入电流 $i=\sqrt{2}I\sin\omega t$A 时，作用在转子上的瞬时电磁转矩 $T_{em}(\theta,t)$和平均电磁转矩 $T_{em(av)}(\theta)$；

(2) 转子不动，绕组 2 短路，绕组 1 内通入电流 $i_1=14\sin\omega t$A 时，作用在转子上的瞬时电磁转矩 $T_{em}(\theta,t)$。

3.8　有一双边激励的无损磁场型机电系统，如图 3.26 所示，其电压方程为

$$u_1=4ai_1\frac{di_1}{dt}+\frac{d}{dt}[b(x)i_2]$$

$$u_2=\frac{d}{dt}[b(x)i_1]+4ci_2\frac{di_2}{dt}$$

式中，$a>0$，$c>0$。试求：

(1) 系统的磁场储能和磁共能；

(2) 用 i_1，i_2和 x 表示的电磁力 f 的公式。

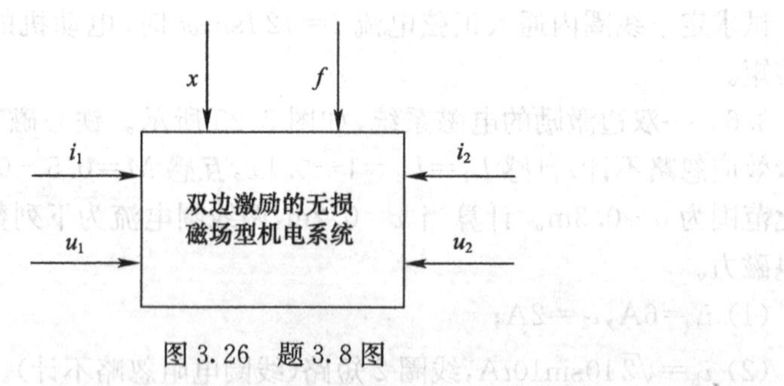

图 3.26　题 3.8 图

第 4 章　机电系统运动方程

建立机电系统运动方程是对机电系统进行建模分析的基础。机电系统可以看成由机械部分和电部分组成,传统的微分原理法(也称为耦合回路法)在建立机电系统运动方程时,针对机械部分,利用牛顿定律和达朗贝尔原理建立机械方程;针对电部分,利用电磁感应定律和基尔霍夫定律建立电路方程;而后,利用能量守恒定律建立起机械部分和电部分的联系方程。

本章主要对变分原理法进行说明,即通过机电系统的某个特定能量函数的积分求极值来推导出机电系统运动方程。

4.1 机 电 类 比

本节叙述机械系统和电系统之间的类比关系,从而为包含二者在内的机电系统采用统一能量函数导出运动方程打下基础。

4.1.1 机械系统和机械元件模型

机械系统依据运动性质可分为 3 类,即平移机械系统、旋转机械系统及平移和旋转机械系统。

机械元件常见的有惯性元件、弹性元件和阻力元件,它们的符号如图 4.1 所示。

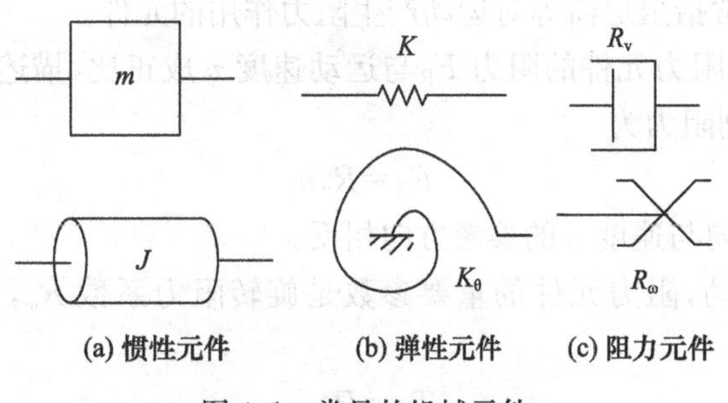

图 4.1　常见的机械元件

1. 惯性元件

惯性元件是指具有质量 m 或转动惯量 J 的元件,惯性元件不可压缩,用质心坐标可以代表该惯性元件所处的位置。

对平移运动的惯性元件 m，加速度 $a=\mathrm{d}v/\mathrm{d}t$，惯性力的表达式为

$$F_m=ma=m\mathrm{d}v/\mathrm{d}t \tag{4.1}$$

其参考方向与速度 v 的参考方向相反。因此，在考虑惯性力后，可以认为质量块上的受力保持平衡。

对旋转运动的惯性元件 J，角加速度 $\alpha=\mathrm{d}\omega/\mathrm{d}t$，惯性转矩 T_J 的表达式为

$$T_J=J\cdot\mathrm{d}\omega/\mathrm{d}t \tag{4.2}$$

其参考方向与角速度 ω 的参考方向相反。

2. 弹性元件

弹性元件通常指平移机械系统中的弹簧，旋转机械系统中的扭转弹簧等。

描述弹簧性能的重要参数是刚性系数（也称刚度或弹性系数），在式子中用字母 K 表示。另外，若弹簧的变形量为 x，则弹簧的弹力为

$$F_K=K\cdot x=K\cdot\int v\cdot\mathrm{d}t \tag{4.3}$$

其参考方向与变形量 x 的参考方向相反。对旋转运动，扭转弹簧的刚性系数为 K_θ，则扭转转矩 T_K 为

$$T_K=K_\theta\cdot\theta=K_\theta\cdot\int\omega\cdot\mathrm{d}t \tag{4.4}$$

T_K 的参考方向与扭转角度 θ 的参考方向相反。

3. 阻力元件

阻力元件通常指阻尼器等对运动产生阻力作用的元件。

平移运动中，阻力元件的阻力 F_R 与运动速度 v 成正比，描述阻力元件特性的阻力系数为 R_v，则阻力为

$$F_R=R_v v \tag{4.5}$$

F_R 的参考方向与速度 v 的参考方向相反。

对于旋转运动，阻力元件的重要参数是旋转阻力系数 R_ω，对应的阻力转矩 T_R 为

$$T_R=R_\omega\omega \tag{4.6}$$

T_R 的参考方向与角速度 ω 的参考方向相反。

4. 平移机械系统与旋转机械系统的相似性

机械系统中的平移运动与旋转运动之间存在对应关系，如表 4.1 所示。

表 4.1　平移运动与旋转运动之间的对应关系

平移机械系统			旋转机械系统		
物理量	符号	单位	物理量	符号	单位
位移	x	m	角位移	θ	rad
速度	v	m/s	角速度	ω	rad/s
加速度	a	m/s^2	角加速度	α	rad/s^2
惯(质)量	m	kg	转动惯量	J	kg·m^2
刚性系数	K	N/m	扭转刚性系数	K_θ	N·m/rad
阻力系数	R_v	N·s/m	旋转阻力系数	R_ω	N·m·s /rad
惯性力	$F_m=ma$	N	惯性转矩	$T_J=J\alpha$	N·m
弹力	$F_K=Kx$	N	扭转转矩	$T_K=K_\theta\theta$	N·m
阻力	$F_R=R_v v$	N	阻力转矩	$T_R=R_\omega\omega$	N·m

图 4.2 给出了一个典型的平移机械系统和一个典型的旋转机械系统。对于图 4.2(a)，运动方程为

$$F=m\frac{dv}{dt}+R_v v+K\int v dt \tag{4.7}$$

对于图 4.2(b)，运动方程为

$$T=J\frac{d\omega}{dt}+R_\omega\omega+K_\theta\int\omega dt \tag{4.8}$$

比较式(4.7)与式(4.8)可以看出，平移机械系统与旋转机械系统具有相同的数学形式，从而说明平移机械系统与旋转机械系统二者具有相似性。

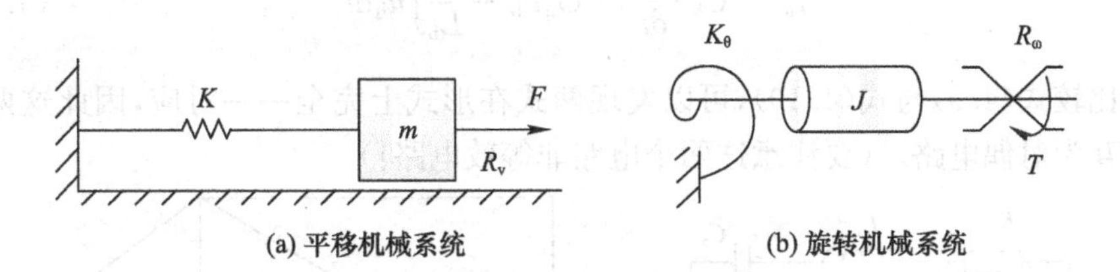

图 4.2　典型的机械系统

4.1.2　电路的对偶关系

在电路分析中，可以选取电流为自变量的 U-I 系统，也可以选取电压为自变量的 I-U 系统，在这两个系统中，常用的电路元件电阻、电感、电容之间的对偶关系见表 4.2。在表中，画出了对应元件电压、电流的参考方向。

表 4.2 3种电路元件的对偶关系表

电流为自变量的 *U-I* 系统		电压为自变量的 *I-U* 系统	
i_R R u_R	$u_R = Ri_R$	i_G G u_G	$i_G = Gu_G$
i_L L u_L	$u_L = L\dfrac{di_L}{dt}$	i_C C u_C	$i_C = C\dfrac{du_C}{dt}$
i_C C u_C	$u_C = \dfrac{1}{C}\int i_C dt$	i_L L u_L	$i_L = \dfrac{1}{L}\int u_L dt$

从表 4.2 可以看出，左侧的各元件 $u=f(i)$ 表达式和右侧对应元件的 $i=f(u)$ 表达式在形式上是完全一致的，从而说明元件之间存在对偶关系。

下面来看串联电路和并联电路之间的对偶关系。图 4.3(a)是一个 RLC 串联电路，根据基尔霍夫电压定律，电压方程列写为

$$e_a = L_a \frac{di_a}{dt} + R_a i_a + \frac{1}{C_a}\int i_a dt \tag{4.9}$$

而图 4.3(b)中的 RLC 并联电路，依据基尔霍夫电流定律，电流方程可写成

$$i_b = C_b \frac{du_b}{dt} + G_b u_b + \frac{1}{L_b}\int u_b dt \tag{4.10}$$

比较式(4.9)与式(4.10)，可以发现两式在形式上完全一一对应，因此这两个电路互为对偶电路。(要注意这两个电路非等效电路!)

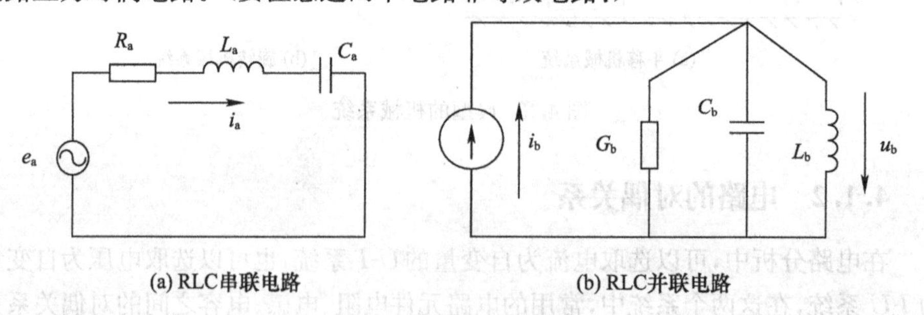

(a) RLC串联电路　(b) RLC并联电路

图 4.3　对偶电路举例

4.1.3 机械系统和电系统的类比关系

下面通过具体例子来说明机械系统和电系统之间的类比关系。

机械系统如图 4.4(a)所示,而电系统如图 4.4(b)所示,利用牛顿定律和电路理论可以写出机械系统的运动方程与电系统的电路方程分别为

$$F = m\frac{\mathrm{d}v}{\mathrm{d}t} + R_{\mathrm{v}}v + K\int v\mathrm{d}t \tag{4.11}$$

$$e_{\mathrm{a}} = L_{\mathrm{a}}\frac{\mathrm{d}i_{\mathrm{a}}}{\mathrm{d}t} + R_{\mathrm{a}}i_{\mathrm{a}} + \frac{1}{C_{\mathrm{a}}}\int i_{\mathrm{a}}\mathrm{d}t \tag{4.12}$$

比较式(4.11)与式(4.12),可知两式具有相同形式,即两个系统对应物理量具有类比关系。对应的具有类比关系的物理量用“↔”相连接,它们是:力 $F \leftrightarrow$ 电动势 e(故称此种类比为 f-e 类比);质量 $m \leftrightarrow$ 电感 L;阻力系数 $R_{\mathrm{v}} \leftrightarrow$ 电阻 R;刚性系数 $K \leftrightarrow$ 电容倒数 $1/C$;速度 $v \leftrightarrow$ 电流 i。

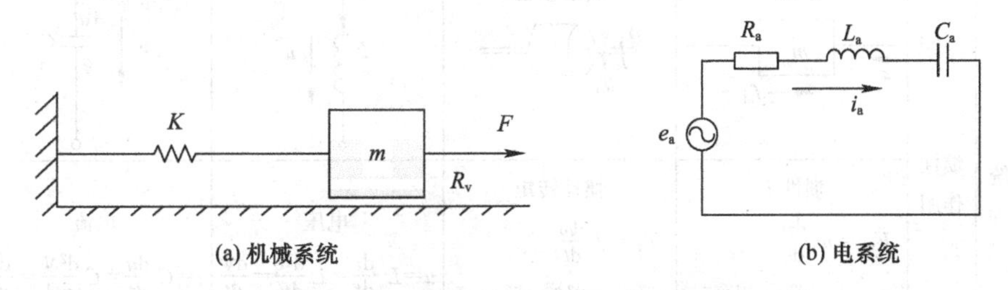

图 4.4 两个简单的机械系统和电系统

在这些类比关系的基础上,可以把机械系统和电系统对应的物理量的类比关系总结在表 4.3中。

表 4.3 机械系统和电系统对应的物理量类比

名称		机械系统		电系统	
		平移运动	旋转运动	f-e 类比	f-i 类比
广义变量	坐标	位移 x	角位移 θ	电荷 q	磁链 Ψ
	速度	速度 $v=\frac{\mathrm{d}x}{\mathrm{d}t}$	角速度 $\omega=\frac{\mathrm{d}\theta}{\mathrm{d}t}$	电流 $i=\frac{\mathrm{d}q}{\mathrm{d}t}$	电动势 $e=\frac{\mathrm{d}\Psi}{\mathrm{d}t}$
	动量	动量 p	角动量 p_{ω}	磁链 Ψ	电荷 q
	力	力 $F=\frac{\mathrm{d}p}{\mathrm{d}t}$	转矩 $T=\frac{\mathrm{d}p_{\omega}}{\mathrm{d}t}$	电动势 $e=\frac{\mathrm{d}\Psi}{\mathrm{d}t}$	电流 $i=\frac{\mathrm{d}q}{\mathrm{d}t}$

机电系统中的 3 种典型系统元件见表 4.4。

表 4.4　机电系统中的 3 种典型系统元件

系统元件	弹性作用	阻力系数R_v	旋转阻力系数R_ω	电阻R	电导G
		阻力 $F_R=R_v v$ $=R_v\frac{d}{dt}(x_1-x_2)$	阻力转矩 $T_R=R_\omega\omega$ $=R_\omega\frac{d}{dt}(\theta_1-\theta_2)$	电压 $u=Ri=R\frac{d}{dt}(q_1-q_2)$	电流 $i=Gu=G\frac{d\Psi}{dt}$
		损耗函数 $F=\frac{1}{2}v^2R_v$	损耗函数 $F=\frac{1}{2}\omega^2R_\omega$	损耗函数 $F=\frac{1}{2}i^2R$	损耗函数 $F=\frac{1}{2}u^2G$
	惯性作用	质量m	转动惯量J	电感L	电容C
		惯性力 $F_m=m\frac{dv}{dt}$ $=m\frac{d^2x}{dt^2}=\frac{dp}{dt}$	惯性转矩 $T_J=J\frac{d\omega}{dt}$ $=J\frac{d^2\theta}{dt^2}=\frac{dp_\omega}{dt}$	电压 $u=L\frac{di}{dt}=L\frac{d^2q}{dt^2}=\frac{d\Psi}{dt}$	电流 $i=C\frac{du}{dt}=C\frac{d^2\Psi}{dt^2}=\frac{dq}{dt}$
		动能 $T=\frac{1}{2}mv^2$	动能 $T=\frac{1}{2}J\omega^2$	储能 $W_m=\frac{1}{2}Li^2$	储能 $W_e=\frac{1}{2}Cu^2$
	弹性作用	刚性系数K	扭转刚性系数K_θ	电容的倒数$\frac{1}{C}$	电感的倒数$\frac{1}{L}$
		弹力 $F=K(x_1-x_2)$	扭转力矩 $T_K=K_\theta(\theta_1-\theta_2)$	电压 $u=\frac{1}{C}(q_1-q_2)$	电流 $i=\frac{1}{L}(\Psi_1-\Psi_2)$
		位能 $V=\frac{1}{2}Kx^2$	位能 $V=\frac{1}{2}K_\theta\theta^2$	储能 $W_e=\frac{1}{2}\frac{q^2}{C}$	储能 $W_m=\frac{1}{2}\frac{\Psi^2}{L}$

4.1.4　机械系统的模拟电路

根据表 4.3 和表 4.4,可以对一个机械系统通过类比关系得到一个与之对应的模拟电路。再根据电路定律,就可以获得机械系统的运动方程。

机械系统的模拟电路求解过程可以分解成 3 步。

① 将机械量换成电量,即将机械元件两端的位移 x 或角位移 θ 换成电荷 q,将各个机械元件换成 C、L、R 等。

② 作出各元件的等值电路,并标明各个元件流入电荷的方向。

③ 根据电路定律的约束关系,把各电路元件连接起来,形成完整的闭合回路。

【例 4.1】 一个机械系统的结构如图 4.5(a)所示,由 2 个质量块、2 个弹性元件和 2 个阻力元件组成,在质量块 m_1 上作用有力 $F_1(t)$。请作出该机械系统的模拟电路。

【解】 步骤 1:对机械系统中的各个节点进行顺序标号,对应标号的位移转换为相应标号的电荷 q。而后,把各机械元件转换为相应的电路元件,注意标号也要一一对应。如图 4.5(b)所示。

步骤 2:按表 4.4 画出对应的电路元件,还需画出对应的电荷编号和电荷方向。若电荷等于 0,则对应的端子不需要连接,可以用斜线进行标记。

步骤 3:根据各个元件上的电荷流向把相应的各端子连接起来,完整连接之后,如图 4.5(c)所示。最后,作出简化电路,如图 4.5(d)所示。

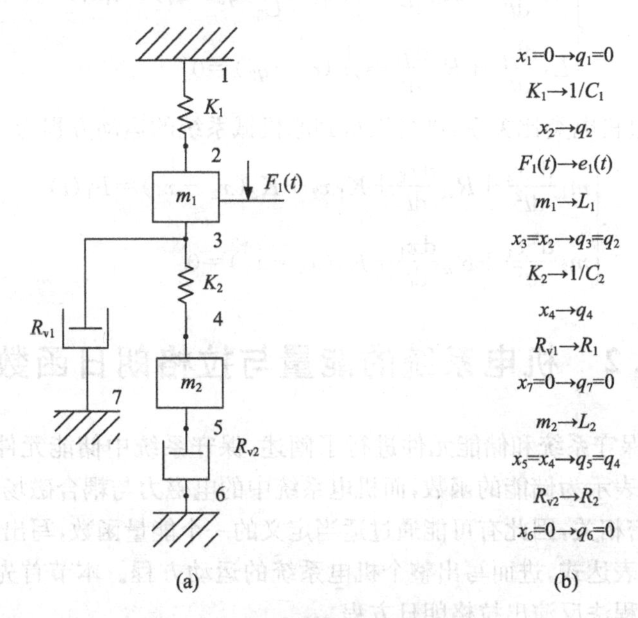

图 4.5　机械系统的模拟电路举例

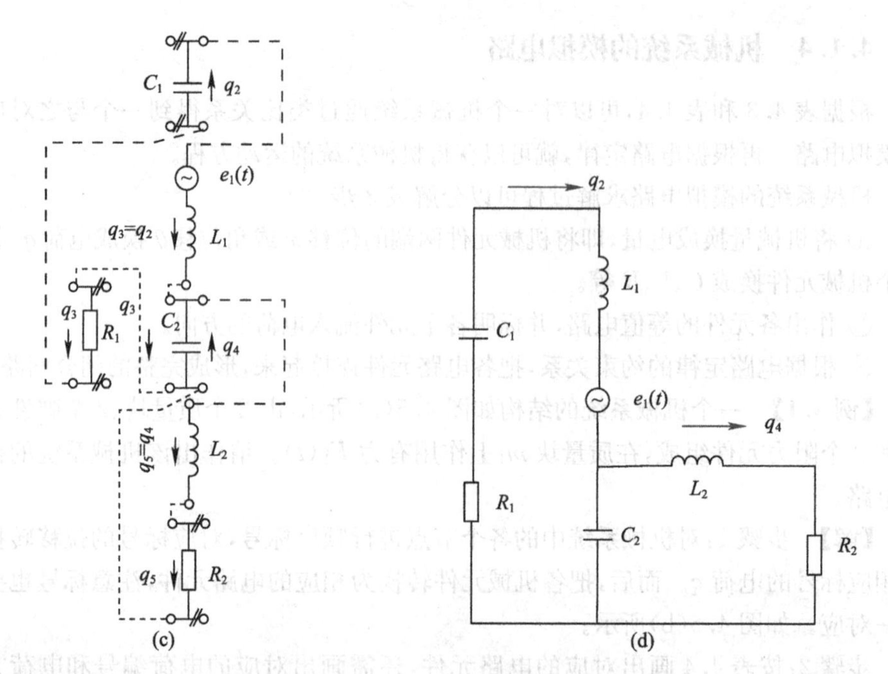

图 4.5　机械系统的模拟电路举例(续)

按照图 4.5(d),可以列出电路方程,即

$$\begin{cases} L_1\dfrac{\mathrm{d}^2 q_2}{\mathrm{d}t^2}+R_1\dfrac{\mathrm{d}q_2}{\mathrm{d}t}+\dfrac{1}{C_1}q_2+\dfrac{1}{C_2}(q_2-q_4)=e_1(t) \\ L_2\dfrac{\mathrm{d}^2 q_4}{\mathrm{d}t^2}+R_2\dfrac{\mathrm{d}q_4}{\mathrm{d}t}+\dfrac{1}{C_2}(q_4-q_2)=0 \end{cases} \tag{4.13}$$

于是,通过机电类比关系,则可以得到原机械系统的运动方程为

$$\begin{cases} m_1\dfrac{\mathrm{d}^2 x_2}{\mathrm{d}t^2}+R_{\mathrm{v}1}\dfrac{\mathrm{d}x_2}{\mathrm{d}t}+K_1x_2+K_2(x_2-x_4)=F_1(t) \\ m_2\dfrac{\mathrm{d}^2 x_4}{\mathrm{d}t^2}+R_{\mathrm{v}2}\dfrac{\mathrm{d}x_4}{\mathrm{d}t}+K_2(x_4-x_2)=0 \end{cases} \tag{4.14}$$

4.2　机电系统的能量与拉格朗日函数

3.2 节对保守系统和储能元件进行了阐述,保守系统中储能元件的受力与电容电压都可以表示为储能的函数,而机电系统中的电磁力与耦合磁场能量(磁场储能)变化率紧密相关,因此有可能通过适当定义的一个能量函数,写出弹性力、惯性力和电磁力的表达式,进而写出整个机电系统的运动方程。本节首先通过两个实例采用微分方程法反演出拉格朗日方程。

4.2.1　拉格朗日方程反演

1. 弹簧质量块系统

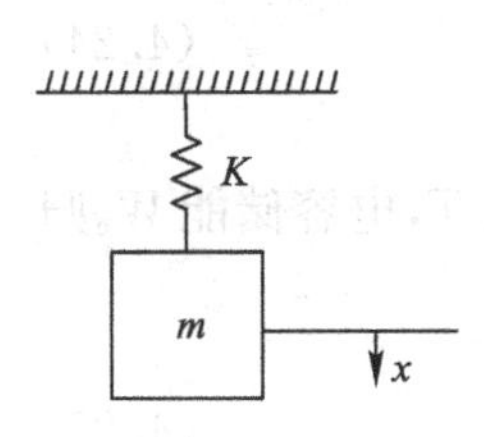

图 4.6　弹簧质量块系统

图 4.6 所示的弹簧质量块系统由一个质量块 m 和与质量块相连的弹簧(弹性系数为 K)构成。利用质量块上受到向上的力之和为 0,可得此系统的运动方程 $m\ddot{x}+Kx=0$,即

$$m\frac{\mathrm{d}v}{\mathrm{d}t}+Kx=0 \tag{4.15}$$

令系统动能 $T=\frac{1}{2}mv^2$,则上式的第一项可写成

$$m\frac{\mathrm{d}v}{\mathrm{d}t}=\frac{\mathrm{d}(mv)}{\mathrm{d}t}=\frac{\mathrm{d}}{\mathrm{d}t}\left(\frac{\partial T}{\partial v}\right) \tag{4.16}$$

令系统位能 $V=\frac{1}{2}Kx^2$,则式(4.15)的第二项可写成

$$Kx=\frac{\partial V}{\partial x} \tag{4.17}$$

于是,系统运动方程可以用动能和位能表示为

$$\frac{\mathrm{d}}{\mathrm{d}t}\left(\frac{\partial T}{\partial v}\right)+\frac{\partial V}{\partial x}=0 \tag{4.18}$$

为了使得运动方程在形式上更加统一,将系统的动能与位能之差定义为拉格朗日函数(能量函数)L,即

$$L=T-V \tag{4.19}$$

这样,式(4.18)变为

$$\frac{\mathrm{d}}{\mathrm{d}t}\left(\frac{\partial L}{\partial v}\right)-\frac{\partial L}{\partial x}=0 \tag{4.20}$$

该式子就是由能量函数 L 表示的弹簧质量块系统的运动方程。

2. RLC 串联电路系统

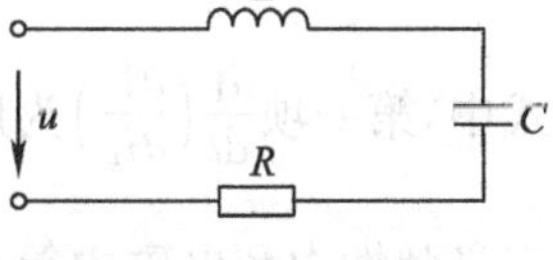

图 4.7 RLC 串联电路

图 4.7 所示的 RLC 串联电路系统是由电阻 R、电感 L 和电容 C 串联而成的电路。电路电压方程为

$$u=u_{\mathrm{L}}+u_{\mathrm{C}}+u_{\mathrm{R}}=L\frac{\mathrm{d}i}{\mathrm{d}t}+\frac{q}{C}+Ri \tag{4.21}$$

电压方程的第一项可以用电感储能表示为

$$u_{\mathrm{L}}=L\frac{\mathrm{d}i}{\mathrm{d}t}=\frac{\mathrm{d}}{\mathrm{d}t}\left(\frac{\partial W_{\mathrm{m}}}{\partial i}\right) \tag{4.22}$$

第二项可以用电容储能表示为

$$u_C = \frac{q}{C} = \frac{\partial}{\partial q}\left(\frac{1}{2}\frac{q^2}{C}\right) = \frac{\partial W_e}{\partial q} \tag{4.23}$$

第三项可以用电损耗函数表示为

$$u_R = \frac{\partial}{\partial i}\left(\frac{1}{2}Ri^2\right) = \frac{\partial F}{\partial i} \tag{4.24}$$

式中，电损耗函数 $F=\frac{1}{2}Ri^2$。将 W_m 归为机械系统的广义动能 T，电容储能 W_e 归为机械系统的广义位能 V，拉格朗日函数定义为

$$L = T - V = W_m - W_e \tag{4.25}$$

于是，式(4.21)变为

$$u = \frac{d}{dt}\left(\frac{\partial L}{\partial i}\right) - \frac{\partial L}{\partial q} + \frac{\partial F}{\partial i} \tag{4.26}$$

式(4.26)相比式(4.20)多了外施电压 u 和电阻电压降 $\frac{\partial F}{\partial i}$，如果图 4.6 所示的弹簧质量块系统中存在机械损耗元件 R_v，则在式(4.20)左边也会增加相应的项：

$$\frac{\partial F}{\partial v} = \frac{\partial}{\partial v}\left(\frac{1}{2}R_v v^2\right) = R_v v \tag{4.27}$$

如果弹簧质量块系统中还有外施力 F_a，则式(4.20)右边也从 0 变为 F_a，即

$$\frac{d}{dt}\left(\frac{\partial L}{\partial v}\right) - \frac{\partial L}{\partial x} + \frac{\partial F}{\partial v} = F_a \tag{4.28}$$

对比式(4.26)和式(4.28)可以发现，二者的运动方程形式上极为相似。当机电系统存在外力作用和损耗时(所谓非保守系统)，其力(电压)方程则可由式(4.26)与式(4.28)导出。

统一起来，非保守机电系统的拉格朗日方程为

$$\frac{d}{dt}\left(\frac{\partial L}{\partial i_k}\right) - \frac{\partial L}{\partial q_k} + \frac{\partial F}{\partial i_k} = Q_k \quad (k=1,2,\cdots,N) \tag{4.29}$$

式中，第一项 $\frac{d}{dt}\left(\frac{\partial L}{\partial i_k}\right)$ 为广义惯性力；第二项 $-\frac{\partial L}{\partial q_k}$ 是广义惯性力之外的保守力(如广义弹性力和电磁力等)；第三项 $\frac{\partial F}{\partial i_k}=R_k i_k$ 为广义阻力；Q_k 为广义驱动力，如 u，F 等。前两项为保守力；广义阻力与广义驱动力为非保守力。其中，q_k 是广义坐标，是时间的函数，如机电系统中的电荷 q 和位移 x；i_k 是广义速度，是广义坐标和时间的函数，如机电系统中的电流 i 和速度 v。

式(4.29)的物理意义是：系统在动力平衡时，作用在每一个广义坐标上的广义力总和等于零。

4.2.2 广义坐标与拉格朗日函数

1. 广义坐标

能决定系统几何位置的彼此独立的量，称为该系统的广义坐标，也称为独立坐标。

例如，描述一个质点在空间的位置需要3个坐标，但各质点的位置常受到几何或运动的约束，使每个质点的独立坐标或自由度都少于3个。除广义坐标外，还要加上广义速度——坐标的导数，才能完整地描述一个系统。表4.5列出常用机电系统的广义坐标与广义速度等广义变量。

表4.5 机电系统的广义变量

广义变量	电量	平移运动	旋转运动
广义坐标 q	电荷 q	位移 x	角位移 θ
广义速度 i	电流 i	速度 v	角速度 ω
广义动量 p	磁链 Ψ	动量 p	角动量 p_ω
广义力 F	电压 u	机械力 F	转矩 T

2. 拉格朗日函数

拉格朗日函数用总动能与总位能之差来表示，即 $L=T-V$。其中，T 是总动能，它是广义坐标、广义速度和时间三者的函数，即 $T(q_k,i_k,t)$；总动能包括机械系统的动能和电系统的磁场能量。需要注意的是，对非线性系统来说，磁场能量应变为磁共能。总位能 V 仅仅是广义坐标的函数，即 $V(q_k,t)$；总位能包括机械系统的位能和电系统的电场能。拉格朗日函数 L 是广义坐标、广义速度和时间三者的函数，即 $L(q_k,i_k,t)$。

4.3 拉格朗日方程与汉密尔顿运动方程

4.3.1 变分的概念

假设有一个单质点系统，质点只有一个自由度，其广义坐标为 q，质点的真实运动可用单值连续函数 $q=q(t)$ 表示，在 t 时刻，坐标的微分为

$$\mathrm{d}q=\dot{q}\cdot\mathrm{d}t \tag{4.30}$$

函数的变分 δq 是两个不同的函数 $q(t)$ 与 $q_1(t)$ 在同一个 t 时刻的差异，即函数 $q(t)$ 在 t 时刻的变分，即

$$\delta q=q_1(t)-q(t)=\alpha\eta(t) \tag{4.31}$$

式中，α 是任意微小变动参量；$\eta(t)$ 是以时间 t 为变量的任意连续可微函数；$q_1(t)$ 则是代表真实运动轨迹邻近的一种可能运动轨迹。图 4.8 中，线段$\overline{PP_1}$代表 t 时刻的变分值，而 $q(t)$在 t 时刻的微分为 $\mathrm{d}q=\dot{q}\mathrm{d}t$。

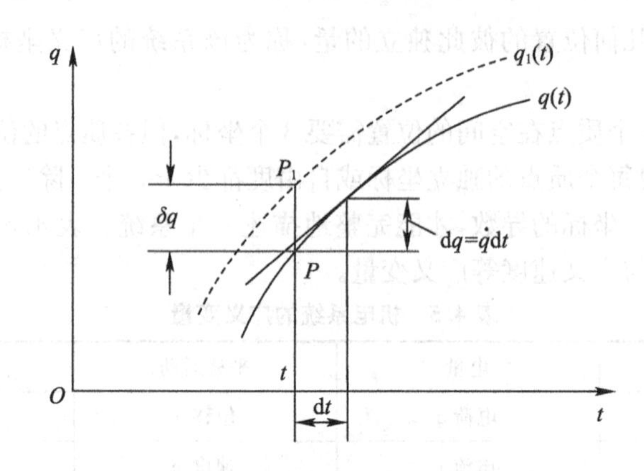

图 4.8　变分与微分示意图

若定义 $i=\mathrm{d}q/\mathrm{d}t=\dot{q}$，则容易推出变分运算与微分运算的运算顺序可以交换，即

$$\frac{\mathrm{d}}{\mathrm{d}t}\delta=\frac{\mathrm{d}}{\mathrm{d}t}(q_1-q)=i_1-i=\delta i=\delta\left(\frac{\mathrm{d}q}{\mathrm{d}t}\right) \tag{4.32}$$

此外，变分运算与积分运算也可以交换运算顺序，即

$$\int_{t_1}^{t_2}(\delta q)\mathrm{d}t=\int_{t_1}^{t_2}(q_1-q)\mathrm{d}t=\int_{t_1}^{t_2}q_1\mathrm{d}t-\int_{t_1}^{t_2}q\mathrm{d}t=\delta\int_{t_1}^{t_2}q\mathrm{d}t \tag{4.33}$$

4.3.2　拉格朗日方程的推导

对于完整约束系统，拉格朗日函数为

$$L=T-V=L(t,q_1,q_2,\cdots,q_n,i_1,i_2,\cdots,i_n) \tag{4.34}$$

拉格朗日函数在初始时刻 t_1 和终了时刻 t_2 之间的积分函数，则是一个泛函，即

$$I=\int_{t_1}^{t_2}L\mathrm{d}t \tag{4.35}$$

从数学上，泛函 I 达到极值的条件是泛函的变分为零，所以拉格朗日函数的另一种表达式是：保守动力系统的真实运动路线是使泛函 I 的变分等于零（$\delta I=0$）的路线。

下面用汉密尔顿原理推导拉格朗日方程。假设初始时刻 t_1 和终了时刻 t_2 的运动状态是明确知道的，若某质点有 n 个独立坐标，在第 j 个坐标下，真实路线（称为正路）$q_{j0}(t)$附近的可能路径（称为旁路）可以表示为

$$q_j(t)=q_{j0}(t)+\alpha_j\eta_j(t) \tag{4.36}$$

式中，$\eta_j(t)$为连续可微的函数，满足$\eta_j(t_1)=\eta_j(t_2)=0$，即要求旁路与正路的起始点、终了点分别相同。则

$$\begin{aligned} I &= \int_{t_1}^{t_2} L(t,q_1,q_2,\cdots,q_n,i_1,i_2,\cdots,i_n)\mathrm{d}t \\ &= \int_{t_1}^{t_2} L[t,q_{10}+\alpha_1\eta_1(t),q_{20}+\alpha_2\eta_2(t),\cdots,q_{n0}+\alpha_n\eta_n(t), \\ &\quad i_{10}+\alpha_1\dot{\eta}_1(t),i_{20}+\alpha_2\dot{\eta}_2(t),\cdots,i_{n0}+\alpha_n\dot{\eta}_n(t)]\mathrm{d}t \end{aligned} \tag{4.37}$$

式中，$\dot{\eta}_j(t)=\mathrm{d}\eta_j(t)/\mathrm{d}t$，因为正路$q_{j0}(t)$是确定的，若$\eta_j(t)$也确定，则$I$可以看成$\alpha_1,\alpha_2,\cdots,\alpha_n$的函数，要使$I$取得极值，其对$\alpha_j(j=1,2,\cdots,n)$的导数必须等于0，其中第$j$个方程为

$$\frac{\mathrm{d}I}{\mathrm{d}\alpha_j} = \int_{t_1}^{t_2}\left(\frac{\partial L}{\partial q_j}\frac{\mathrm{d}q_j}{\mathrm{d}\alpha_j}+\frac{\partial L}{\partial i_j}\frac{\mathrm{d}i_j}{\mathrm{d}\alpha}\right)\mathrm{d}t = \int_{t_1}^{t_2}\left(\frac{\partial L}{\partial q_j}\eta_j(t)+\frac{\partial L}{\partial i_j}\dot{\eta}_j(t)\right)\mathrm{d}t = 0 \tag{4.38}$$

由全微分公式，得

$$\mathrm{d}\left[\frac{\partial L}{\partial i_j}\eta_j(t)\right]/\mathrm{d}t=\frac{\mathrm{d}}{\mathrm{d}t}\left(\frac{\partial L}{\partial i_j}\right)\eta_j(t)+\frac{\partial L}{\partial i_j}\dot{\eta}_j(t) \tag{4.39}$$

故

$$\int_{t_1}^{t_2}\left(\frac{\partial L}{\partial i_j}\dot{\eta}_j(t)\right)\mathrm{d}t = \frac{\partial L}{\partial i_j}\eta_j(t)\bigg|_{t_1}^{t_2}-\int_{t_1}^{t_2}\left(\frac{\mathrm{d}}{\mathrm{d}t}\left(\frac{\partial L}{\partial i_j}\right)\eta_j(t)\right)\mathrm{d}t = -\int_{t_1}^{t_2}\left(\frac{\mathrm{d}}{\mathrm{d}t}\left(\frac{\partial L}{\partial i_j}\right)\eta_j(t)\right)\mathrm{d}t \tag{4.40}$$

代入式(4.38)，得

$$\int_{t_1}^{t_2}\left(\frac{\partial L}{\partial q_j}\eta_j(t)-\frac{\mathrm{d}}{\mathrm{d}t}\left(\frac{\partial L}{\partial i_j}\right)\eta_j(t)\right)\mathrm{d}t = \int_{t_1}^{t_2}\left[\left(\frac{\partial L}{\partial q_j}-\frac{\mathrm{d}}{\mathrm{d}t}\left(\frac{\partial L}{\partial i_j}\right)\right)\cdot\eta_j(t)\right]\mathrm{d}t = 0 \tag{4.41}$$

因为$\eta_j(t)$为连续可微的任意函数，故要使式(4.41)成立，必须有

$$\frac{\mathrm{d}}{\mathrm{d}t}\left(\frac{\partial L}{\partial i_j}\right)-\frac{\partial L}{\partial q_j}=0 \tag{4.42}$$

对于n维系统而言，必须满足n个方程构成的方程组

$$\frac{\mathrm{d}}{\mathrm{d}t}\left(\frac{\partial L}{\partial i_j}\right)-\frac{\partial L}{\partial q_j}=0 \quad (j=1,2,\cdots,n) \tag{4.43}$$

式(4.43)即为n维保守系统的拉格朗日方程。

前面从传统微分方法得到拉格朗日方程，利用变分原理也可推得拉格朗日方程。令泛函I的变分为0，可写成

$$\delta I = \delta\left(\int_{t_1}^{t_2}L\mathrm{d}t\right)=\int_{t_1}^{t_2}(\delta L)\mathrm{d}t = \int_{t_1}^{t_2}\sum_{j=1}^{n}\left(\frac{\partial L}{\partial q_j}\delta q_j+\frac{\partial L}{\partial i_j}\delta i_j\right)\mathrm{d}t = 0 \tag{4.44}$$

利用全微分公式，得

$$\frac{\mathrm{d}}{\mathrm{d}t}\left(\frac{\partial L}{\partial i_j}\delta q_j\right)=\frac{\mathrm{d}}{\mathrm{d}t}\left(\frac{\partial L}{\partial i_j}\right)\delta q_j+\frac{\partial L}{\partial i_j}\delta i_j \tag{4.45}$$

式(4.45)两边从 t_1 积分到 t_2，得

$$\left(\frac{\partial L}{\partial i_j}\delta q_j\right)\bigg|_{t_2}-\left(\frac{\partial L}{\partial i_j}\delta q_j\right)\bigg|_{t_1}=\int_{t_1}^{t_2}\left[\frac{\mathrm{d}}{\mathrm{d}t}\left(\frac{\partial L}{\partial i_j}\right)\delta q_j\right]\mathrm{d}t+\int_{t_1}^{t_2}\left(\frac{\partial L}{\partial i_j}\delta i_j\right)\mathrm{d}t \tag{4.46}$$

再利用初始时刻 t_1 和终了时刻 t_2 的运动状态是明确知道的这个条件，故 $\delta q_j(t_1)=\delta q_j(t_2)=0$，即式(4.46)的左边应等于0，这样就有

$$\int_{t_1}^{t_2}\left(\frac{\partial L}{\partial i_j}\delta i_j\right)\mathrm{d}t=-\int_{t_1}^{t_2}\left(\frac{\mathrm{d}}{\mathrm{d}t}\left(\frac{\partial L}{\partial i_j}\right)\delta q_j\right)\mathrm{d}t \tag{4.47}$$

代入式(4.44)，可得

$$\int_{t_1}^{t_2}\sum_{j=1}^{n}\left[\frac{\partial L}{\partial q_j}\delta q_j-\frac{\mathrm{d}}{\mathrm{d}t}\left(\frac{\partial L}{\partial i_j}\right)\delta q_j\right]\mathrm{d}t=\int_{t_1}^{t_2}\sum_{j=1}^{n}\left\{\left[\frac{\partial L}{\partial q_j}-\frac{\mathrm{d}}{\mathrm{d}t}\left(\frac{\partial L}{\partial i_j}\right)\right]\delta q_j\right\}\mathrm{d}t=0 \tag{4.48}$$

变分 δq_j 前面的系数函数必须等于0，即获得 n 维保守系统的拉格朗日方程(4.43)。

对于非保守系统而言，存在有损耗函数(总损耗)$D(t,q_1,q_2,\cdots,q_n,i_1,i_2,\cdots,i_n)$，则在第 j 个坐标上的阻力为 $\partial D/\partial i_j$；再考虑同一坐标上的外施力 Q_j，这样原来的保守系统拉格朗日方程(4.43)将修正为非保守系统的拉格朗日方程，即

$$\frac{\mathrm{d}}{\mathrm{d}t}\left(\frac{\partial L}{\partial i_j}\right)-\frac{\partial L}{\partial q_j}+\frac{\partial D}{\partial i_j}=Q_j\quad(j=1,2,\cdots,n) \tag{4.49}$$

其中的 $Q_j-\dfrac{\partial D}{\partial i_j}$ 可以看成是第 j 坐标(第 j 端口)上的所有非保守力作用之和。

4.3.3 汉密尔顿运动方程

在汉密尔顿运动方程中，要用到系统的广义动量 p_j，该广义动量可以由拉格朗日函数 L 获得

$$p_j=\frac{\partial L}{\partial i_j} \tag{4.50}$$

其导数为

$$\dot{p}_j=\frac{\partial L}{\partial q_j} \tag{4.51}$$

对拉格朗日函数的表达式(4.43)求其微增量，即

$$\mathrm{d}L=\sum_{j=1}^{n}\left(\frac{\partial L}{\partial q_j}\mathrm{d}q_j+\frac{\partial L}{\partial i_j}\mathrm{d}i_j\right)+\frac{\partial L}{\partial t}\mathrm{d}t=\sum_{j=1}^{n}(\dot{p}_j\mathrm{d}q_j+p_j\mathrm{d}i_j)+\frac{\partial L}{\partial t}\mathrm{d}t \tag{4.52}$$

定义汉密尔顿函数为

$$H(t,q_1,q_2,\cdots,q_n,p_1,p_2,\cdots,p_n)=-L(t,q_1,q_2,\cdots,q_n,i_1,i_2,\cdots,i_n)+\sum_{j=1}^{n}(p_j i_j) \tag{4.53}$$

其中的最后一项是系统总动能的2倍，即

$$2T=\sum_{j=1}^{n}(p_j i_j) \tag{4.54}$$

因此，汉密尔顿函数可写成

$$H=-L+2T=-(T-V)+2T=T+V \tag{4.55}$$

上式的动能 T 可以采用动量作为独立变量。因而，汉密尔顿函数也是能量函数，其微分形式为

$$\mathrm{d}H=\mathrm{d}\Big[\sum_{j=1}^{n}(p_j i_j)\Big]-\mathrm{d}L=\sum_{j=1}^{n}(-\dot{p}_j\mathrm{d}q_j+i_j\mathrm{d}p_j)-\frac{\partial L}{\partial t}\mathrm{d}t \tag{4.56}$$

从式(4.56)可以得到

$$\dot{p}_j=-\frac{\partial H}{\partial q_j};\quad i_j=\frac{\partial H}{\partial p_j} \tag{4.57}$$

利用汉密尔顿运动方程(4.57)，可以获得描述保守系统运动的 $2n$ 个微分方程；而利用拉格朗日方程，则可得到描述保守系统运动的 n 个微分方程。当然，两种方法得到的方程组最终是等效的。

若系统是非保守系统，和拉格朗日方程一样，汉密尔顿方程也需要补上广义阻力和外施力。

4.3.4 拉格朗日方程应用条件

在应用拉格朗日方程时，除 n 个广义坐标 $q_1,q_2,\cdots,q_n$ 需要相互独立外，还要求运动系统是完整约束的系统。

这里介绍几个基本概念，运动约束方程中不显含速度的方程所描述的约束，称为几何约束；而显含速度的方程对应的约束称为运动约束(或微分约束)。有的运动约束可以通过积分运算化成几何约束，这类运动约束称为可积运动约束。

如果运动方程仅由几何约束和可积运动约束构成，则此运动系统为完整约束的运动系统。不可积的运动约束称为非完整约束，若运动系统的运动方程中含有此类约束，则系统为非完整约束运动系统。

由于运动方程中的几何约束方程可以通过求导得到可积运动约束，因此，完整约束既是对质点坐标施加的限制，也是对质点速度施加的限制，因而独立的广义坐标和独立的广义速度的数目一起减少。

在非完整约束方程中，不存在对应的几何约束，因而对坐标没有进行实质性限制，只是对质点的速度施加限制，因此非完整约束不能减少独立广义坐标的数目，只减少独立广义速度的数目。

在机电系统中，典型的非完整约束系统实例就是直流电机，人们关心的是电刷的摆放位置角，该位置角关系到直流电机电枢磁场的方向，从而影响直流电机性

能；而其电枢的运动速度（转子的旋转速度）进行积分得到的角度人们并不关心，即电刷位置角并不受电枢运动速度的约束。所以，换向器电机属于非完整约束机电装置。

4.4 拉格朗日方程应用

本节以两个例子说明拉格朗日方程的应用步骤。

【例 4.2】 机械系统结构如图 4.5 (a)所示，试用拉格朗日方程获得该机械系统的运动方程。

【解】 步骤 1：考察机械系统标记的各个节点，确定哪些节点的坐标不变，哪些节点的坐标是相互独立的，从而确定独立坐标。

图 4.5(a)中，$x_2=x_3$，$x_4=x_5$，其余坐标都是不变的，故独立变量中的坐标选为 x_2和 x_4，自然地，独立节点的速度就是坐标对时间的导数，见表 4.6。

表 4.6 示例的广义变量

广义变量	坐标 1	坐标 2
广义坐标 q	x_2	x_4
广义速度 $\dot{i}$	$\dot{x}_2$	$\dot{x}_4$
广义动量 p	$p_1=m_1\dot{x}_2$	$p_2=m_2\dot{x}_4$

步骤 2：写出系统的总动能和总位能，得到拉格朗日函数。

总动能表达式为

$$T(t,x_2,x_4,\dot{x}_2,\dot{x}_4)=\frac{1}{2}m_1\dot{x}_2^2+\frac{1}{2}m_2\dot{x}_4^2$$

总位能为

$$V(t,x_2,x_4)=\frac{1}{2}K_1x_2^2+\frac{1}{2}K_2\ (x_4-x_2)^2$$

于是，拉格朗日函数为

$$\begin{aligned}L(t,x_2,x_4,\dot{x}_2,\dot{x}_4)&=T(t,x_2,x_4,\dot{x}_2,\dot{x}_4)-V(t,x_2,x_4)\\&=\frac{1}{2}m_1\dot{x}_2^2+\frac{1}{2}m_2\dot{x}_4^2-\left[\frac{1}{2}K_1x_2^2+\frac{1}{2}K_2\ (x_4-x_2)^2\right]\end{aligned}$$

步骤 3：写出系统的总损耗函数和外施力。

总损耗函数表达式为

$$D(t,x_2,x_4,\dot{x}_2,\dot{x}_4)=\frac{1}{2}R_{v1}\dot{x}_2^2+\frac{1}{2}R_{v2}\dot{x}_4^2$$

在坐标 1 上，有外施力

$$Q_1=F_1(t)$$

步骤 4：代入非保守系统的拉格朗日方程(4.49)。

$$\frac{\partial L}{\partial q_1}=\frac{\partial L}{\partial x_2}=-K_1x_2+K_2(x_4-x_2);\frac{\partial L}{\partial q_2}=\frac{\partial L}{\partial x_4}=-K_2(x_4-x_2)$$

$$\frac{\partial L}{\partial i_1}=\frac{\partial L}{\partial \dot{x}_2}=m_1\dot{x}_2;\frac{\partial L}{\partial i_2}=\frac{\partial L}{\partial \dot{x}_4}=m_2\dot{x}_4$$

$$\frac{\partial D}{\partial i_1}=\frac{\partial L}{\partial \dot{x}_2}=R_{v1}\dot{x}_2;\frac{\partial D}{\partial i_2}=\frac{\partial L}{\partial \dot{x}_4}=R_{v2}\dot{x}_4$$

于是，对坐标 1 有

$$m_1\ddot{x}_2+K_1x_2-K_2(x_4-x_2)+R_{v1}\dot{x}_2=F_1(t) \tag{4.58}$$

对坐标 2 有

$$m_2\ddot{x}_4+K_2(x_4-x_2)+R_{v2}\dot{x}_4=0 \tag{4.59}$$

用拉格朗日方程推得的两个式子构成的机械系统运动方程与用机电类比方法得到的式(4.14)完全一致。

【例 4.3】 一个四绕组电机系统如图 4.9 所示，在定子侧有相互正交的绕组 D 与绕组 Q，从转子侧看，先遇到 D 绕组轴线，再经过 90°遇到 Q 绕组轴线。转子侧有绕组 α 和绕组 β，它们也是相互正交的，按旋转方向看，α 绕组超前 β 绕组 90°。定子相电压分别为 u_D 和 u_Q，转子两个绕组分别短路，转子及负载的惯量为 J，负载转矩为 T_L，转子的旋转阻力系数为 R_ω。假设转子 β 绕组轴线超前定子 D 绕组轴线 θ 角度，请用拉格朗日方程获得该电机系统的运动方程。其中的电机部分，定子各绕组电阻为 R_s，转子各绕组电阻为 R_r，定子自感分别为 L_D 和 L_Q，转子自感为 $\begin{cases}L_\alpha=L_{s0}+L_{s2}\cos2\theta\\L_\beta=L_{s0}-L_{s2}\cos2\theta\end{cases}$，定转子间互感为 $\begin{cases}L_{\alpha Q}=L_{\beta D}=L_{sr}\cos\theta\\L_{\beta Q}=-L_{\alpha D}=L_{sr}\sin\theta\end{cases}$。

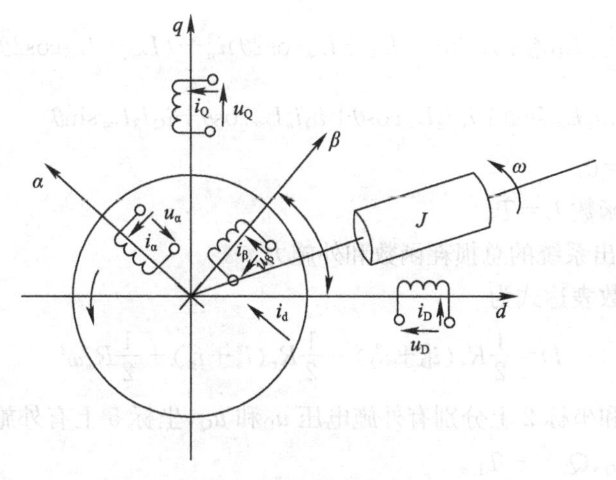

图 4.9　四绕组电机系统

【解】 步骤1:确定系统独立变量,即广义坐标和广义速度,见表4.7。

表4.7 广义坐标和广义速度

序号	1	2	3	4	5
广义坐标 q	q_D	q_Q	q_α	q_β	θ
广义速度 i	i_D	i_Q	i_α	i_β	ω

步骤2:写出系统的总动能和总位能,得到拉格朗日函数。

电感矩阵为

$$\boldsymbol{L}=\begin{bmatrix} L_D & 0 & L_{D\alpha} & L_{D\beta} \\ 0 & L_Q & L_{Q\alpha} & L_{Q\beta} \\ L_{\alpha D} & L_{\alpha Q} & L_\alpha & 0 \\ L_{\beta D} & L_{\beta Q} & 0 & L_\beta \end{bmatrix}=\begin{bmatrix} L_D & 0 & -L_{sr}\sin\theta & L_{sr}\cos\theta \\ 0 & L_Q & L_{sr}\cos\theta & L_{sr}\sin\theta \\ -L_{sr}\sin\theta & L_{sr}\cos\theta & L_{s0}+L_{s2}\cos2\theta & 0 \\ L_{sr}\cos\theta & L_{sr}\sin\theta & 0 & L_{s0}-L_{s2}\cos2\theta \end{bmatrix}$$

电阻矩阵为

$$\boldsymbol{R}=\begin{bmatrix} R_D & 0 & 0 & 0 \\ 0 & R_Q & 0 & 0 \\ 0 & 0 & R_\alpha & 0 \\ 0 & 0 & 0 & R_\beta \end{bmatrix}=\begin{bmatrix} R_s & 0 & 0 & 0 \\ 0 & R_s & 0 & 0 \\ 0 & 0 & R_r & 0 \\ 0 & 0 & 0 & R_r \end{bmatrix}$$

总动能表达式为

$$\begin{aligned} T &= W'_f+\frac{1}{2}J\omega^2=\frac{1}{2}\boldsymbol{i}^T\boldsymbol{L}\boldsymbol{i}+\frac{1}{2}J\omega^2 \\ &= \frac{1}{2}[L_D i_D^2+L_Q i_Q^2+(L_{s0}+L_{s2}\cos2\theta)i_\alpha^2+(L_{s0}-L_{s2}\cos2\theta)i_\beta^2+J\omega^2]- \\ &\quad i_D i_\alpha L_{sr}\sin\theta+i_D i_\beta L_{sr}\cos\theta+i_Q i_\alpha L_{sr}\cos\theta+i_Q i_\beta L_{sr}\sin\theta \end{aligned}$$

总位能$V=0$。

拉格朗日函数$L=T$。

步骤3:写出系统的总损耗函数和外施力。

总损耗函数表达式为

$$D=\frac{1}{2}R_s(i_D^2+i_Q^2)+\frac{1}{2}R_r(i_\alpha^2+i_\beta^2)+\frac{1}{2}R_\omega\omega^2$$

在坐标1和坐标2上分别有外施电压u_D和u_Q,坐标5上有外施转矩$-T_L$,即$Q_1=u_D,Q_2=u_Q,Q_5=-T_L$。

步骤4:将上述表达式代入非保守系统的拉格朗日方程(4.49)。

$$\frac{\partial L}{\partial q_1}=\frac{\partial L}{\partial q_D}=0;\frac{\partial L}{\partial q_2}=\frac{\partial L}{\partial q_3}=\frac{\partial L}{\partial q_4}=0$$

$$\frac{\partial L}{\partial q_5}=\frac{\partial L}{\partial \theta}=-L_{s2}(i_\alpha^2-i_\beta^2)\sin 2\theta-L_{sr}\cos\theta(i_D i_\alpha-i_Q i_\beta)-L_{sr}\sin\theta(i_D i_\beta+i_Q i_\alpha)$$

$$\frac{\partial L}{\partial i_1}=\frac{\partial L}{\partial i_D}=L_D i_D-i_\alpha L_{sr}\sin\theta+i_\beta L_{sr}\cos\theta$$

$$\frac{\partial L}{\partial i_2}=\frac{\partial L}{\partial i_Q}=L_Q i_Q+i_\alpha L_{sr}\cos\theta+i_\beta L_{sr}\sin\theta$$

$$\frac{\partial L}{\partial i_3}=\frac{\partial L}{\partial i_\alpha}=(L_{s0}+L_{s2}\cos 2\theta)i_\alpha+i_Q L_{sr}\cos\theta-i_D L_{sr}\sin\theta$$

$$\frac{\partial L}{\partial i_4}=\frac{\partial L}{\partial i_\beta}=(L_{s0}-L_{s2}\cos 2\theta)i_\beta+i_D L_{sr}\cos\theta+i_Q L_{sr}\sin\theta$$

$$\frac{\partial L}{\partial i_5}=\frac{\partial L}{\partial \omega}=J\omega$$

$$\frac{\partial D}{\partial i_1}=\frac{\partial D}{\partial i_D}=R_s i_D;\frac{\partial D}{\partial i_2}=\frac{\partial D}{\partial i_Q}=R_s i_Q;\frac{\partial D}{\partial i_3}=\frac{\partial D}{\partial i_\alpha}=R_r i_\alpha;\frac{\partial D}{\partial i_4}=\frac{\partial D}{\partial i_\beta}=R_r i_\beta$$

$$\frac{\partial D}{\partial i_5}=\frac{\partial D}{\partial \omega}=R_\omega \omega$$

$$\frac{d}{dt}\left(\frac{\partial L}{\partial i_1}\right)=L_D\frac{di_D}{dt}-L_{sr}\sin\theta\frac{di_\alpha}{dt}-i_\alpha L_{sr}\cos\theta\frac{d\theta}{dt}+L_{sr}\cos\theta\frac{di_\beta}{dt}-i_\beta L_{sr}\sin\theta\frac{d\theta}{dt}$$

$$\frac{d}{dt}\left(\frac{\partial L}{\partial i_2}\right)=L_Q\frac{di_Q}{dt}+L_{sr}\cos\theta\frac{di_\alpha}{dt}-i_\alpha L_{sr}\sin\theta\frac{d\theta}{dt}+L_{sr}\sin\theta\frac{di_\beta}{dt}+i_\beta L_{sr}\cos\theta\frac{d\theta}{dt}$$

$$\frac{d}{dt}\left(\frac{\partial L}{\partial i_3}\right)=(L_{s0}+L_{s2}\cos 2\theta)\frac{di_\alpha}{dt}-2L_{s2}i_\alpha\sin 2\theta\frac{d\theta}{dt}+L_{sr}\cos\theta\frac{di_Q}{dt}-i_Q L_{sr}\sin\theta\frac{d\theta}{dt}-$$
$$L_{sr}\sin\theta\frac{di_D}{dt}-i_D L_{sr}\cos\theta\frac{d\theta}{dt}$$

$$\frac{d}{dt}\left(\frac{\partial L}{\partial i_4}\right)=(L_{s0}-L_{s2}\cos 2\theta)\frac{di_\beta}{dt}+L_{s2}i_\beta\sin 2\theta\frac{d\theta}{dt}+L_{sr}\cos\theta\frac{di_D}{dt}-i_D L_{sr}\sin\theta\frac{d\theta}{dt}+$$
$$L_{sr}\sin\theta\frac{di_Q}{dt}+i_Q L_{sr}\cos\theta\frac{d\theta}{dt}$$

$$\frac{d}{dt}\left(\frac{\partial L}{\partial i_5}\right)=J\frac{d\omega}{dt}$$

于是,对坐标1有

$$L_D\frac{di_D}{dt}-L_{sr}\sin\theta\frac{di_\alpha}{dt}-i_\alpha L_{sr}\cos\theta\frac{d\theta}{dt}+L_{sr}\cos\theta\frac{di_\beta}{dt}-i_\beta L_{sr}\sin\theta\frac{d\theta}{dt}+R_s i_D=u_D$$

对坐标2有

$$L_Q\frac{di_Q}{dt}+L_{sr}\cos\theta\frac{di_\alpha}{dt}-i_\alpha L_{sr}\sin\theta\frac{d\theta}{dt}+L_{sr}\sin\theta\frac{di_\beta}{dt}+i_\beta L_{sr}\cos\theta\frac{d\theta}{dt}+R_s i_Q=u_Q$$

对坐标 3 有

$$0=(L_{s0}+L_{s2}\cos2\theta)\frac{\mathrm{d}i_\alpha}{\mathrm{d}t}-2L_{s2}i_\alpha\sin2\theta\frac{\mathrm{d}\theta}{\mathrm{d}t}+L_{sr}\cos\theta\frac{\mathrm{d}i_Q}{\mathrm{d}t}-i_QL_{sr}\sin\theta\frac{\mathrm{d}\theta}{\mathrm{d}t}-$$
$$L_{sr}\sin\theta\frac{\mathrm{d}i_D}{\mathrm{d}t}-i_DL_{sr}\cos\theta\frac{\mathrm{d}\theta}{\mathrm{d}t}+R_ri_\alpha$$

对坐标 4 有

$$0=(L_{s0}-L_{s2}\cos2\theta)\frac{\mathrm{d}i_\beta}{\mathrm{d}t}+L_{s2}i_\beta\sin2\theta\frac{\mathrm{d}\theta}{\mathrm{d}t}+L_{sr}\cos\theta\frac{\mathrm{d}i_D}{\mathrm{d}t}-i_DL_{sr}\sin\theta\frac{\mathrm{d}\theta}{\mathrm{d}t}+$$
$$L_{sr}\sin\theta\frac{\mathrm{d}i_Q}{\mathrm{d}t}+i_QL_{sr}\cos\theta\frac{\mathrm{d}\theta}{\mathrm{d}t}+R_ri_\beta$$

对坐标 5 有

$$-T_L=J\frac{\mathrm{d}\omega}{\mathrm{d}t}+L_{s2}(i_\alpha^2-i_\beta^2)\sin2\theta+L_{sr}\cos\theta(i_Di_\alpha-i_Qi_\beta)+L_{sr}\sin\theta(i_Di_\beta+i_Qi_\alpha)+R_\omega\omega$$

上述 5 个方程构成该四绕组电机系统的运动方程。

4.5 小　　结

本章通过机电类比找出机械元件与电气元件的关系，并通过对机电装置的能量求导得到机械系统和电气系统的运动方程；推导得到了机电系统的拉格朗日方程与汉密尔顿运动方程，并在两个例子上进行了拉格朗日方程的应用分析。

习题与思考题 4

4.1　画出如图 4.10 所示机械系统的模拟电路。

4.2　图 4.11 所示为两极电动机，电动机磁路为线性的，转子上有 1 个绕组 c，电感为L_r，电阻为 R_r，定子上有两个正交绕组 a 与 b，电感 $L_a=L_b=L_s$，电阻$R_a=R_b=R_s$，定、转子互感是绕组 a、c 轴线的角位移 θ 的函数，$L_{ac}=L_{ca}=M\cos\theta$，$L_{bc}=L_{cb}=M\sin\theta$；若 c 绕组电流 i_c为直流。采用拉格朗日方程列写出该电动机的运动方程。

4.3　如图 4.12 所示是一个单边激励的机电装置，假设铁心的磁导率为无穷大；绕组匝数为 N，绕组电阻为 R，动铁的质量为 m，考虑重力作用。请利用拉格朗日函数列写系统的运动方程。

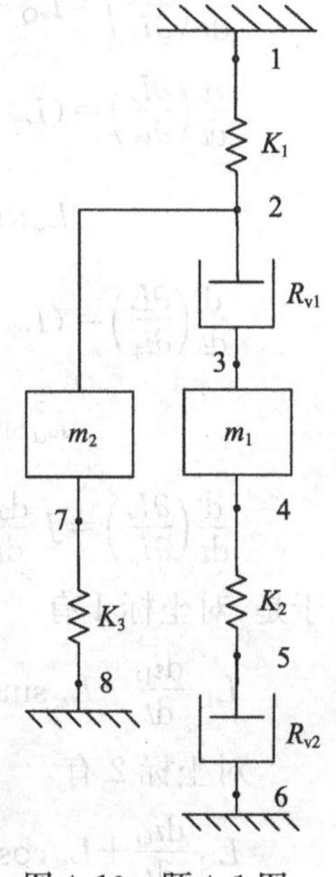

图 4.10　题 4.1 图

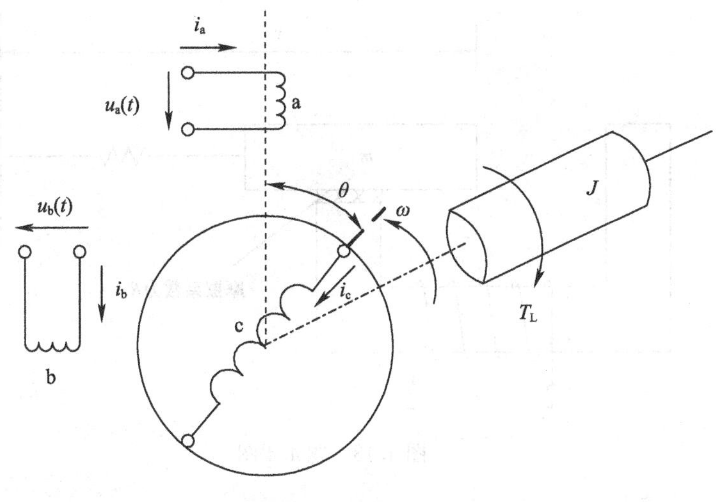

图 4.11　题 4.2 图

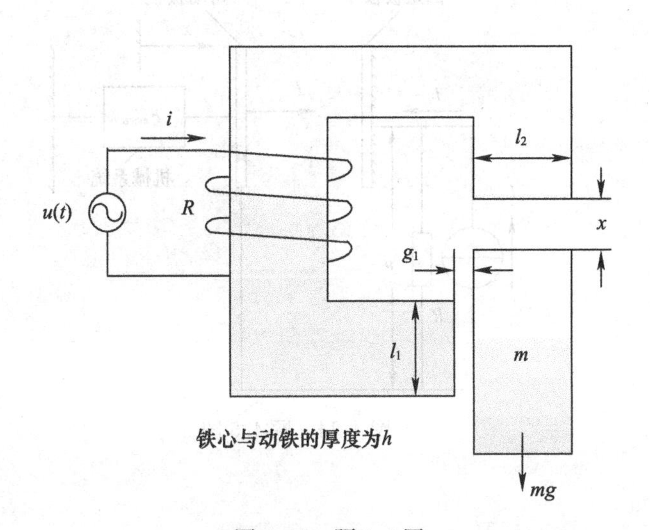

图 4.12　题 4.3 图

4.4　如图 4.13 所示为一个单边激励的机电装置，假设铁心的磁导率为无穷大；绕组电阻为 R，绕组的电感 $L(x)=A/(B-x)$；$x=l_0$ 是弹簧未受力时的位置；弹簧的弹性系数为 K，滑块（动铁）质量为 m，滑块与底部的摩擦系数为 R_v。请利用拉格朗日函数列写系统的运动方程。

4.5　图 4.14 为一电场式机电装置示意图，平板电容的极板面积 $S=120\text{cm}^2$，恒流源 $I=20\text{A}$，$R=300\Omega$。(1)求两极板之间间距 $d=6\text{mm}$ 时动极板的受力（介电常数 $\varepsilon_0=8.85\times10^{-12}\text{F/m}$）。(2)在机械系统中有一质量块 m，摩擦系数为 R_v，试用拉格朗日方程列写系统的运动方程。

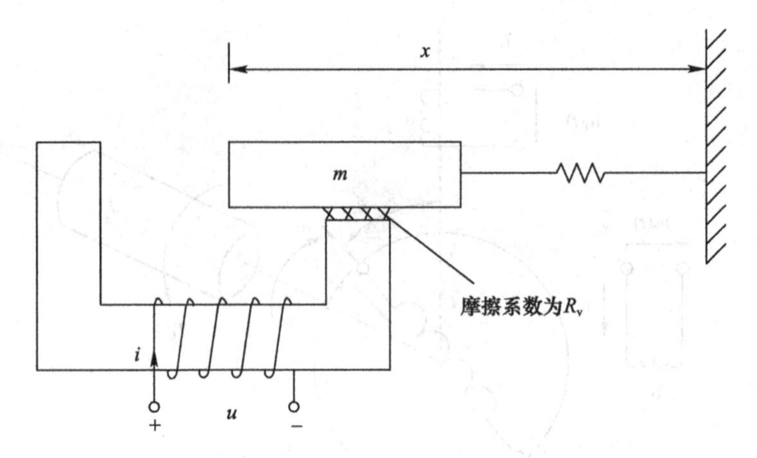

图 4.13　题 4.4 图

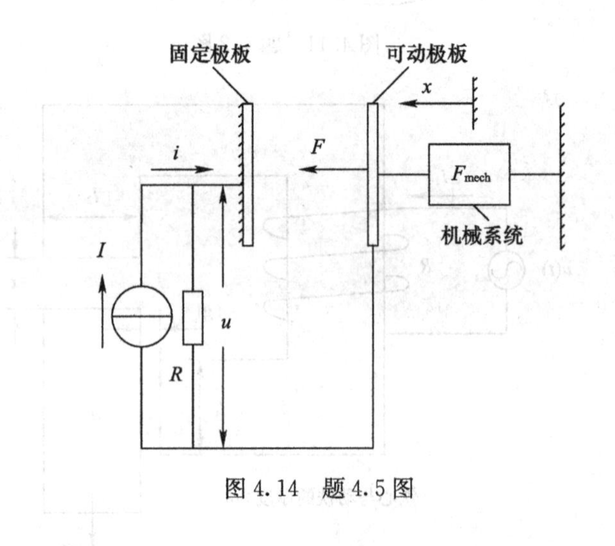

图 4.14　题 4.5 图

4.4　如图 4.13 所示为一个电磁铁，假设铁心的磁导率为无穷大，线圈电阻为 R，线圈的电感 $L(x)=A/(B-x)$；$x=A$ 是弹簧未受力时的位置，弹簧的弹性系数为 K，滑块(动铁)质量为 m，滑块与底部的摩擦系数为 R_v。请利用拉格朗日函数列写系统的运动方程。

4.5　图 4.14 为一电容式机电装置示意图，平板电容的极板面积 $S=120\text{cm}^2$，恒流源 $I=20\text{A}$，$R=300\Omega$。(1)求两极板之间间距 $d=6\text{mm}$ 时动极板的受力(介电常数 $\varepsilon_0=8.85\times10^{-12}\text{F/m}$)。(2)在机械系统中有一质量块 m，摩擦系数为 R_v，试用拉格朗日方程列写系统的运动方程。

第5章 坐标变换与原型电机

前一章讨论了机电能量转换装置的运动方程建立方法，当建立好运动方程后，还需要对运动方程进行分析求解，得到相关物理量的解析表达式。本章讨论机电装置运动方程的求解方法，在此其中引入重要的坐标变换的概念，并在坐标变换理论的基础上，介绍电机统一理论中的原型电机。

5.1 机电能量转换装置的运动方程分类

1. 线性定常系统运动方程

第一种运动方程可以写成常系数微分方程组的形式，即线性定常系统运动方程。它们有经典的求解方法，其中一种是转化为状态方程进行求解。

在第4章中，例4.2的结果可以用状态方程的形式表示，即

$$\dot{\boldsymbol{x}}(t)=\boldsymbol{A}\boldsymbol{x}(t)+\boldsymbol{B}\boldsymbol{u}(t) \tag{5.1}$$

式中

$$\boldsymbol{x}(t)=\begin{bmatrix}\dot{x}_2 & x_2 & \dot{x}_4 & x_4\end{bmatrix}^{\mathrm{T}};\boldsymbol{u}(t)=\begin{bmatrix}F_1(t) & 0 & 0 & 0\end{bmatrix}^{\mathrm{T}} \tag{5.2}$$

$$\boldsymbol{A}=\begin{bmatrix}-R_{v1}/m_1 & -(K_1+K_2)/m_1 & 0 & K_2/m_1\\ 1 & 0 & 0 & 0\\ 0 & K_2/m_2 & -R_{v2}/m_2 & -K_2/m_2\\ 0 & 0 & 1 & 0\end{bmatrix} \tag{5.3}$$

$$\boldsymbol{B}=\begin{bmatrix}1/m_1 & 0 & 0 & 0\\ 0 & 0 & 0 & 0\\ 0 & 0 & 0 & 0\\ 0 & 0 & 0 & 0\end{bmatrix} \tag{5.4}$$

因为系数矩阵 $\boldsymbol{A}$ 中的每个元素都是常数，该状态方程可以通过成熟的解法来进行求解，得

$$\boldsymbol{x}(t)=\mathrm{e}^{\boldsymbol{A}(t-t_0)}\boldsymbol{x}_0+\int_{t_0}^{t}\mathrm{e}^{\boldsymbol{A}(t-\tau)}\boldsymbol{B}\boldsymbol{u}(\tau)\mathrm{d}\tau \tag{5.5}$$

上式的第一项与系统初始状态相关，第二项由外部激励引起。通常定义状态转移矩阵为

$$\boldsymbol{\Phi}(t-t_0)=\mathrm{e}^{\boldsymbol{A}(t-t_0)} \tag{5.6}$$

则式(5.5)可以写成

$$x(t)=\boldsymbol{\Phi}(t-t_0)x_0+\int_{t_0}^{t}\boldsymbol{\Phi}(t-\tau)\boldsymbol{B}u(\tau)\mathrm{d}\tau \tag{5.7}$$

要进一步得到式(5.7)的解析形式，状态转移矩阵的计算至关重要。对于线性定常系统，状态转移矩阵的计算方法常用的有级数展开法、拉普拉斯反变换法及相似变换计算法等。

【例5.1】 例4.2中，设质量块m_1和m_2为1kg，弹性系数K_1和K_2为10^3N/m，阻力系数R_{v1}和R_{v2}均为2N·s/m，当0时刻加外力$F_1=200$N，求质量块m_1的运动速度表达式。

【解】 将题目给出的数据代入式(5.3)和式(5.4)，得

$$\boldsymbol{A}=\begin{bmatrix}-2 & -2\times10^3 & 0 & 10^3\\ 1 & 0 & 0 & 0\\ 0 & 10^3 & -2 & -10^3\\ 0 & 0 & 1 & 0\end{bmatrix},\boldsymbol{B}=\begin{bmatrix}1 & 0 & 0 & 0\\ 0 & 0 & 0 & 0\\ 0 & 0 & 0 & 0\\ 0 & 0 & 0 & 0\end{bmatrix} \tag{5.8}$$

首先，求取特征值，即下列方程的根

$$|\lambda\boldsymbol{I}-\boldsymbol{A}|=\begin{vmatrix}\lambda+2 & 2\times10^3 & 0 & -10^3\\ -1 & \lambda & 0 & 0\\ 0 & -10^3 & \lambda+2 & 10^3\\ 0 & 0 & -1 & \lambda\end{vmatrix}=0 \tag{5.9}$$

上式可以变成

$$(\lambda+2)^2\lambda^2+3\times10^3(\lambda+2)\lambda+10^6=0 \tag{5.10}$$

解得特征值后，构成对角阵

$$\boldsymbol{\Lambda}=\begin{bmatrix}-1+\mathrm{j}51.1570 & 0 & 0 & 0\\ 0 & -1-\mathrm{j}51.1570 & 0 & 0\\ 0 & 0 & -1+\mathrm{j}19.5184 & 0\\ 0 & 0 & 0 & -1+\mathrm{j}19.5184\end{bmatrix} \tag{5.11}$$

变换矩阵为

$$\boldsymbol{P}=\begin{bmatrix}-0.8505 & -0.8505 & -0.5250 & -0.5250\\ 0.0003+\mathrm{j}0.0166 & 0.0003-\mathrm{j}0.0166 & 0.0014+\mathrm{j}0.0268 & 0.0014-\mathrm{j}0.0268\\ 0.5256 & 0.5256 & -0.8495 & -0.8495\\ -0.0002-\mathrm{j}0.0103 & -0.0002+\mathrm{j}0.0103 & 0.0022+\mathrm{j}0.0434 & 0.0022-\mathrm{j}0.0434\end{bmatrix} \tag{5.12}$$

变换矩阵的逆矩阵为

$$\boldsymbol{P}^{-1}=\begin{bmatrix}-0.4254-\mathrm{j}0.0083 & -\mathrm{j}21.7708 & 0.2629+\mathrm{j}0.0051 & \mathrm{j}13.4551\\ -0.4254+\mathrm{j}0.0083 & \mathrm{j}21.7708 & 0.2629-\mathrm{j}0.0051 & -\mathrm{j}13.4551\\ -0.2632-\mathrm{j}0.0135 & -\mathrm{j}5.1509 & -0.4259-\mathrm{j}0.0218 & -\mathrm{j}8.3343\\ -0.2632+\mathrm{j}0.0135 & \mathrm{j}5.1509 & -0.4259+\mathrm{j}0.0218 & \mathrm{j}8.3343\end{bmatrix} \tag{5.13}$$

状态转移矩阵为

$$\boldsymbol{\Phi}(t)=\mathrm{e}^{\boldsymbol{A}t}=\boldsymbol{P}\begin{bmatrix}\mathrm{e}^{(-1+\mathrm{j}51.1570)t} & 0 & 0 & 0\\ 0 & \mathrm{e}^{(-1-\mathrm{j}51.1570)t} & 0 & 0\\ 0 & 0 & \mathrm{e}^{(-1+\mathrm{j}19.5184)t} & 0\\ 0 & 0 & 0 & \mathrm{e}^{(-1-\mathrm{j}19.5184)t}\end{bmatrix}\boldsymbol{P}^{-1} \tag{5.14}$$

因为只有外力 F_1 作用，且认为初始状态是平衡状态，即初始状态为零状态，即

$$\boldsymbol{x}(t_0)=[0\quad 0\quad 0\quad 0]^{\mathrm{T}} \tag{5.15}$$

可以利用下式推导得到状态变量的表达式。

$$\boldsymbol{x}(t)=-\boldsymbol{A}^{-1}\boldsymbol{B}\boldsymbol{u}+\boldsymbol{A}^{-1}\boldsymbol{\Phi}(t)\boldsymbol{B}\boldsymbol{u} \tag{5.16}$$

此处，以第一个状态变量（质量块 m_1 的速度）为例，可以推导出其表达式为

$$\begin{aligned}\dot{x}_1(t)&=\phi_{21}\cdot 200\\ &=0.004064\cdot \mathrm{e}^{-t}\cos(51.1570t)+2.825652\cdot \mathrm{e}^{-t}\sin(51.1570t)-\\ &\quad 0.002672\cdot \mathrm{e}^{-t}\cos(19.5184t)+2.829064\cdot \mathrm{e}^{-t}\sin(19.5184t)\end{aligned} \tag{5.17}$$

式中，ϕ_{21} 是状态转移矩阵的第 2 行第 1 列的元素。根据上述解析表达式画出质量块 m_1 的速度随时间变化曲线如图 5.1 所示。

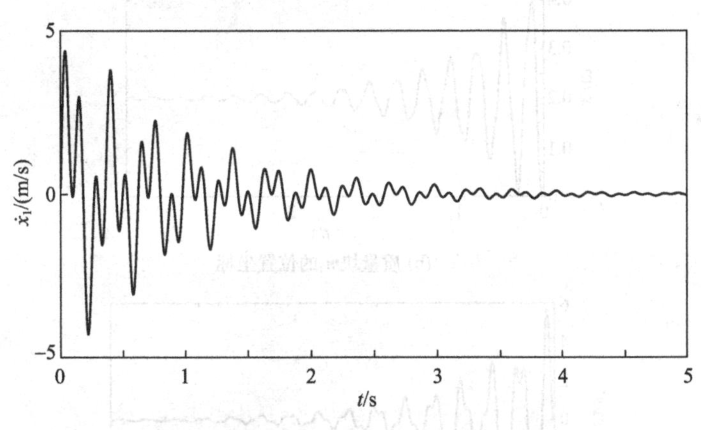

图 5.1　质量块 m_1 的速度随时间的变化曲线

采用类似方法可以得到其他 3 个状态变量的解析表达式，这里就不再展开。从质量块 m_1 的表达式(5.17)的推导过程可以看出，例中不算复杂的这样一个系统，采用现代控制理论方法得到其解析表达式的推导过程已经比较烦琐，对更为复杂的系统，推导工作量将会变得十分繁重。

随着计算机技术的发展，现在可以借助计算机数值计算的方法来得到变量的运动规律。借助 MATLAB 软件的 ode45 解算器可以方便地得出对应变量随时间

变化的曲线。

例 4.2 系统的状态方程可定义为一个函数，如下：

```
function dydt1= vdp1(t,y)
dydt1= [- 2*y(1)- 2000*y(2)+ 1000*y(4)+ 200;y(1); 1000*y(2)- 2*y(3)- 1000
      *y(4);y(3)];
```

而后应用 ode45 解算器，即

```
[t,y]= ode45(@ vdp1,[0 5],[0; 0; 0; 0]);
```

就可以得到 0～5s 内的状态变量变化曲线，如图 5.2 所示，因为得到的质量块 m_1 的速度曲线与图 5.1 一致，图 5.2 中不再给出。

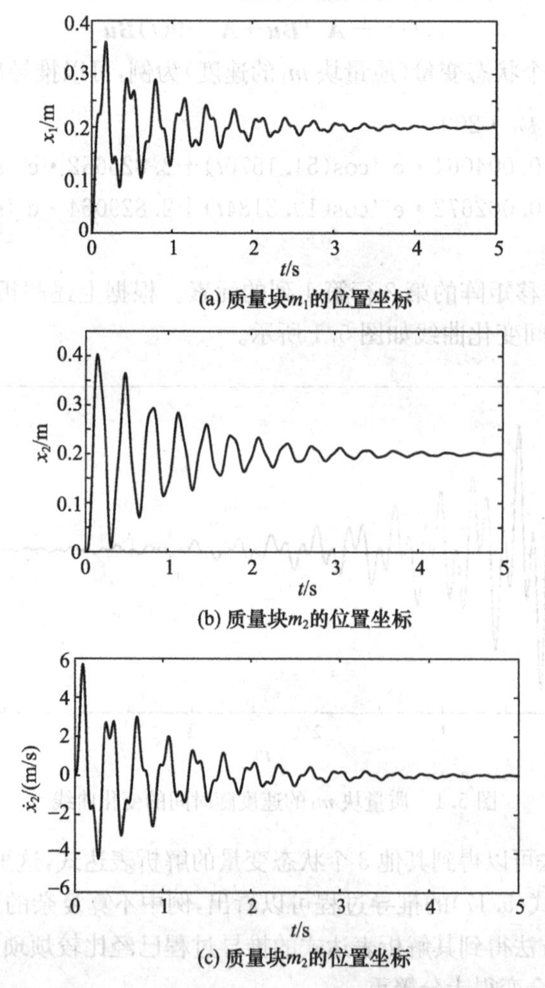

(a) 质量块m_1的位置坐标

(b) 质量块m_2的位置坐标

(c) 质量块m_2的位置坐标

图 5.2 采用 ode45 解算器得到的状态变量随时间变化的曲线

当然，要得到该系统中质量块 m_1、m_2 的速度和位置坐标随时间的变化规律，还可以采用第4章中的模拟电路方法，先得到模拟电路，再用电路仿真软件求解电路的电流响应，然后通过积分得到坐标。本例对应的电路模型如图5.3所示。需要注意的是，电路仿真时实际上也采用数值计算方法，若采用ode45解算器，则电路仿真出来的结果与上面方法完全一致。

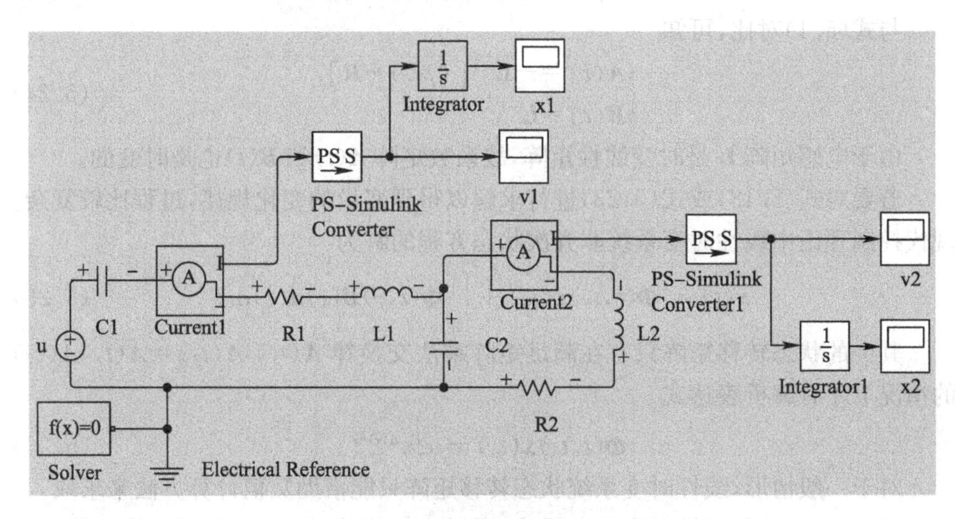

图5.3　机械系统模拟电路的仿真模型

2. 线性时变系统运动方程

这里以例4.3建立的电压方程为例，引入微分算子 $p=\dfrac{\mathrm{d}}{\mathrm{d}t}$，将结果整理为

$$\boldsymbol{u}=p\boldsymbol{\Psi}+\boldsymbol{R}\boldsymbol{i} \tag{5.18}$$

式中

$$\boldsymbol{u}=[u_{\mathrm{D}} \quad u_{\mathrm{Q}} \quad u_{\alpha} \quad u_{\beta}]^{\mathrm{T}},\boldsymbol{i}=[i_{\mathrm{D}} \quad i_{\mathrm{Q}} \quad i_{\alpha} \quad i_{\beta}]^{\mathrm{T}},\boldsymbol{\Psi}=[\Psi_{\mathrm{D}} \quad \Psi_{\mathrm{Q}} \quad \Psi_{\alpha} \quad \Psi_{\beta}]^{\mathrm{T}}$$

$$\boldsymbol{R}=\mathrm{diag}(R_{\mathrm{D}},R_{\mathrm{Q}},R_{\alpha},R_{\beta}) \tag{5.19}$$

磁链可以表示为

$$\boldsymbol{\Psi}=\boldsymbol{L}\boldsymbol{i} \tag{5.20}$$

电感矩阵为

$$\boldsymbol{L}=\begin{bmatrix} L_{\mathrm{D}} & 0 & -L_{\mathrm{sr}}\sin\theta & L_{\mathrm{sr}}\cos\theta \\ 0 & L_{\mathrm{Q}} & L_{\mathrm{sr}}\cos\theta & L_{\mathrm{sr}}\sin\theta \\ -L_{\mathrm{sr}}\sin\theta & L_{\mathrm{sr}}\cos\theta & L_{\mathrm{s0}}+L_{\mathrm{s2}}\cos2\theta & 0 \\ L_{\mathrm{sr}}\cos\theta & L_{\mathrm{sr}}\sin\theta & 0 & L_{\mathrm{s0}}-L_{\mathrm{s2}}\cos2\theta \end{bmatrix} \tag{5.21}$$

当电机以角速度 ω 稳定运行时，$\theta=\omega t+\theta_0$，电感矩阵中的多个元素都是时变的。

下面把该四绕组电机的电压方程改写成状态方程的形式。首先，将式(5.20)

代入式(5.18),得

$$\boldsymbol{u}=p(\boldsymbol{L}\boldsymbol{i})+\boldsymbol{R}\boldsymbol{i}=\boldsymbol{L}p\boldsymbol{i}+(p\boldsymbol{L})\boldsymbol{i}+\boldsymbol{R}\boldsymbol{i} \tag{5.22}$$

选取电流 $\boldsymbol{i}$ 作为状态变量,将式(5.22)写成

$$p\boldsymbol{i}=-\boldsymbol{L}^{-1}[(p\boldsymbol{L})+\boldsymbol{R}]\boldsymbol{i}+\boldsymbol{L}^{-1}\boldsymbol{u}=\boldsymbol{A}(t)\boldsymbol{i}+\boldsymbol{B}(t)\boldsymbol{u} \tag{5.23}$$

与式(5.1)对比,可知

$$\begin{cases}\boldsymbol{A}(t)=-\boldsymbol{L}^{-1}[(p\boldsymbol{L})+\boldsymbol{R}]\\ \boldsymbol{B}(t)=\boldsymbol{L}^{-1}\end{cases} \tag{5.24}$$

由于电感矩阵 $\boldsymbol{L}$ 是时变线性矩阵,故系数矩阵 $\boldsymbol{A}(t)$ 和 $\boldsymbol{B}(t)$ 也是时变的。

若要对式(5.18)或式(5.23)进行求解以得到变量的变化规律,过程比较复杂。现代控制理论中线性时变系统非齐次状态方程的解为

$$\boldsymbol{x}(t)=\boldsymbol{\Phi}(t,t_0)\boldsymbol{x}(t_0)+\int_{t_0}^{t}\boldsymbol{\Phi}(t,\tau)\boldsymbol{B}(\tau)\boldsymbol{u}(\tau)\mathrm{d}\tau \tag{5.25}$$

其中的状态转移矩阵只有在满足矩阵乘法交换律 $\boldsymbol{A}(t_1)\ \boldsymbol{A}(t_2)=\boldsymbol{A}(t_2)\boldsymbol{A}(t_1)$ 的情况下才有解析表达式

$$\boldsymbol{\Phi}(t,t_0)\boldsymbol{x}(t_0)=\mathrm{e}^{\int_{t_0}^{t}\boldsymbol{A}(\tau)\mathrm{d}\tau} \tag{5.26}$$

对于一般情形,线性时变系统状态转移矩阵只能借助数值计算方法来求取。

然而,对于一些线性时变机电系统,通过坐标变换的方法,有可能将线性时变系统运动方程变换成线性定常系统运动方程,在系统模型得到简化的同时,还可以通过解析途径进行求解。

3. 非线性时变系统运动方程

实际的电机,考虑到铁心饱和的因素,电感矩阵既是位置(或时间)的函数,也是电流的函数,所以都应属于非线性系统,建立的运动方程是非线性时变系统的运动方程。针对这类运动方程,可以采用局部线性化的近似方法,将非线性时变运动方程转变为线性时变运动方程,再进行分析求解。

就算不考虑饱和情况,一般的电机系统要得到其解析表达式仍然十分烦琐,电机建模之后需要采用计算机数值计算等方法得到其物理量的变化规律。

对许多电机而言,通过坐标变换可以简化系统的运动方程,而且可以针对变换后的电机运动方程研究性能更好的控制策略,下面将讨论坐标变换的物理实质和常用的几种坐标变换。

5.2 三相电机的气隙磁通势

与第 3 章中分析隐极电机、凸极电机一致,通常假设定子绕组或转子绕组的磁通势在气隙中呈正弦分布。对于传统的三相电机,以一对极结构为例,若其中 A

相绕组通入正向电流，将会在气隙磁场中形成磁通势，根据右手定则，磁通势方向如图 5.4 所示。需要注意的是，磁通势在相应气隙方向取其幅值 $F_{A\delta m}$。

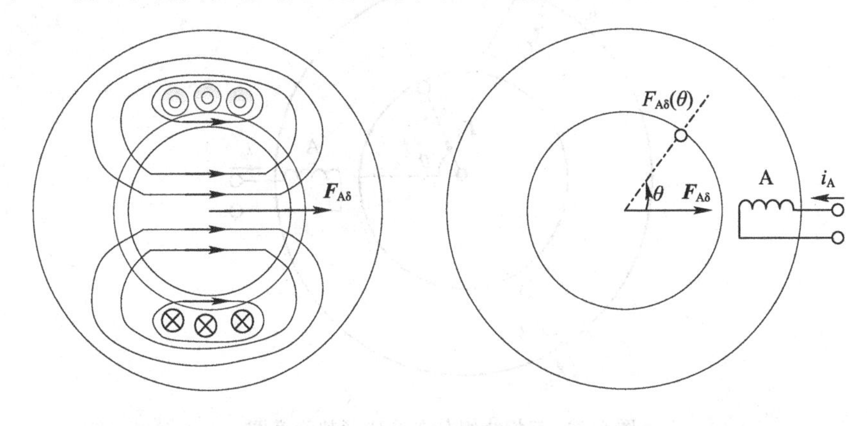

(a) 磁力线及磁通势方向　　(b) 相绕组轴线与相磁通势的相对位置

图 5.4　单相绕组产生的磁通势

将图 5.4 中的 A 相绕组轴线所在位置定义为 $\theta=0°$，则在气隙的任一 θ 位置，由 A 相电流产生的气隙磁通势表达式为

$$F_{A\delta}(\theta)=F_{A\delta m}\cos(n_p\theta) \tag{5.27}$$

式中，n_p是极对数。若在一对极下各相绕组串联匝数为 $2N$，绕组系数为 k_w，磁通势幅值与 A 相电流 i_A的关系可以写成

$$F_{A\delta m}=k_w N i_A \tag{5.28}$$

若 A 相绕组通入正弦交流电，设正弦交流电的角频率为 ω，幅值为 I_m，则气隙中 θ 位置的磁通势将随时间变化，是一个脉振磁通势，即它的幅值随时间变化，位置不变，表达式为

$$F_{A\delta}(\theta)=k_w N\cdot I_m\sin(\omega t)\cos(n_p\theta) \tag{5.29}$$

图 5.4(b)中 $\boldsymbol{F}_{A\delta}$可看成一个矢量，它可以直观地表示某个时刻 A 相电流产生的磁通势，其方向不变，大小由式(5.29)确定，当取值为负时，矢量方向变成反向(图 5.4(b)中，变成水平向左)。

当一般电机的多个绕组同时通电时，在气隙中的磁通势相互叠加，叠加的结果还是一个在气隙中按正弦规律分布的磁通势。以逆时针旋转的三相电机为例，三相绕组轴线互差 120°(电角度)，如图 5.5 所示，从转子上看，B 相绕组轴线滞后于 A 相绕组轴线 120°。在空间上，B 相绕组轴线是超前 A 相绕组轴线 120°的。

根据叠加原理，在气隙 θ 位置，由三相电流产生的气隙磁通势表达式为

$$F_{\delta}(\theta)=k_w N\cdot\left[i_a\cos(n_p\theta)+i_b\cos\left(n_p\theta-\frac{2\pi}{3}\right)+i_c\cos\left(n_p\theta+\frac{2\pi}{3}\right)\right] \tag{5.30}$$

当三相绕组中通入的是对称三相交流电时，气隙磁通势为

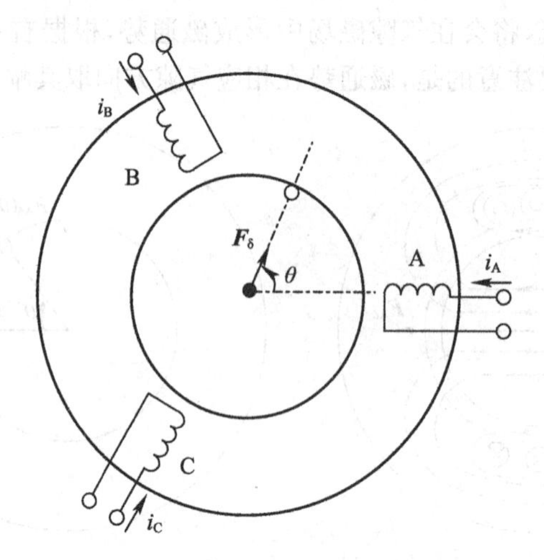

图 5.5　三相绕组分布及磁通势示意图

$$F_\delta(\theta)=k_w N\cdot I_m\left[\sin(\omega t)\cos(n_p\theta)+\sin\left(\omega t-\frac{2\pi}{3}\right)\cos\left(n_p\theta-\frac{2\pi}{3}\right)+\sin\left(\omega t+\frac{2\pi}{3}\right)\cos\left(n_p\theta+\frac{2\pi}{3}\right)\right]$$

$$=\frac{3}{2}k_w N\cdot I_m\sin(\omega t-n_p\theta)$$

$$=F_{\delta m}\sin(\omega t-n_p\theta) \tag{5.31}$$

可得到磁通势取到最大值的气隙位置角以电角度表示，应满足

$$\theta_e=n_p\theta=\omega t-\frac{\pi}{2}\pm 2k\pi,\quad k\text{ 为非负整数} \tag{5.32}$$

于是，可以知道在三相对称电流作用下的气隙磁通势幅值为单相电流作用下的气隙磁通势幅值的 3/2 倍，且最大磁通势所在位置是以机械角速度 ω/n_p 进行旋转的，也可理解为最大磁通势所在位置以电角速度 ω 进行旋转。这样，可以将三相电流产生的气隙磁通势矢量画在其幅值最大位置，即式(5.32)得到的 θ_e 处，矢量长度为 $F_{\delta m}$。

对于三相电流产生的气隙磁通势，还可以采用 3 个相的磁通势矢量进行矢量和来获得。为了方便表示，以一对极结构进行分析，并引入复平面坐标系，把 A 相绕组轴线所在位置定义为实轴，虚轴超前 90°(电角度)。这样一来，三相磁通势矢量分别表示为

$$\begin{cases}\boldsymbol{F}_{A\delta}=F_{A\delta m}\\ \boldsymbol{F}_{B\delta}=F_{B\delta m}\cdot e^{j(2\pi/3)}=F_{B\delta m}\cdot\alpha\\ \boldsymbol{F}_{C\delta}=F_{C\delta m}\cdot e^{j(-2\pi/3)}=F_{C\delta m}\cdot\alpha^2\end{cases} \tag{5.33}$$

式中，$\alpha=e^{j(2\pi/3)}$ 为复数算子。将三相对称电流表达式代入式(5.29)中，可以得到

三相电流产生的合成磁通势矢量为

$$\begin{aligned}\boldsymbol{F}_{\delta} &= k_{\mathrm{w}}N\cdot I_{\mathrm{m}}\sin(\omega t)+k_{\mathrm{w}}N\cdot I_{\mathrm{m}}\sin\left(\omega t-\frac{2\pi}{3}\right)\cdot\alpha+k_{\mathrm{w}}N\cdot I_{\mathrm{m}}\sin\left(\omega t+\frac{2\pi}{3}\right)\cdot\alpha^{2}\\ &=\frac{3}{2}k_{\mathrm{w}}N\cdot I_{\mathrm{m}}[\sin(\omega t)-\mathrm{j}\cos(\omega t)]=\frac{3}{2}k_{\mathrm{w}}N\cdot I_{\mathrm{m}}\mathrm{e}^{\mathrm{j}\left(\omega t-\frac{\pi}{2}\right)}\end{aligned}\tag{5.34}$$

式(5.34)所代表的气隙磁通势与式(5.31)是完全一致的，都说明磁通势矢量随时间发生变化。

假设有一个初始电角度为$-\pi/2$、以角速度ω逆时针旋转的虚拟绕组，若该虚拟绕组通入电流后产生的气隙磁通势幅值为$\frac{3}{2}k_{\mathrm{w}}N\cdot I_{\mathrm{m}}$，则该虚拟绕组产生的气隙磁通势将与原三相绕组完全等效。为方便起见，虚拟绕组的绕组系数与原三相绕组一致，设其匝数为$2N_{\mathrm{v}}$，则通入电流i_{v}必须满足

$$N_{\mathrm{v}}\cdot i_{\mathrm{v}}=\frac{3}{2}N\cdot I_{\mathrm{m}}\tag{5.35}$$

从式(5.35)可知，在三相绕组电流为三相对称电流时，对应的虚拟绕组上通入的电流应是直流。若希望虚拟绕组电流幅值与三相电流幅值相等，则虚拟绕组匝数需要满足

$$N_{\mathrm{v}}=\frac{3}{2}N\tag{5.36}$$

当三相电流不是按对称正弦规律变化时，只要知道某一时刻三相电流的大小，就可以通过矢量和求出合成磁通势为

$$\begin{aligned}\boldsymbol{F}_{\delta} &= \boldsymbol{F}_{\mathrm{A}\delta}+\boldsymbol{F}_{\mathrm{B}\delta}+\boldsymbol{F}_{\mathrm{C}\delta}=F_{\mathrm{A}\delta\mathrm{m}}+F_{\mathrm{B}\delta\mathrm{m}}\cdot\alpha+F_{\mathrm{C}\delta\mathrm{m}}\cdot\alpha^{2}\\ &=k_{\mathrm{w}}N(i_{\mathrm{a}}+i_{\mathrm{b}}\cdot\alpha+i_{\mathrm{c}}\cdot\alpha^{2})\\ &=k_{\mathrm{w}}N(\boldsymbol{i}_{\mathrm{a}}+\boldsymbol{i}_{\mathrm{b}}+\boldsymbol{i}_{\mathrm{c}})\end{aligned}\tag{5.37}$$

式(5.37)的括号中是三相电流矢量和，意味着电流矢量和与合成磁通势矢量在许多时候为只差一个系数的关系。

5.3　综 合 矢 量

在电机系统中，坐标变换从物理意义上可以认为是用新坐标系下的虚拟绕组取代原有坐标系下的绕组，变换前后绕组对电机产生的磁作用是完全一致的，也就是说，坐标变换不是随意的，需要遵循一定的原则。

在电机中，定、转子磁通势相互作用，以及磁通势与铁心之间的作用力是产生电机电磁转矩的根本原因，坐标变换可以理解为用变换之后的新绕组取代电机的原有绕组，但是要保证变换前后的磁通势要完全一样，即磁通势的大小与方向都要一样。上一节的最后，还得到电流矢量叠加与磁通势矢量叠加等效的结论。为了

讨论坐标变换的物理概念，此处以电流为例进行说明。

下面引入综合矢量概念，把 3 个相电流的瞬时值作为幅值画在各自的轴线上，瞬时值为正时，矢量方向与轴线正方向相同；瞬时值为负时，矢量方向与对应轴线正方向相反。将此 3 个矢量进行矢量和，再取矢量和的 2/3，就得到综合矢量，其表达式为

$$\boldsymbol{i}=\frac{2}{3}(\boldsymbol{i}_{\mathrm{a}}+\boldsymbol{i}_{\mathrm{b}}+\boldsymbol{i}_{\mathrm{c}})=\frac{2}{3}(i_{\mathrm{a}}+i_{\mathrm{b}}\cdot\alpha+i_{\mathrm{c}}\cdot\alpha^{2})=i\cdot\mathrm{e}^{\mathrm{j}\gamma} \tag{5.38}$$

式(5.38)中系数取 2/3，可以理解成：在综合矢量所在处设置一个虚拟绕组，其匝数满足式(5.36)，要维持虚拟绕组产生的磁通势和原三相绕组产生的磁通势一致，则可由式(5.37)推导得到式(5.38)。若三相绕组通入对称正弦电流，应用式(5.38)，可得对应的综合矢量幅值与三相电流幅值相等。在实际应用中，还可以利用综合矢量在坐标轴上的投影得到对应坐标轴上的绕组电流。图 5.6 是某时刻由三相电流值得到综合矢量的示意图。

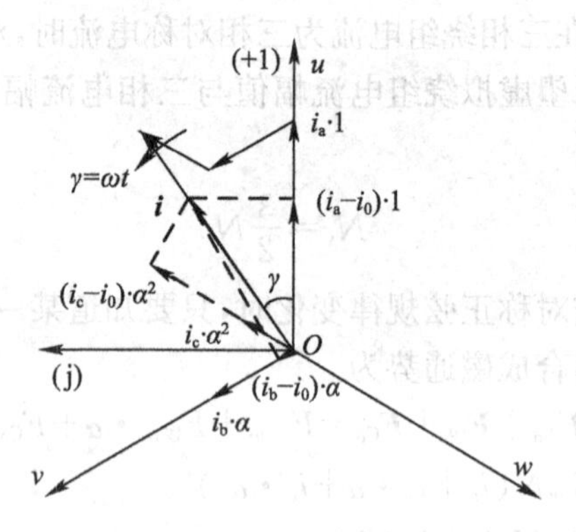

图 5.6　综合矢量示意图

下面进一步分析三相绕组产生综合矢量的性质。综合矢量的实部与虚部分别为

$$\begin{cases}\mathrm{Re}(\boldsymbol{i})=\dfrac{1}{3}(2i_{\mathrm{a}}-i_{\mathrm{b}}-i_{\mathrm{c}})\\[2ex]\mathrm{Im}(\boldsymbol{i})=\mathrm{j}\,\dfrac{\sqrt{3}}{3}(i_{\mathrm{b}}-i_{\mathrm{c}})\end{cases} \tag{5.39}$$

综合矢量的长度为

$$|\boldsymbol{i}|=i=\sqrt{\left[\frac{1}{3}(2i_{\mathrm{a}}-i_{\mathrm{b}}-i_{\mathrm{c}})\right]^{2}+\left[\frac{\sqrt{3}}{3}(i_{\mathrm{b}}-i_{\mathrm{c}})\right]^{2}}$$

$$=\sqrt{\frac{2}{3}\left[(i_{\mathrm{a}}^{2}+i_{\mathrm{b}}^{2}+i_{\mathrm{c}}^{2})-3i_{0}^{2}\right]}$$

$$=\sqrt{\frac{2}{3}[(i_a-i_0)^2+(i_b-i_0)^2+(i_c-i_0)^2]}$$

$$=\sqrt{\frac{2}{3}(i_a'^2+i_b'^2+i_c'^2)} \tag{5.40}$$

式中，i_0是零序电流，表达式为

$$i_0=\frac{1}{3}(i_a+i_b+i_c) \tag{5.41}$$

式(5.40)中的 i'_a，i'_b和 i'_c分别表示扣除零序电流后的相电流瞬时值。在式(5.39)中应用式(5.41)，可以得到综合矢量实部的另一种表达形式

$$\mathrm{Re}(\boldsymbol{i})=\frac{1}{3}(2i_a-i_b-i_c)=i_a-i_0=i'_a \tag{5.42}$$

综合矢量如图 5.6 所示，其中 u,v,w 轴为 A,B,C 相的轴线位置，综合矢量超前实轴 γ 角。综合矢量的实部大小就是其在实轴上(A 相轴线)的投影长度，大小刚好是扣除零序电流的 A 相电流瞬时值。若要得到综合矢量在 B 相轴线(v 轴)上的投影长度，可以假想把实轴旋转到 v 轴上，此时，坐标系向前旋转了 $2\pi/3$，综合矢量在假想坐标系下的表达式(5.38)基础上乘以旋转因子 $e^{-j\frac{2\pi}{3}}$，即 α^2。这样，综合矢量在 v 轴的投影可表示为

$$\mathrm{Re}(\boldsymbol{i}\cdot\alpha^2)=\frac{1}{3}(2i_b-i_a-i_c)=i_b-i_0=i'_b \tag{5.43}$$

同理，综合矢量在 w 轴上的投影长度将等于扣除零序电流的 C 相电流瞬时值 i'_c。

有了综合矢量幅值和它在实轴上的投影，即式(5.40)和式(5.42)，容易得到综合矢量的位置，即综合矢量与实轴的夹角 γ 为

$$\gamma=\arccos\left(\frac{i'_a}{i}\right)=\arccos\left(\frac{i'_a}{\sqrt{\frac{2}{3}(i_a'^2+i_b'^2+i_c'^2)}}\right) \tag{5.44}$$

针对图 5.6 的三相电流瞬时值，可以得到各相磁通势及合成磁通势在气隙中的分布波形，如图 5.7 所示。其中，合成磁通势矢量与综合矢量的幅值成正比，合成磁通势峰值对应角度应为 γ，即和综合矢量方向一致。

当综合矢量取为式(5.38)时，从该表达式可以知道，综合矢量由 3 个矢量分量进行矢量叠加得到，每个分量是对应轴线(u,v,w 轴)上的相电流瞬时值的 2/3 倍。由于零序分量合成综合矢量的结果必然为 0，故零序矢量是不参与合成综合矢量的。综合矢量还可以看成是扣除了零序电流后的各相电流瞬时值取 2/3 后进行矢量和而求得的，即

$$\boldsymbol{i}=\frac{2}{3}(i'_a+i'_b\cdot\alpha+i'_c\cdot\alpha^2) \tag{5.45}$$

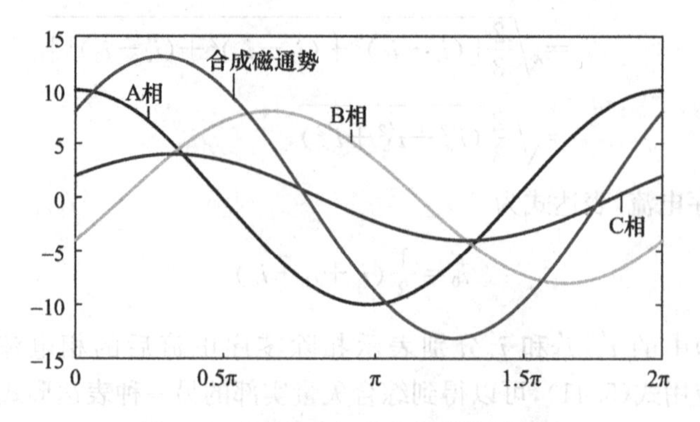

图 5.7　磁通势在气隙中的分布示意图

按式(5.38)定义的综合矢量在各相轴线上的投影恰好等于不含零序分量的物理量瞬时值。当然，对于轴线正交的两相物理量，要得到综合矢量，就不需要系数2/3了。

5.4　电机常用坐标系统

5.4.1　$\alpha\beta0$ 坐标系统

$\alpha\beta0$ 坐标系是一个在空间具有相对固定正交轴线的坐标系统，一般 α 轴与 u 轴重合，β 轴超前 α 轴 90°，该坐标系如图 5.8 所示。综合矢量在该坐标系 α 轴与 β 轴的投影，就是对应的两个轴上的分量。

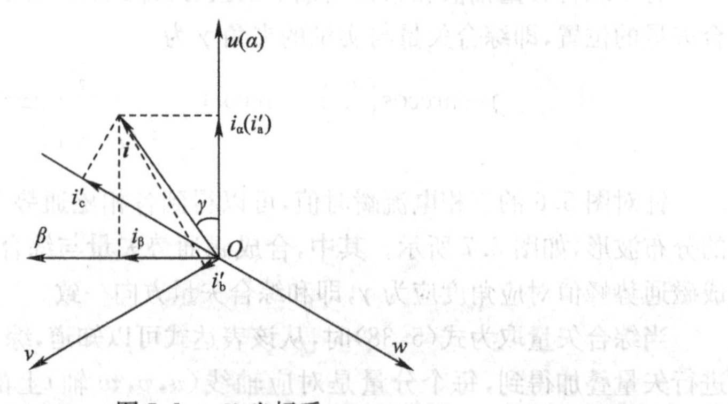

图 5.8　$\alpha\beta0$ 坐标系

若采用综合矢量的复数坐标系，则实部就是 i_α，虚部就是 i_β。这样，它们的表达式与式(5.39)一致。将表达式写成矩阵形式，并补上零序电流(又称零轴电流)项，于是就得到原三相 uvw 坐标系与 $\alpha\beta0$ 坐标系之间物理量的关系为

$$\begin{bmatrix} i_\alpha \\ i_\beta \\ i_0 \end{bmatrix}=\frac{2}{3}\begin{bmatrix} 1 & -\frac{1}{2} & -\frac{1}{2} \\ 0 & \frac{\sqrt{3}}{2} & -\frac{\sqrt{3}}{2} \\ \frac{1}{2} & \frac{1}{2} & \frac{1}{2} \end{bmatrix}\begin{bmatrix} i_a \\ i_b \\ i_c \end{bmatrix} \tag{5.46}$$

因为 α 轴与 u 轴重合，当三相绕组在定子上，u 轴相对静止，因此 α 轴也相对静止。若转子上有三相绕组，对应 u 轴自然会随转子一起旋转，则 $\alpha\beta0$ 坐标系也就相对(定子)旋转了。在满足式(5.46)的情况下，uvw 坐标系下的三相电流 i_a、i_b、i_c 产生的综合矢量与 $\alpha\beta0$ 坐标系下 i_α、i_β、i_0产生的综合矢量是完全相等的。

在实际应用中，由于零序电流不参与产生转矩，往往忽略不计，则表达式就由式(5.46)变成

$$\begin{bmatrix} i_\alpha \\ i_\beta \end{bmatrix}=\frac{2}{3}\begin{bmatrix} 1 & -\frac{1}{2} & -\frac{1}{2} \\ 0 & \frac{\sqrt{3}}{2} & -\frac{\sqrt{3}}{2} \end{bmatrix}\begin{bmatrix} i_a \\ i_b \\ i_c \end{bmatrix} \tag{5.47}$$

式(5.47)是电机分析中常用的 3/2 变换，也称为 Clark 变换。若已知 $\alpha\beta0$ 坐标系下的物理量，也可以得到 uvw 坐标系下的物理量，只要利用综合矢量的一个重要性质即可：综合矢量在某个坐标轴上的投影等于其各个分量在该坐标轴上的投影之和。

由于综合矢量在 α、β 轴上对应的分量为 i_α和 i_β，要得到综合矢量在 u 轴的投影，可以由 i_α和 i_β分别在 u 轴的投影叠加而得。因为 α 轴和 u 轴重合，i_α在 u 轴的投影就是 i_α，而 β 轴和 u 轴正交，i_β在 u 轴的投影等于 0，故

$$i'_a=i_\alpha \tag{5.48}$$

要得到综合矢量在 v 轴的投影，因为 α 轴和 v 轴的夹角为$\frac{2\pi}{3}$，i_α在 u 轴的投影为 $i_\alpha\cdot\cos\left(\frac{2\pi}{3}\right)$；$\beta$ 轴和 v 轴的夹角为 $\pi/6$，i_β在 v 轴的投影等于 $i_\beta\cdot\cos\left(\frac{2\pi}{6}\right)$。这样，得

$$i'_b=-\frac{1}{2}i_\alpha+\frac{\sqrt{3}}{2}i_\beta \tag{5.49}$$

同理，可得

$$i'_c=-\frac{1}{2}i_\alpha-\frac{\sqrt{3}}{2}i_\beta \tag{5.50}$$

若系统中没有零序电流，式(5.48)～式(5.50)中的撇号就可以去掉。在式(5.48)～式(5.50)基础上考虑零序电流，得到以下矩阵形式

$$\begin{bmatrix} i_a \\ i_b \\ i_c \end{bmatrix} = \begin{bmatrix} 1 & 0 & 1 \\ -\frac{1}{2} & \frac{\sqrt{3}}{2} & 1 \\ -\frac{1}{2} & -\frac{\sqrt{3}}{2} & 1 \end{bmatrix} \begin{bmatrix} i_\alpha \\ i_\beta \\ i_0 \end{bmatrix} \tag{5.51}$$

在不含零序电流情况下，式(5.51)可以把 i_0 及变换系数矩阵的第 3 列划掉，变成常用的 2/3 变换。

将式(5.46)所示的从三相 uvw 坐标系到两相 $\alpha\beta$ 坐标系的变换关系矩阵，定义为变换矩阵 $\boldsymbol{C}_{3/2}$，则

$$\boldsymbol{C}_{3/2} = \frac{2}{3} \begin{bmatrix} 1 & -\frac{1}{2} & -\frac{1}{2} \\ 0 & \frac{\sqrt{3}}{2} & -\frac{\sqrt{3}}{2} \\ \frac{1}{2} & \frac{1}{2} & \frac{1}{2} \end{bmatrix} \tag{5.52}$$

从两相 $\alpha\beta$ 坐标系到三相 uvw 坐标系的变换关系矩阵 $\boldsymbol{C}_{2/3}$ 就是式(5.51)右侧的系数矩阵，把电流列矢量 $[i_a \quad i_b \quad i_c]^T$ 用 $\boldsymbol{i}_{3s}$ 表示，$[i_\alpha \quad i_\beta \quad i_0]^T$ 用 $\boldsymbol{i}_{2s}$ 表示，则

$$\boldsymbol{i}_{3s} = \boldsymbol{C}_{2/3} \cdot \boldsymbol{i}_{2s} \tag{5.53}$$

而且两个变换矩阵 $\boldsymbol{C}_{3/2}$ 和 $\boldsymbol{C}_{2/3}$ 互为逆矩阵。需要注意的是，这两个变换矩阵并不互为转置共轭矩阵。

5.4.2 dq0 坐标系统

5.2 节分析了当三相绕组通入对称正弦电流时，将会产生一个旋转的气隙磁通势，其旋转速度以电角度表示就是电流角频率 ω，也就说明此时的综合矢量也以电角速度进行旋转。于是，就可以引入一个正交坐标系，使其旋转速度与综合矢量同步，即电角频率为 ω。这样一来，这个旋转坐标系和综合矢量保持相对静止，综合矢量长度不变时，在该坐标系的两个坐标轴上的投影将各自维持不变，即变为直流量，这对设计三相电机控制系统极为有利，这种坐标系就是 $dq0$ 坐标系。

$dq0$ 坐标系是一个在空间具有相对旋转正交轴线的坐标系统，定义 d 轴超前 u 轴的夹角为 θ(电角度)，并相对 u 轴以电角速度 ω 旋转，q 轴超前 d 轴 90°，该坐标系如图 5.9 所示。

三相 uvw 坐标系下的物理量要变换成 $dq0$ 坐标系下的物理量，可以采用 5.4.1 节中的相同思路。综合矢量在 u 轴上的分量为 $\frac{2i_a}{3}$，此分量在 d 轴的投影为 $\frac{2i_a}{3}\cos\theta$；v 轴上的分量 $\frac{2i_b}{3}$ 在 d 轴的投影为 $\frac{2i_b}{3}\cos\left[\theta-\frac{2\pi}{3}\right]$；$w$ 轴上的分量 $\frac{2i_c}{3}$ 在 d

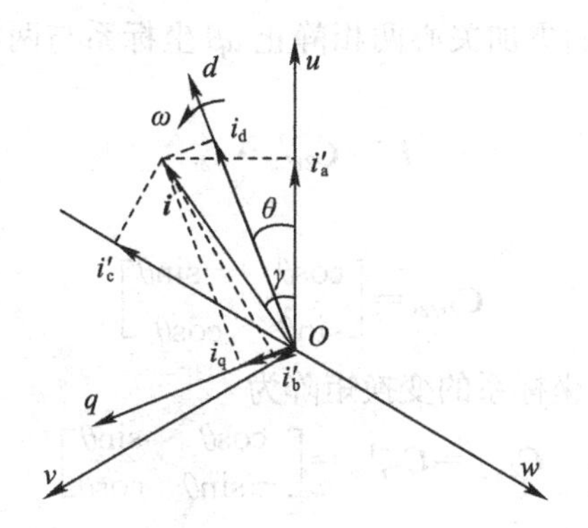

图 5.9　$dq0$ 坐标系

轴上的投影为$\frac{2i_c}{3}\cos\left[\theta+\frac{2\pi}{3}\right]$。于是有

$$i_d=\frac{2}{3}i_a\cos\theta+\frac{2}{3}i_b\cos\left(\theta-\frac{2\pi}{3}\right)+\frac{2}{3}i_c\cos\left(\theta+\frac{2\pi}{3}\right)\tag{5.54}$$

同理，可以得到 i_q。补上零序电流，写成矩阵形式为

$$\begin{bmatrix}i_d\\i_q\\i_0\end{bmatrix}=\frac{2}{3}\begin{bmatrix}\cos\theta & \cos\left(\theta-\frac{2\pi}{3}\right) & \cos\left(\theta+\frac{2\pi}{3}\right)\\-\sin\theta & -\sin\left(\theta-\frac{2\pi}{3}\right) & -\sin\left(\theta+\frac{2\pi}{3}\right)\\\frac{1}{2} & \frac{1}{2} & \frac{1}{2}\end{bmatrix}\begin{bmatrix}i_a\\i_b\\i_c\end{bmatrix}\tag{5.55}$$

该 $dq0$ 变换即著名的 Park 变换，又称为 3s/2r 变换，3s 中的“s”意指定子侧，2r 中的“r”意指旋转；“3s/2r”可以记成是定子侧三相物理量变换成旋转两相物理量的变换。从式(5.55)可知，若不考虑零轴分量，变换矩阵 $\boldsymbol{C}_{3s/2r}$ 为

$$\boldsymbol{C}_{3s/2r}=\frac{2}{3}\begin{bmatrix}\cos\theta & \cos\left(\theta-\frac{2\pi}{3}\right) & \cos\left(\theta+\frac{2\pi}{3}\right)\\-\sin\theta & -\sin\left(\theta-\frac{2\pi}{3}\right) & -\sin\left(\theta+\frac{2\pi}{3}\right)\end{bmatrix}\tag{5.56}$$

当$[i_d \quad i_q]^T$用 $\boldsymbol{i}_{2r}$ 表示，则从两相旋转 dq 坐标系到三相 uvw 坐标系的变换关系式为

$$\boldsymbol{i}_{3s}=\boldsymbol{C}_{2r/3s}\cdot\boldsymbol{i}_{2r}\tag{5.57}$$

式中，变换矩阵为

$$\boldsymbol{C}_{2r/3s}=\boldsymbol{C}_{3s/2r}^{-1}=\begin{bmatrix}\cos\theta & -\sin\theta\\\cos\left(\theta-\frac{2\pi}{3}\right) & -\sin\left(\theta-\frac{2\pi}{3}\right)\\\cos\left(\theta+\frac{2\pi}{3}\right) & -\sin\left(\theta+\frac{2\pi}{3}\right)\end{bmatrix}\tag{5.58}$$

在实际应用中，我们更加关心两相静止 $\alpha\beta$ 坐标系与两相旋转 dq 坐标系之间的变换关系，即

$$\boldsymbol{i}_{2s}=\boldsymbol{C}_{2r/2s}\cdot\boldsymbol{i}_{2r} \tag{5.59}$$

式中，变换矩阵为

$$\boldsymbol{C}_{2r/2s}=\begin{bmatrix}\cos\theta & -\sin\theta\\ \sin\theta & \cos\theta\end{bmatrix} \tag{5.60}$$

从 $\alpha\beta$ 坐标系到 dq 坐标系的变换矩阵为

$$\boldsymbol{C}_{2s/2r}=\boldsymbol{C}_{2r/2s}^{-1}=\begin{bmatrix}\cos\theta & \sin\theta\\ -\sin\theta & \cos\theta\end{bmatrix} \tag{5.61}$$

5.4.3 120 坐标系统

120 坐标系是一个建立在复平面的坐标系统，实轴与 u 轴（α 轴）重合，虚轴与 β 轴重合，虚轴超前实轴 90°。将综合矢量的一半在复平面的表达式定义为变量 $\boldsymbol{i}_1$，该变量的共轭定义为 $\boldsymbol{i}_2$，这两个变量称为复平面中的 120 变量。参见 5.3 节的分析和式(5.45)，有

$$\boldsymbol{i}_1=\frac{1}{2}\boldsymbol{i}=\frac{1}{3}(i_a+i_b\cdot\alpha+i_c\cdot\alpha^2) \tag{5.62}$$

另外一个变量 $\boldsymbol{i}_2$ 是 $\boldsymbol{i}_1$ 的共轭，即

$$\boldsymbol{i}_2=\boldsymbol{i}_1^*=\frac{1}{3}(i_a+i_b\cdot\alpha^2+i_c\cdot\alpha) \tag{5.63}$$

上述两个变量如图 5.10 所示。

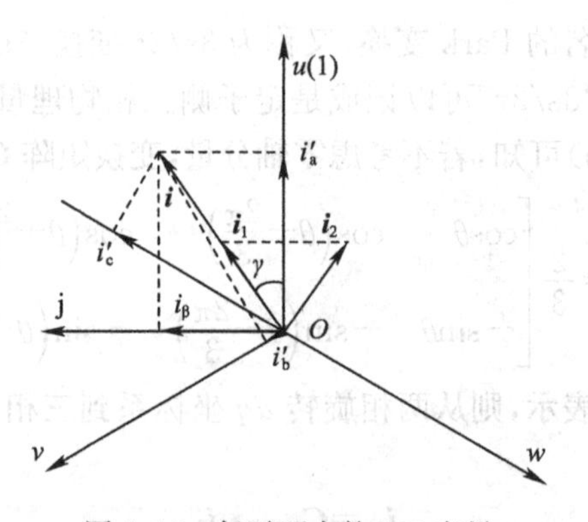

图 5.10　复平面中的 120 变量

三相 uvw 坐标系的三相物理量与复平面中的 120 变量之间的变换关系矩阵为

$$\boldsymbol{C}_{3s/120}=\frac{1}{3}\begin{bmatrix}1 & \alpha & \alpha^2\\ 1 & \alpha^2 & \alpha\\ 1 & 1 & 1\end{bmatrix} \tag{5.64}$$

要得到复平面中的 120 变量到三相 uvw 坐标系的三相物理量的变换关系矩阵，简便的方法是借助中间量，即 $\alpha\beta$ 坐标系下的变量。因为 α、β 轴与 120 变量使用的实轴、虚轴分别重合，i_α 和 i_β 分别是综合矢量在该复平面下的实部和虚部，故

$$\begin{cases} i_\alpha=\mathrm{Re}(\boldsymbol{i})=(\boldsymbol{i}_1+\boldsymbol{i}_2) \\ i_\beta=\mathrm{Im}(\boldsymbol{i})=-\mathrm{j}(\boldsymbol{i}_1-\boldsymbol{i}_2) \end{cases} \tag{5.65}$$

120 变量到 $\alpha\beta$ 坐标系下的两相变量的变换关系矩阵为

$$\boldsymbol{C}_{120/2\mathrm{s}}=\begin{bmatrix} 1 & 1 \\ -\mathrm{j} & \mathrm{j} \end{bmatrix} \tag{5.66}$$

容易得到 $\alpha\beta$ 坐标系下的两相变量到 120 变量的变换关系矩阵为

$$\boldsymbol{C}_{2\mathrm{s}/120}=\frac{1}{2}\begin{bmatrix} 1 & \mathrm{j} \\ 1 & -\mathrm{j} \end{bmatrix} \tag{5.67}$$

这样一来，有

$$\boldsymbol{i}_{3\mathrm{s}}=\boldsymbol{C}_{2/3}\cdot\boldsymbol{i}_{2\mathrm{s}}=\boldsymbol{C}_{2/3}\cdot\boldsymbol{C}_{120/2\mathrm{s}}\cdot\boldsymbol{i}_{120}=\boldsymbol{C}_{120/3\mathrm{s}}\cdot\boldsymbol{i}_{120} \tag{5.68}$$

于是有

$$\boldsymbol{C}_{120/3\mathrm{s}}=\boldsymbol{C}_{2/3}\cdot\boldsymbol{C}_{120/2\mathrm{s}}=\begin{bmatrix} 1 & 0 \\ -\frac{1}{2} & \frac{\sqrt{3}}{2} \\ -\frac{1}{2} & -\frac{\sqrt{3}}{2} \end{bmatrix}\begin{bmatrix} 1 & 1 \\ -\mathrm{j} & \mathrm{j} \end{bmatrix}=\begin{bmatrix} 1 & 1 \\ \alpha^2 & \alpha \\ \alpha & \alpha^2 \end{bmatrix} \tag{5.69}$$

5.4.4　*FB*0 坐标系统

*FB*0 坐标系也是建立在复平面上的坐标系统，实轴与相对旋转的 d 轴重合，虚轴与 q 轴重合。将综合矢量的 $1/\sqrt{2}$ 在复平面的表达式定义为变量 $\boldsymbol{i}_\mathrm{F}$，该变量的共轭定义为 $\boldsymbol{i}_\mathrm{B}$，这两个变量称为复平面中的 *FB*0 变量，如图 5.11 所示。

因为 *FB*0 坐标系采用的复平面坐标轴相比 120 坐标系采用的复平面坐标轴向前旋转了 θ 角度，一个矢量在 120 坐标系中若表示为 $\boldsymbol{v}$，则在 *FB*0 坐标系中应表示为 $\boldsymbol{v}\cdot\mathrm{e}^{-\mathrm{j}\theta}$。因此，只需将变换矩阵(5.64)的第一行乘以 $\sqrt{2}\cdot\mathrm{e}^{-\mathrm{j}\theta}$，第二行乘以 $\sqrt{2}\cdot\mathrm{e}^{\mathrm{j}\theta}$，即可得到三相 uvw 坐标系的三相物理量与 *FB*0 变量之间的变换关系矩阵

$$\boldsymbol{C}_{3\mathrm{s}/\mathrm{FB0}}=\frac{1}{3}\begin{bmatrix} \sqrt{2}\cdot\mathrm{e}^{-\mathrm{j}\theta} & \sqrt{2}\cdot\mathrm{e}^{-\mathrm{j}\theta}\cdot\alpha & \sqrt{2}\cdot\mathrm{e}^{-\mathrm{j}\theta}\cdot\alpha^2 \\ \sqrt{2}\cdot\mathrm{e}^{\mathrm{j}\theta} & \sqrt{2}\cdot\mathrm{e}^{\mathrm{j}\theta}\cdot\alpha^2 & \sqrt{2}\cdot\mathrm{e}^{\mathrm{j}\theta}\cdot\alpha \\ 1 & 1 & 1 \end{bmatrix} \tag{5.70}$$

因为 d、q 轴与 *FB*0 变量使用的实轴、虚轴分别重合，i_d 和 i_q 分别是综合矢量在

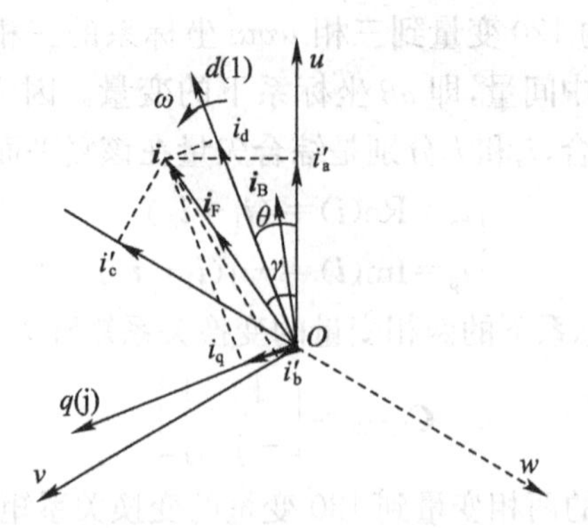

图 5.11　复平面中的 $FB0$ 变量

该复平面下实部和虚部，故

$$\left.\begin{aligned}i_{\mathrm{d}}&=\mathrm{Re}(\boldsymbol{i})=\frac{1}{\sqrt{2}}(\boldsymbol{i}_{\mathrm{F}}+\boldsymbol{i}_{\mathrm{B}})\\ i_{\mathrm{q}}&=\mathrm{Im}(\boldsymbol{i})=-\frac{1}{\sqrt{2}}\mathrm{j}(\boldsymbol{i}_{\mathrm{F}}-\boldsymbol{i}_{\mathrm{B}})\end{aligned}\right\}\tag{5.71}$$

$FB0$ 变量到 $dq0$ 坐标系下变量的变换关系矩阵为

$$C_{\mathrm{FB0/2r}}=\frac{1}{\sqrt{2}}\begin{bmatrix}1 & 1\\ -\mathrm{j} & \mathrm{j}\end{bmatrix}\tag{5.72}$$

$FB0$ 变量参考的复平面坐标系统($FB0$ 坐标系统)相比 120 变量参考的复平面坐标系统(120 坐标系统)超前了 θ 角度。同样一个综合矢量，在 120 坐标系统中若标记为 $\boldsymbol{i}_{(120)}$，则在 $FB0$ 坐标系统会变成 $\boldsymbol{i}_{(120)}\mathrm{e}^{-\mathrm{j}\theta}$，于是有

$$\boldsymbol{i}_{\mathrm{F}}=\frac{1}{\sqrt{2}}\boldsymbol{i}_{(120)}\mathrm{e}^{-\mathrm{j}\theta}=\sqrt{2}\,\mathrm{e}^{-\mathrm{j}\theta}\left(\frac{\boldsymbol{i}_{(120)}}{2}\right)=\sqrt{2}\,\mathrm{e}^{-\mathrm{j}\theta}\boldsymbol{i}_1\tag{5.73}$$

而 $\boldsymbol{i}_{\mathrm{B}}$是 $\boldsymbol{i}_{\mathrm{F}}$的共轭，即

$$\boldsymbol{i}_{\mathrm{B}}=\boldsymbol{i}_{\mathrm{F}}^{*}=\sqrt{2}\,\mathrm{e}^{\mathrm{j}\theta}\boldsymbol{i}_2\tag{5.74}$$

所以，120 变量到 $FB0$ 变量的变换关系矩阵为

$$C_{120/\mathrm{FB0}}=\sqrt{2}\begin{bmatrix}\mathrm{e}^{-\mathrm{j}\theta} & 0\\ 0 & \mathrm{e}^{\mathrm{j}\theta}\end{bmatrix}\tag{5.75}$$

5.4.5　功率不变约束下的 $\alpha\beta0$ 变换和 $dq0$ 变换

下面首先来重新认识 $\alpha\beta0$ 变换和 $dq0$ 变换的物理实质。坐标变换最基本的思想就是要使得磁通势在变换前后保持一致。下面先考察 $\alpha\beta0$ 变换。

假设 $\alpha\beta$ 坐标系下的电流是 i_α和 i_β，α 轴绕组和 β 轴绕组的匝数均为 $2N_2$，由 i_α和 i_β合成得到的电流矢量就是综合矢量 $\boldsymbol{i}$，则合成的气隙磁通势为 $N_2\boldsymbol{i}$，即综合矢量乘以 N_2；而三相电流合成的矢量取 2/3 才是综合矢量，也就意味着三相电流合成的矢量是综合矢量的 3/2 倍，即三相电流合成的矢量为 $3\boldsymbol{i}/2$，若每相匝数为 $2N_3$，则三相电流合成气隙磁通势为 $3N_3\boldsymbol{i}/2$。根据磁通势应相等的原则，$N_2\boldsymbol{i}=3N_3\boldsymbol{i}/2$，可得 $N_2=3N_3/2$，即三相绕组每相匝数应为变换后的 α(或 β)轴绕组匝数的 2/3 倍。这与综合矢量与三相电流合成矢量的比例关系相一致。采用 2/3 这样一个匝数比，可以使得三相电流幅值与两相 $\alpha\beta$ 坐标系下的相电流幅值相等，因此这样的坐标变换称为满足幅值不变约束的坐标变换。式(5.46)和式(5.51)的变换都满足幅值不变约束关系。

若要满足功率不变约束，则需要对匝数比例关系做调整。假设三相绕组中每相匝数为 α 轴绕组匝数的 N_{32} 倍，同时式(5.46)中第 3 行对应的零轴分量系数也要有所调整，假设变为 K，则式(5.46)对应的变换矩阵变为

$$\boldsymbol{C}_{3/2(P)}=N_{32}\begin{bmatrix}1 & -\frac{1}{2} & -\frac{1}{2}\\ 0 & \frac{\sqrt{3}}{2} & -\frac{\sqrt{3}}{2}\\ K & K & K\end{bmatrix} \tag{5.76}$$

式中，变换矩阵下标加了(P)，表示该变换矩阵符合功率不变约束。依据功率不变约束对变换矩阵的要求：

$$\boldsymbol{C}_{3/2(P)}(\boldsymbol{C}_{3/2(P)})^{\mathrm{T}}=\boldsymbol{I} \tag{5.77}$$

式(5.77)左边矩阵相乘得到的第 1 行第 1 列元素应为 1，即

$$N_{32}^2\left[1^2+\left(-\frac{1}{2}\right)^2+\left(-\frac{1}{2}\right)^2\right]=1 \tag{5.78}$$

可解得

$$N_{32}=\sqrt{\frac{2}{3}} \tag{5.79}$$

式(5.77)左边矩阵相乘得到的第 3 行第 3 列元素也应为 1，即

$$N_{32}^2\cdot 3K^2=1 \tag{5.80}$$

于是可得

$$K=\frac{1}{\sqrt{2}} \tag{5.81}$$

这样一来，满足功率不变约束的变换矩阵为

$$\boldsymbol{C}_{3/2(P)}=\sqrt{\frac{2}{3}}\begin{bmatrix}1 & -\frac{1}{2} & -\frac{1}{2}\\ 0 & \frac{\sqrt{3}}{2} & -\frac{\sqrt{3}}{2}\\ \frac{1}{\sqrt{2}} & \frac{1}{\sqrt{2}} & \frac{1}{\sqrt{2}}\end{bmatrix} \tag{5.82}$$

该变换矩阵前面的系数由幅值不变约束中的2/3变成了$\sqrt{2/3}$，可以认为在功率不变约束条件下，综合矢量长度选取了原三相变量矢量和的$\sqrt{2/3}$倍，以该综合矢量在两相正交坐标系（如$\alpha\beta$坐标系）上的投影就是变量在对应轴线上面的分量。此时的零序分量变为幅值不变约束中的$\sqrt{3}$倍，即

$$i_{0(P)}=\frac{1}{\sqrt{3}}(i_a+i_b+i_c)=\sqrt{3}\,i_0 \tag{5.83}$$

需要注意的是，综合矢量在三相uvw轴上的投影，需要先乘以$\sqrt{2/3}$，再叠加上$i_{0(P)}/\sqrt{3}$（即i_0），才是对应变量的瞬时值。

同样地，dq变换矩阵在满足功率不变约束时，变为

$$\boldsymbol{C}_{3s/2r(P)}=\sqrt{\frac{2}{3}}\begin{bmatrix}\cos\theta & \cos\left(\theta-\frac{2\pi}{3}\right) & \cos\left(\theta+\frac{2\pi}{3}\right)\\ -\sin\theta & -\sin\left(\theta-\frac{2\pi}{3}\right) & -\sin\left(\theta+\frac{2\pi}{3}\right)\\ \frac{1}{\sqrt{2}} & \frac{1}{\sqrt{2}} & \frac{1}{\sqrt{2}}\end{bmatrix} \tag{5.84}$$

5.5 电机统一理论

1. 第一种原型电机

直流电机中的定子（励磁）磁通势与转子（电枢）磁通势在空间上保持相对静止，这与普通交流电机的定、转子磁通势特性是一致的。因此，交流电机通过坐标变换均可以等效成直流电机。从直流电机抽象出一种普遍的换向器电机就自然成为第一种原型电机模型，如图5.12所示。第一种原型电机的定子可以是凸极或隐极结构，转子上装有换向器的绕组。由于大多数电机在每对极下磁路和电路的分布完全重复，因此可用等效的两极电机来代表。

在第一种原型电机中，定子上有两个绕组：直轴绕组D和交轴绕组Q。转子换向器上有正交的两对电刷，把带换向器的绕组分为直轴和交轴两个电路。两个绕组的轴线在空间上是静止的，它们中的电流分别产生在空间静止的转子直轴磁场和转子交轴磁场，并分别与定子的直轴和交轴重合。转子绕组以角速度ω逆时针旋转。

转子的d、q两绕组不仅有变压器电动势，而且还有与正交磁通相对切割而产生的运动电动势。由于绕组轴线在空间上是静止的，又有运动电动势，所以d、q两绕组又称为伪静止绕组。

在对第一种原型电机分析时，做如下假定：

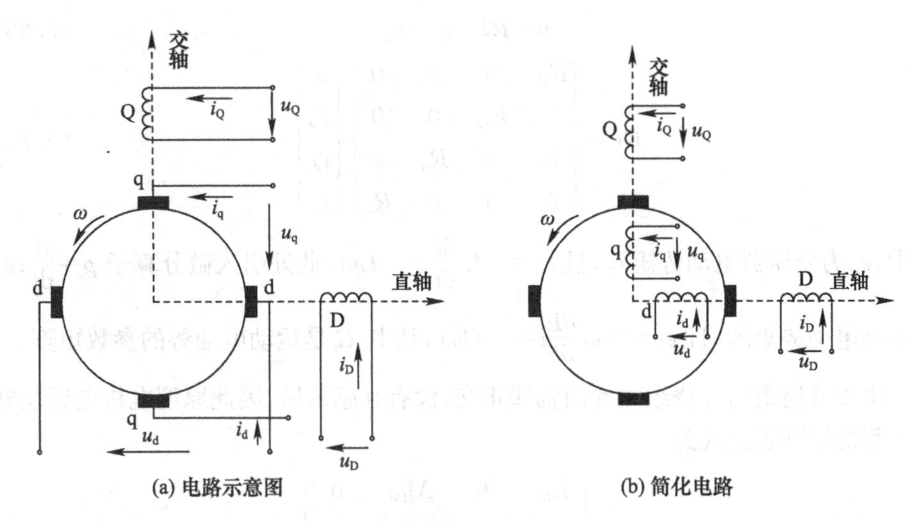

图 5.12　第一种原型电机示意图

① 模型机的磁路是线性的，略去剩磁、饱和、磁滞和涡流效应不计，适用叠加原理。

② 模型机的气隙磁通密度在空间中按正弦分布，略去定、转子的齿槽影响不计。

③ 模型机的结构对直轴和交轴都是对称的。

各物理量的正方向如图 5.13 所示，具体规定如下。

① 坐标系的规定：正方向均为从里向外，d 轴就是定子直轴；q 轴的正向位置从转子上看来，在时间上落后 d 轴 90°的电角度。

② 绕组磁链正方向的规定：D 绕组和 d 绕组的磁链正方向规定与 d 轴正方向一致，Q 绕组和 q 绕组的磁链正方向与 q 轴正方向一致。另外，规定正向磁链和正向电流的关系符合右手螺旋定则。

③ 绕组电流 i、电压 u 和电动势 e 的正方向都按电动机惯例规定。

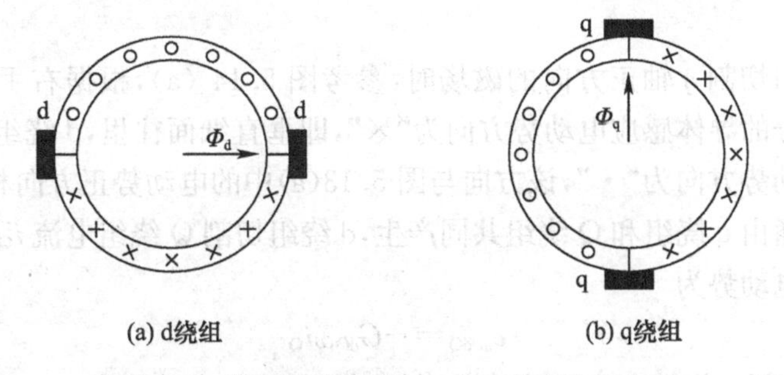

图 5.13　伪静止绕组中 i、e 和 Φ 的规定正方向

原型电机电压方程的矩阵表达式为

$$\boldsymbol{u}=\boldsymbol{Ri}-\boldsymbol{e}_{\mathrm{t}}-\boldsymbol{e}_{\omega} \tag{5.85}$$

$$\boldsymbol{Ri}=\begin{bmatrix} R_{\mathrm{D}} & 0 & 0 & 0 \\ 0 & R_{\mathrm{Q}} & 0 & 0 \\ 0 & 0 & R_{\mathrm{d}} & 0 \\ 0 & 0 & 0 & R_{\mathrm{q}} \end{bmatrix}\begin{bmatrix} i_{\mathrm{D}} \\ i_{\mathrm{Q}} \\ i_{\mathrm{d}} \\ i_{\mathrm{q}} \end{bmatrix} \tag{5.86}$$

式中，$\boldsymbol{e}_{\mathrm{t}}$ 为变压器电动势矩阵，且 $\boldsymbol{e}_{\mathrm{t}}=-\boldsymbol{L}\dfrac{\mathrm{d}\boldsymbol{i}}{\mathrm{d}t}=-\boldsymbol{L}p\boldsymbol{i}$，此处引入微分算子 $p=\dfrac{\mathrm{d}}{\mathrm{d}t}$；$\boldsymbol{e}_{\omega}$ 为运动电动势矩阵，且 $\boldsymbol{e}_{\omega}=-\omega\dfrac{\partial \boldsymbol{L}}{\partial\theta}\boldsymbol{i}=-\boldsymbol{G}\omega\boldsymbol{i}$，其中，$\boldsymbol{G}$ 是运动电动势的参数矩阵。

由于 d 绕组与 q 绕组间的两轴线正交，没有互感磁链，因此原型电机电感及磁链方程的矩阵表达式为

$$\boldsymbol{L}=\begin{bmatrix} L_{\mathrm{D}} & 0 & M_{\mathrm{Dd}} & 0 \\ 0 & L_{\mathrm{Q}} & 0 & M_{\mathrm{Qq}} \\ M_{\mathrm{dD}} & 0 & L_{\mathrm{d}} & 0 \\ 0 & M_{\mathrm{qQ}} & 0 & L_{\mathrm{q}} \end{bmatrix} \tag{5.87}$$

$$\boldsymbol{\Psi}=\boldsymbol{Li}=\begin{bmatrix} \Psi_{\mathrm{D}} \\ \Psi_{\mathrm{Q}} \\ \Psi_{\mathrm{d}} \\ \Psi_{\mathrm{q}} \end{bmatrix} \tag{5.88}$$

首先要确定运动电动势的正负号。此时，转子上的换向器 d、q 绕组为伪静止绕组，即这两个绕组电流产生的磁通方向（轴线方向）不会变化，而实际上绕组中的每根导体都在和转子一起旋转，即它们切割正交方向的磁通，从而产生运动电动势。定子 D、Q 绕组虽然也有与之正交的磁通，但没有相对切割，所以也就没有运动电动势。

当 d 绕组切割 q 轴正方向的磁场时，参考图 5.14 (a)，根据右手螺旋定则，d 绕组上半部分的导体感应电动势方向为“×”，即垂直纸面往里，d 绕组下半部分的导体感应电动势方向为“·”，该方向与图 5.13(a)中的电动势正方向相反。由于 q 轴方向的磁通由 q 绕组和 Q 绕组共同产生，d 绕组切割 Q 绕组电流 i_{Q} 产生的磁场引起的运动电动势为

$$e_{\omega.\mathrm{dQ}}=-G_{\mathrm{dQ}}\omega i_{\mathrm{Q}} \tag{5.89}$$

d 绕组切割 q 绕组电流 i_{q} 产生的磁场引起的运动电动势为

$$e_{\omega.\mathrm{dq}}=-G_{\mathrm{dq}}\omega i_{\mathrm{q}} \tag{5.90}$$

而 q 绕组切割 d 轴正方向的磁场时，参考图 5.14(b)，根据右手螺旋定则，q 绕

组右半部分的导体感应电动势方向为“×”，即垂直纸面往里，q绕组左半部分的导体感应电动势方向为“·”，该方向与图5.13(b)中的q绕组电动势正方向相同。由于d轴方向的磁通由d绕组和D绕组共同产生，q绕组切割D、d绕组电流i_D、i_d产生的磁场引起的运动电动势分别为

$$\begin{aligned} e_{\omega.qD} &= +G_{qD}\omega i_D \\ e_{\omega.qd} &= +G_{qd}\omega i_d \end{aligned} \tag{5.91}$$

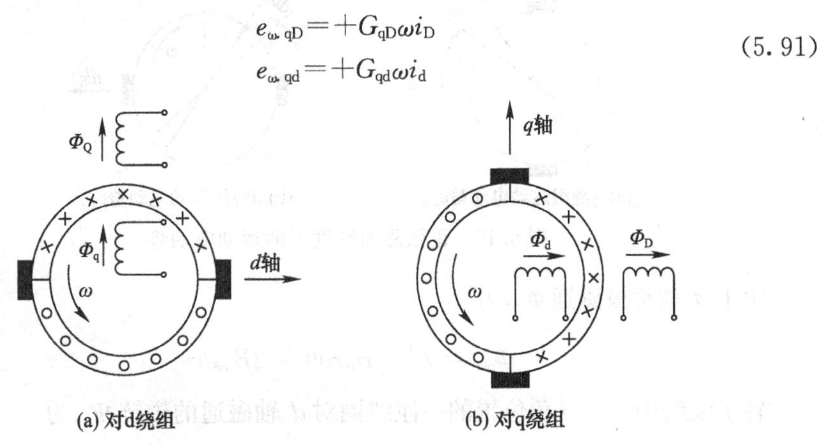

图5.14　运动电动势正负号的确定

归纳可得d、q绕组中的运动电动势分别为

$$\begin{aligned} e_{\omega.d} &= e_{\omega.dQ} + e_{\omega.dq} = -G_{dQ}\omega i_Q - G_{dq}\omega i_q \\ e_{\omega.q} &= e_{\omega.qD} + e_{\omega.qd} = +G_{qD}\omega i_D + G_{qd}\omega i_d \end{aligned} \tag{5.92}$$

即

$$-e_\omega = \begin{bmatrix} 0 \\ 0 \\ -e_{\omega d} \\ -e_{\omega q} \end{bmatrix} = \begin{bmatrix} 0 & 0 & 0 & 0 \\ 0 & 0 & 0 & 0 \\ 0 & G_{dQ} & 0 & G_{dq} \\ -G_{qD} & 0 & -G_{qd} & 0 \end{bmatrix} \omega \begin{bmatrix} i_D \\ i_Q \\ i_d \\ i_q \end{bmatrix} = \boldsymbol{G}\omega\boldsymbol{i} \tag{5.93}$$

不论什么波形的气隙磁通密度，上式中的运动电动势系数矩阵都适用，但通常假设气隙磁通密度在空间按正弦规律分布，并且不计漏磁，在这些假设条件下，运动电动势的表达式可以更一步简化。

这里以q绕组的运动电动势$e_{\omega.q}$为例进行说明。由于$e_{\omega.q}$是q绕组切割d轴磁通产生的，而d轴磁通包括D绕组和d绕组中电流所产生的磁通。设d轴磁通对应的气隙磁通密度为$B_d = B_{md}\cos\theta$，如图5.15(a)所示。另外，设转子有效长度为l，半径为r，转子一周沿每单位电弧度内的导体总数为Z_θ，则每一个导体内的运动电动势为

$$B_d l v = B_d l r\omega = B_{md} l r\omega\cos\theta \tag{5.94}$$

通过积分可得q绕组的运动电动势为

$$e_{\omega.q}=\int_{-\frac{\pi}{2}}^{\frac{\pi}{2}}(B_{md}lr\omega\cos\theta)Z_\theta\mathrm{d}\theta=2B_{md}lrZ_\theta\omega \tag{5.95}$$

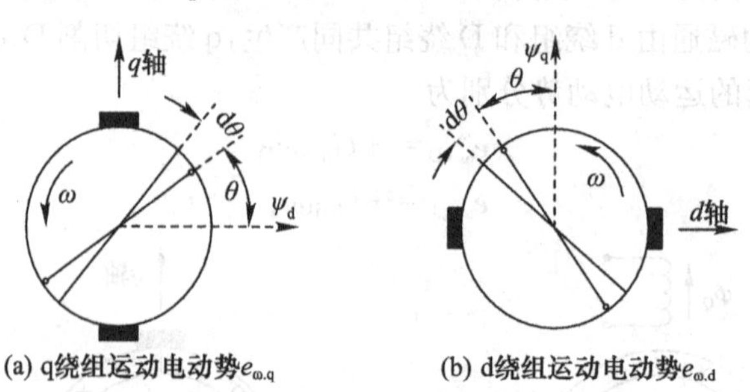

图 5.15　正弦磁通密度下的运动电动势

由于 d 轴每极磁通 Φ_{md} 为

$$\Phi_{md}=l\int_{-\frac{\pi}{2}}^{\frac{\pi}{2}}B_d r\mathrm{d}\theta=2B_{md}lr \tag{5.96}$$

转子绕组中位于 θ 角位置的一匝线圈对 d 轴磁通的磁链 Ψ_{od} 为

$$\Psi_{od}=l\int_{\theta-\pi}^{\theta}B_d r\mathrm{d}\theta=2B_{md}lr\sin\theta=\Phi_{md}\sin\theta \tag{5.97}$$

d 绕组交链的磁链 Ψ_d 为

$$\Psi_d=\int_0^{\pi}\Psi_{od}\frac{Z_\theta}{2}\mathrm{d}\theta=\frac{Z_\theta}{2}\int_0^{\pi}\Phi_{md}\sin\theta\mathrm{d}\theta=\Phi_{md}Z_\theta \tag{5.98}$$

需要说明的是，上述计算磁链式子中，单位电弧度内的导体总数是$\frac{Z_\theta}{2}$，而不是 Z_θ。由于换向器绕组是双层的，既有 d 绕组，又有 q 绕组，故 d 绕组导体总数只能算一半导体数，其余一半则属于另一个 q 绕组。综合式(5.95)、式(5.96)和式(5.98)可得

$$e_{\omega.q}=2B_{md}lrZ_\theta\omega=\Psi_d\omega=\omega(L_d i_d+M_{dD}i_D) \tag{5.99}$$

同理可推导出

$$\begin{aligned}&\Psi_q=2B_{mq}lrZ_\theta\\&e_{\omega.d}=-\omega(L_q i_q+M_{qQ}i_Q)=-\omega\Psi_q\end{aligned} \tag{5.100}$$

比较可得 d 绕组和 q 绕组的运动电动势分别为

$$\begin{aligned}&e_{\omega.d}=-\omega(L_q i_q+M_{qQ}i_Q)=-\omega(G_{dQ}i_Q+G_{dq}i_q)\\&e_{\omega.q}=+\omega(L_d i_d+M_{dD}i_D)=\omega(G_{qd}i_d+G_{qD}i_D)\end{aligned} \tag{5.101}$$

于是，有 $G_{dQ}=M_{qQ}$、$G_{dq}=L_q$、$G_{qD}=M_{dD}$、$G_{qd}=L_d$。如果气隙磁通密度非正弦分布，则上式就不再成立。

将上述运动电动势公式代入电压方程，可得

$$\begin{bmatrix} u_{\mathrm{D}} \\ u_{\mathrm{Q}} \\ u_{\mathrm{d}} \\ u_{\mathrm{q}} \end{bmatrix}=\left\{\begin{bmatrix} R_{\mathrm{D}} & 0 & 0 & 0 \\ 0 & R_{\mathrm{Q}} & 0 & 0 \\ 0 & 0 & R_{\mathrm{d}} & 0 \\ 0 & 0 & 0 & R_{\mathrm{q}} \end{bmatrix}+\begin{bmatrix} L_{\mathrm{D}} & 0 & M_{\mathrm{Dd}} & 0 \\ 0 & L_{\mathrm{Q}} & 0 & M_{\mathrm{Qq}} \\ M_{\mathrm{dD}} & 0 & L_{\mathrm{d}} & 0 \\ 0 & M_{\mathrm{qQ}} & 0 & L_{\mathrm{q}} \end{bmatrix} p+\right.$$

$$\left.\begin{bmatrix} 0 & 0 & 0 & 0 \\ 0 & 0 & 0 & 0 \\ 0 & M_{\mathrm{qQ}} & 0 & L_{\mathrm{q}} \\ -M_{\mathrm{dD}} & 0 & -L_{\mathrm{d}} & 0 \end{bmatrix}\omega\right\}\begin{bmatrix} i_{\mathrm{D}} \\ i_{\mathrm{Q}} \\ i_{\mathrm{d}} \\ i_{\mathrm{q}} \end{bmatrix} \tag{5.102}$$

即

$$\boldsymbol{u}=(\boldsymbol{R}+\boldsymbol{L}p+\boldsymbol{G}\omega)\boldsymbol{i}=\boldsymbol{Z}\boldsymbol{i} \tag{5.103}$$

式中，原型电机的阻抗矩阵 $\boldsymbol{Z}$ 为

$$\boldsymbol{Z}=\begin{bmatrix} R_{\mathrm{D}}+L_{\mathrm{D}}p & 0 & M_{\mathrm{Dd}}p & 0 \\ 0 & R_{\mathrm{Q}}+L_{\mathrm{Q}}p & 0 & M_{\mathrm{Qq}}p \\ M_{\mathrm{dD}}p & M_{\mathrm{qQ}}\omega & R_{\mathrm{d}}+L_{\mathrm{d}}p & L_{\mathrm{q}}\omega \\ -M_{\mathrm{dD}}\omega & M_{\mathrm{qQ}}p & -L_{\mathrm{d}}\omega & R_{\mathrm{q}}+L_{\mathrm{q}}p \end{bmatrix} \tag{5.104}$$

需要说明的是：

① 该电压方程(5.102)对应的是双轴四绕组的一般电机，当绕组数目不止 4 个时，仅是矩阵的行数和列数相应增加，而方程的基本形式不变。

② 一般电机的电压方程是常系数一阶线性微分方程，求解比较容易，这是应用电机统一理论的突出优点之一。

从功率角度，可以得到电源输入原型电机的电功率为

$$\boldsymbol{i}^{\mathrm{T}}\boldsymbol{u}=\boldsymbol{i}^{\mathrm{T}}\boldsymbol{R}\boldsymbol{i}+\boldsymbol{i}^{\mathrm{T}}\boldsymbol{L}p\boldsymbol{i}+\boldsymbol{i}^{\mathrm{T}}\boldsymbol{G}\omega\boldsymbol{i} \tag{5.105}$$

式中，$\boldsymbol{i}^{\mathrm{T}}\boldsymbol{R}\boldsymbol{i}$ 为电阻损耗；$\boldsymbol{i}^{\mathrm{T}}\boldsymbol{L}p\boldsymbol{i}$ 为耦合场磁能的变化率；$\boldsymbol{i}^{\mathrm{T}}\boldsymbol{G}\omega\boldsymbol{i}$ 为转化为机械功率的部分，也就是电磁功率。

式(5.105)中，电磁功率的表达式与第 1 章中电磁功率的表达式 $\frac{1}{2}\boldsymbol{i}^{\mathrm{T}}\boldsymbol{G}\omega\boldsymbol{i}$ 相差 1/2，这是因为第 1 章中讨论机电能量转换条件时是建立在完整约束的坐标系基础上的，即采用定、转子绕组的实际轴线作为坐标系的轴线。而原型电机存在着伪坐标，属于非完整约束运动系统，因此表达式也随之不同。

原型电机的转矩表达式为

$$\begin{aligned} T_{\mathrm{e}}=P_{\mathrm{e}}/\omega=\boldsymbol{i}^{\mathrm{T}}\boldsymbol{G}\boldsymbol{i} &= \begin{bmatrix} i_{\mathrm{D}} \\ i_{\mathrm{Q}} \\ i_{\mathrm{d}} \\ i_{\mathrm{q}} \end{bmatrix}^{\mathrm{T}}\begin{bmatrix} 0 & 0 & 0 & 0 \\ 0 & 0 & 0 & 0 \\ 0 & M_{\mathrm{qQ}} & 0 & L_{\mathrm{q}} \\ -M_{\mathrm{dD}} & 0 & -L_{\mathrm{d}} & 0 \end{bmatrix}\begin{bmatrix} i_{\mathrm{D}} \\ i_{\mathrm{Q}} \\ i_{\mathrm{d}} \\ i_{\mathrm{q}} \end{bmatrix} \\ &= -(L_{\mathrm{d}}-L_{\mathrm{q}})i_{\mathrm{d}}i_{\mathrm{q}}+M_{\mathrm{qQ}}i_{\mathrm{d}}i_{\mathrm{Q}}-M_{\mathrm{dD}}i_{\mathrm{q}}i_{\mathrm{D}} \end{aligned} \tag{5.106}$$

机械转矩平衡方程为

$$T_e = J\frac{d\omega_r}{dt} + R_\omega\omega_r + T_L \tag{5.107}$$

2. 第二种原型电机

第一种原型电机的电枢绕组是换向器绕组，它与大多数电机的结构不同，因而不能从它直接导出交流电机的阻抗矩阵。为此，克朗提出了第二种原型电机，如图 5.16所示，其特点是：通过集电环向转子回路输入或输出电能，即转子绕组具有旋转轴线。

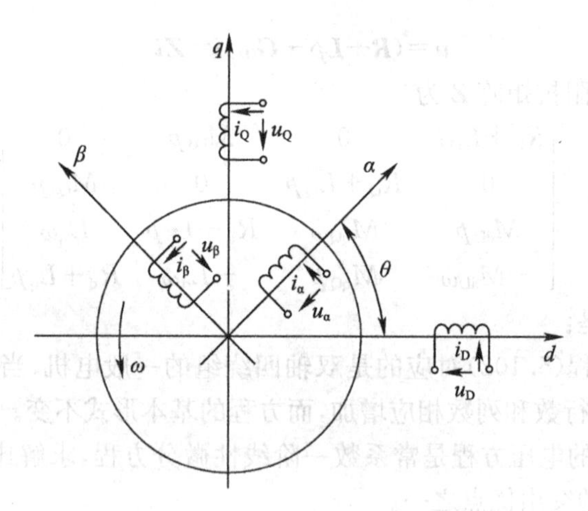

图 5.16　第二种原型电机示意图

第二种原型电机是完整约束系统，它的运动方程可采用以下 3 种方法之一：

① 耦合回路法；

② 由第一种原型电机经坐标变换导出；

③ 由拉格朗日方程导出。

按照第二种方法，第二种原型电机的运动方程可由第一种原型电机导出，且只需对转子上的绕组进行坐标旋转变换，即 $\alpha\beta$ 坐标系到 dq 坐标系之间的变换，α 轴与 d 轴夹角 $\theta=\omega t$。在第二种原型电机中，电压、电流列矢量用下标 2 予以区分，利用新旧两个坐标系下的变换关系，以电压、电流为例有

$$\begin{bmatrix} u_D \\ u_Q \\ u_d \\ u_q \end{bmatrix} = \boldsymbol{u} = \boldsymbol{C}\boldsymbol{u}_2 = \begin{bmatrix} 1 & 0 & 0 & 0 \\ 0 & 1 & 0 & 0 \\ 0 & 0 & \cos\theta & -\sin\theta \\ 0 & 0 & \sin\theta & \cos\theta \end{bmatrix} \begin{bmatrix} u_D \\ u_Q \\ u_\alpha \\ u_\beta \end{bmatrix} \tag{5.108}$$

与

$$\boldsymbol{i}=\boldsymbol{C}\boldsymbol{i}_2 \tag{5.109}$$

将式(5.108)和式(5.109)代入式(5.103),可得

$$\boldsymbol{Z}_2=\boldsymbol{C}^{-1}\boldsymbol{Z}\boldsymbol{C} \tag{5.110}$$

对式(5.87)的电感矩阵进行一样的变换,得在第二种原型电机的电感矩阵为

$$\boldsymbol{L}_2=\boldsymbol{C}^{-1}\boldsymbol{L}\boldsymbol{C}=\begin{bmatrix}1&0&0&0\\0&1&0&0\\0&0&\cos\theta&\sin\theta\\0&0&-\sin\theta&\cos\theta\end{bmatrix}\begin{bmatrix}L_D&0&M_{Dd}&0\\0&L_Q&0&M_{Qq}\\M_{dD}&0&L_d&0\\0&M_{qQ}&0&L_q\end{bmatrix}\begin{bmatrix}1&0&0&0\\0&1&0&0\\0&0&\cos\theta&-\sin\theta\\0&0&\sin\theta&\cos\theta\end{bmatrix}$$

$$=\begin{bmatrix}L_D&0&M_{Dd}\cos\theta&-M_{Dd}\sin\theta\\0&L_Q&M_{Qq}\sin\theta&M_{Qq}\cos\theta\\M_{dD}\cos\theta&M_{qQ}\sin\theta&L_d\cos^2\theta+L_q\sin^2\theta&-\dfrac{(L_d-L_q)\sin2\theta}{2}\\-M_{dD}\sin\theta&M_{qQ}\cos\theta&-\dfrac{(L_d-L_q)\sin2\theta}{2}&L_d\sin^2\theta+L_q\cos^2\theta\end{bmatrix} \tag{5.111}$$

式中,转子自感表达式为

$$L_\alpha=L_d\cos^2\theta+L_q\sin^2\theta \tag{5.112}$$

与第 3 章采用双反应理论得到的式(3.130)一致,转子上的 α 绕组轴线和 β 绕组轴线正交,但由于是凸极结构,两个绕组之间仍存在互感,为

$$L_{\alpha\beta}=-\frac{(L_d-L_q)\sin2\theta}{2} \tag{5.113}$$

上式也可以用式(3.133)的互感推导方法来获得。

式(5.104)中,当 $L_d=L_q=L_r$,$R_d=R_q=R_r$ 时,第二种原型电机的阻抗矩阵变为

$$\boldsymbol{Z}_2=\boldsymbol{C}^{-1}\boldsymbol{Z}\boldsymbol{C}$$

$$=\begin{bmatrix}1&0&0&0\\0&1&0&0\\0&0&\cos\theta&\sin\theta\\0&0&-\sin\theta&\cos\theta\end{bmatrix}\begin{bmatrix}R_D+L_Dp&0&M_{Dd}p&0\\0&R_Q+L_Qp&0&M_{Qq}p\\M_{dD}p&M_{qQ}\omega&R_r+L_rp&L_r\omega\\-M_{dD}\omega&M_{qQ}p&-L_r\omega&R_r+L_rp\end{bmatrix}\begin{bmatrix}1&0&0&0\\0&1&0&0\\0&0&\cos\theta&-\sin\theta\\0&0&\sin\theta&\cos\theta\end{bmatrix}$$

$$=\begin{bmatrix}R_D+L_Dp&0&M_{Dd}(\cos\theta p-\omega\sin\theta)&-M_{Dd}(\sin\theta p+\omega\cos\theta)\\0&R_Q+L_Qp&M_{Qq}(\sin\theta p+\omega\cos\theta)&M_{Qq}(\cos\theta p-\omega\sin\theta)\\M_{dD}(\cos\theta p-\omega\sin\theta)&M_{qQ}(\sin\theta p+\omega\cos\theta)&R_r+L_rp&0\\-M_{dD}(\sin\theta p+\omega\cos\theta)&M_{qQ}(\cos\theta p-\omega\sin\theta)&0&R_r+L_rp\end{bmatrix} \tag{5.114}$$

需要说明的是,因为磁链中有 $\sin\theta$ 和 $\cos\theta$,且 $\theta=\omega t$,故而式(5.114)中的电角速度 ω 是磁链对时间求导产生的,不同于第一种原型电机的运动电动势,这是由

于在第二种原型电机中不再有换向器绕组。第二种原型电机的电磁转矩表达式可以通过磁共能和电感表达式(5.111)来获得，即

$$T_e=\frac{1}{2}\boldsymbol{i}^T\frac{d\boldsymbol{L}_2}{d\theta_m}\boldsymbol{i}=\frac{1}{2}n_p\boldsymbol{i}^T\frac{d\boldsymbol{L}_2}{d\theta}\boldsymbol{i}$$

$$=\frac{n_p}{2}\begin{bmatrix}i_D\\i_Q\\i_\alpha\\i_\beta\end{bmatrix}^T\frac{d}{dt}\begin{bmatrix}L_D & 0 & M_{Dd}\cos\theta & -M_{Dd}\sin\theta\\0 & L_Q & M_{Qq}\sin\theta & M_{Qq}\cos\theta\\M_{dD}\cos\theta & M_{qQ}\sin\theta & L_d\cos^2\theta+L_q\sin^2\theta & -\frac{(L_d-L_q)\sin2\theta}{2}\\-M_{dD}\sin\theta & M_{qQ}\cos\theta & -\frac{(L_d-L_q)\sin2\theta}{2} & L_d\sin^2\theta+L_q\cos^2\theta\end{bmatrix}\cdot\begin{bmatrix}i_D\\i_Q\\i_\alpha\\i_\beta\end{bmatrix}$$

$$=n_p[-i_Di_\alpha M_{dD}\sin\theta+i_Qi_\alpha M_{qQ}\cos\theta-i_Di_\beta M_{dD}\cos\theta-i_Qi_\beta M_{qQ}\sin\theta-(L_d-L_q)i_\alpha i_\beta\cos2\theta-\frac{1}{2}(L_d-L_q)i_\alpha^2\sin2\theta+\frac{1}{2}(L_d-L_q)i_\beta^2\sin2\theta] \tag{5.115}$$

上式的前 4 项为主电磁转矩，后 3 项为磁阻转矩，当 $L_d=L_q$ 时，磁阻转矩将等于 0。

3. 原型电机推导传统电机

利用原型电机，经过坐标变换可以得到传统电机的数学模型。在第 6 章中，对传统电机进行分析时，其模型都可利用原型电机来推导得到。

下面分析由原型电机推导出实际直流电机运动方程的过程。

直流电机的示意图如图 5.17 所示，只是四线圈原型电机的一个特例，即只有线圈 F 和 q(对应 a 绕组)的情况，因此从原型电机的运动方程中去掉相应的行和列，即可得直流电机的运动方程

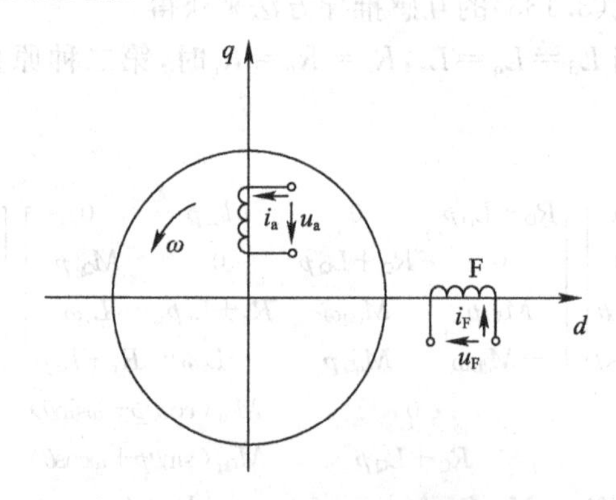

图 5.17 直流电机的示意图

$$\begin{bmatrix}u_F\\u_a\end{bmatrix}=\begin{bmatrix}R_F+L_Fp & 0\\-G_{aF}\omega_m & R_a+L_ap\end{bmatrix}\begin{bmatrix}i_F\\i_a\end{bmatrix} \tag{5.116}$$

令

$$\boldsymbol{G}=\begin{bmatrix} 0 & 0 \\ -G_{\mathrm{aF}} & 0 \end{bmatrix} \tag{5.117}$$

则有

$$T_{\mathrm{e}}=\boldsymbol{i}^{\mathrm{T}}\boldsymbol{G}\boldsymbol{i}=-G_{\mathrm{aF}}i_{\mathrm{F}}i_{\mathrm{a}} \tag{5.118}$$

在推导原型电机的方程时，假定气隙磁场为正弦磁场，但在实际直流电机中，主极磁场接近于方波，电枢磁场的分布接近于马鞍形，因而在进行性能计算时，应对方程中的参数值进行适当的修正。

5.6 小　　结

本章分析了机电装置运动方程的类型，对线性定常系统运动方程进行了举例说明，一些线性时变系统运动方程可以通过坐标变换转化为线性定常系统运动方程，以利于运动方程的求解或相应控制系统的设计。本章从三相电流产生的合成磁通势出发，引入了综合矢量的概念，以综合矢量为基础，阐述了电机分析中常用的 4 种坐标系统，推导了各坐标系统之间满足幅值不变约束或功率不变约束条件下的变换矩阵。最后利用坐标变换对原型电机进行了建模分析。

习题与思考题 5

5.1　两相同步电机的电感矩阵为

$$\boldsymbol{L}=\begin{bmatrix} \boldsymbol{L}_{\mathrm{s}} & \boldsymbol{L}_{\mathrm{sr}} \\ \boldsymbol{L}_{\mathrm{rs}} & \boldsymbol{L}_{\mathrm{r}} \end{bmatrix}=\begin{bmatrix} L_0+L_2\cos2\theta & -L_2\sin2\theta & \cdots & M_{\mathrm{sr}}\cos\theta \\ -L_2\sin2\theta & L_0-L_2\cos2\theta & \cdots & -M_{\mathrm{sr}}\sin\theta \\ \cdots & \cdots & \cdots & \cdots \\ M_{\mathrm{sr}}\cos\theta & -M_{\mathrm{sr}}\sin\theta & \cdots & L_{\mathrm{r}} \end{bmatrix}$$

设 dq 变换矩阵 $\boldsymbol{C}=\begin{bmatrix} \cos\theta & \sin\theta \\ -\sin\theta & \cos\theta \end{bmatrix}$，试证明经过变换后的定子电感矩阵为

$\boldsymbol{C}^{-1}\boldsymbol{L}_{\mathrm{s}}\boldsymbol{C}=\begin{bmatrix} L_{\mathrm{d}} & 0 \\ 0 & L_{\mathrm{q}} \end{bmatrix}$，其中 $L_{\mathrm{d}}=L_0+L_2$，$L_{\mathrm{q}}=L_0-L_2$。

5.2　说明综合矢量的产生原理，并推导幅值不变约束下的 $\alpha\beta0$ 坐标系到 uvw 坐标系的变换矩阵。

5.3　试用耦合回路法推导第二种原型电机的运动方程。

5.4　采用拉格朗日方程推导第二种原型电机的运动方程。

5.5　有一个电机的三相绕组，所通电流频率为 60Hz，假设 0 时刻 d 轴与 A 相轴线 u 重合，在 10ms 对其进行 $dq0$ 变换，得到 $i_{\mathrm{d}}=-5\mathrm{A}$，$i_{\mathrm{q}}=10\mathrm{A}$。请问此时三相电流的大小为多少？（采用功率不变约束变换，假设此时零序分量 i_0 为 0A。）进行 $\alpha\beta0$ 变换，得到的 i_α 和 i_β 是多大？请写出 A 相电流的表达式。

第6章　传统电机的分析

本章利用前面几章学习的机电能量转换原理讨论直流电机、感应电机与同步电机这3种传统电机。

6.1　直 流 电 机

6.1.1　理想他励直流电机的运动方程

对于直流电机来说，在满足以下条件时，可以认为是理想直流电机：

① 磁路线性，即不考虑铁心饱和；

② 换向器设置在几何中性线（q轴），即电枢绕组仅产生q轴方向的磁通势；

③ 电枢反应的影响忽略不计；

④ 电刷很窄，宽度忽略不计，换向瞬间完成。

理想直流电机的运动方程可以从第5章中的第一种原型电机推导获得。相比第一种原型电机（见图5.12），理想直流电机的励磁绕组（F绕组）对应第一种原型电机的D绕组，理想直流电机的电枢绕组（a绕组）则对应第一种原型电机的q绕组。这样一来，得到的理想直流电机示意图如图6.1所示。

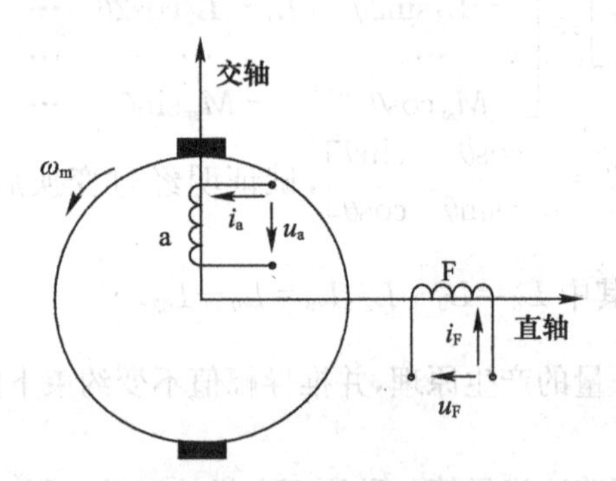

图6.1　从第一种原型电机演变的理想直流电机示意图

利用第一种原型电机电压方程（5.85）～（5.87）及式（5.93），可以得到图6.1所示的直流电机的电压方程为

$$\boldsymbol{u}=\boldsymbol{Ri}-\boldsymbol{e}_t-\boldsymbol{e}_\omega$$

$$=\begin{bmatrix}R_F & 0\\0 & R_a\end{bmatrix}\begin{bmatrix}i_F\\i_a\end{bmatrix}+\begin{bmatrix}L_F & 0\\0 & L_a\end{bmatrix}p\begin{bmatrix}i_F\\i_a\end{bmatrix}+\begin{bmatrix}0 & 0\\-G_{aF} & 0\end{bmatrix}\omega_m\begin{bmatrix}i_F\\i_a\end{bmatrix} \quad (6.1)$$

与式(5.106)类似，可以得到该直流电机的电磁转矩表达式为

$$T_e = \boldsymbol{i}^T \boldsymbol{G}\boldsymbol{i} = \begin{bmatrix} i_F \\ i_a \end{bmatrix} \begin{bmatrix} 0 & 0 \\ -G_{aF} & 0 \end{bmatrix} \begin{bmatrix} i_F \\ i_a \end{bmatrix} = -G_{aF} i_a i_F \tag{6.2}$$

由式(6.1)和式(6.2)可以看到，G_{aF}前面都有负号，这与我们通常使用的表达式不同，其原因在于，图 6.1 中的直流电机通入正向的励磁电流和电枢电流时，电机的电磁转矩方向与图中定义的正方向相反。因此，若将图 6.1 中的转速 ω_m 的参考方向改为顺时针方向，则式(6.1)和式(6.2)中的负号将会变为正号。于是，常用直流电动机的电压方程是

$$\begin{cases} u_F = R_F i_F + L_F p i_F \\ u_a = R_a i_a + L_a p i_a + G_{aF} i_F \omega_m \end{cases} \tag{6.3}$$

电磁转矩表达式为

$$T_e = G_{aF} i_a i_F \tag{6.4}$$

按式(6.3)可以画出相应的等值电路，如图 6.2(a)所示。

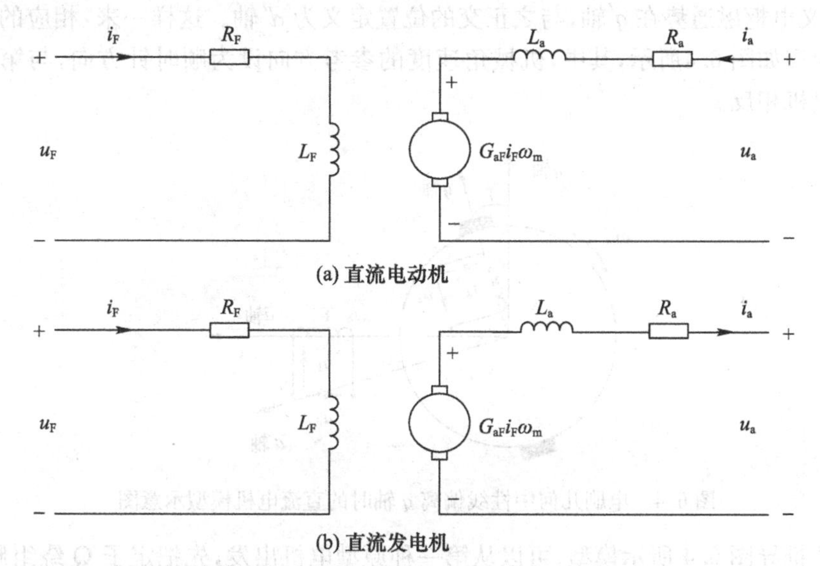

(a) 直流电动机

(b) 直流发电机

图 6.2　理想直流电机等值电路示意图

直流电机运行于发电状态时，其等值电路如图 6.2(b)所示，相比直流电动机，电枢电流的参考方向变为相反方向。因此，他励直流发电机的励磁绕组电压方程与式(6.3)的第一式完全相同，电枢绕组电压方程只需要在式(6.3)的第二式中将 i_a 变成 $-i_a$ 即可。

对于他励直流电动机，机械转矩平衡方程为

$$T_e = G_{aF} i_a i_F = R_\omega \omega_m + J p \omega_m + T_L \tag{6.5}$$

而对于他励直流发电机，原动机提供给发电机的转矩为

$$T_1 = R_\omega \omega_m + Jp\omega_m + G_{aF} i_F i_a \tag{6.6}$$

通过式(6.3)、式(6.4)和式(6.5),可以画出他励直流电动机模型框图,如图 6.3所示。

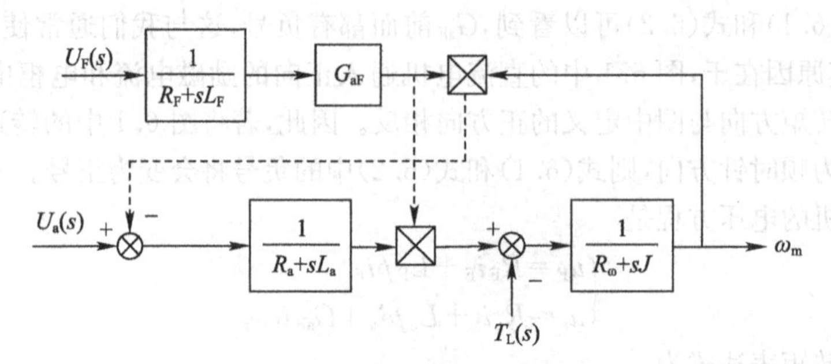

图 6.3 他励直流电动机模型框图

当电刷偏离几何中性线位置,可假设电枢磁通势偏离 q 轴 γ 角时,为了描述方便,定义电枢磁通势在 q'轴,与之正交的位置定义为 d'轴。这样一来,相应的直流电机模型如图 6.4所示,其中,机械角速度的参考方向设为顺时针方向,与第一种原型电机相反。

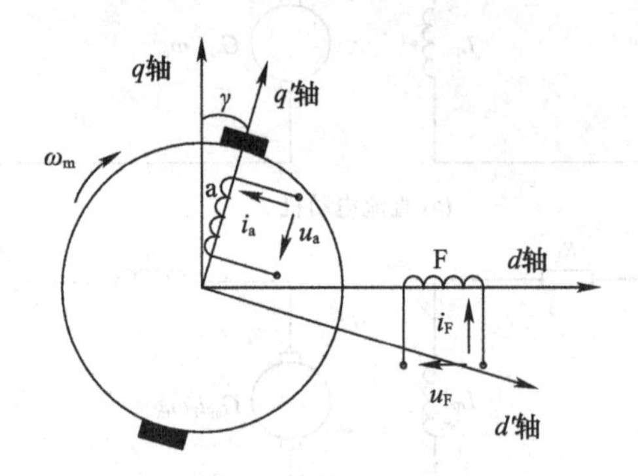

图 6.4 电刷几何中性线偏离 q 轴时的直流电机模型示意图

要推导图 6.4 所示模型,可以从第一种原型电机出发,先把定子 Q 绕组删除,再对原型电机的转子绕组进行坐标旋转变换,即可得到转子绕组在 $d'q'$ 坐标系下的运动方程。

首先,在第一种原型电机的电压方程(5.102)基础上,删除 Q 绕组对应的行和列,得到

$$\boldsymbol{u} = \begin{bmatrix} u_F \\ u_d \\ u_q \end{bmatrix} = \begin{bmatrix} R_F + L_F p & M_{Fd} p & 0 \\ M_{Fd} p & R_d + L_d p & -G_{dq}\omega \\ G_{qF}\omega & G_{qd}\omega & R_q + L_q p \end{bmatrix} \begin{bmatrix} i_F \\ i_d \\ i_q \end{bmatrix} = \boldsymbol{Z} \cdot \boldsymbol{i} \tag{6.7}$$

由于转子绕组选用 $d'q'$ 坐标系，变换矩阵为

$$C=\begin{bmatrix}1 & 0 & 0\\ 0 & \cos\gamma & \sin\gamma\\ 0 & -\sin\gamma & \cos\gamma\end{bmatrix} \tag{6.8}$$

于是，在新坐标系下的阻抗矩阵变为

$$\begin{aligned}Z'=C^{-1}ZC&=\begin{bmatrix}1 & 0 & 0\\ 0 & \cos\gamma & -\sin\gamma\\ 0 & \sin\gamma & \cos\gamma\end{bmatrix}\begin{bmatrix}R_F+L_Fp & M_{Fd}p & 0\\ M_{Fd}p & R_r+L_dp & -G_{dq}\omega\\ G_{qF}\omega & G_{qd}\omega & R_r+L_qp\end{bmatrix}\begin{bmatrix}1 & 0 & 0\\ 0 & \cos\gamma & \sin\gamma\\ 0 & -\sin\gamma & \cos\gamma\end{bmatrix}\\
&=\begin{bmatrix}R_F+L_Fp & M_{Fd}\cos\gamma p & M_{Fd}\sin\gamma p\\ M_{Fd}\cos\gamma p-G_{qF}\sin\gamma\omega & R_r+[(L_d\cos^2\gamma+L_q\sin^2\gamma)\cdot p+(G_{dq}-G_{qd})\sin\gamma\cos\gamma\omega] & -(G_{dq}\cos^2\gamma+G_{qd}\sin^2\gamma)\omega+\sin\gamma\cos\gamma(L_d-L_q)\cdot p\\ M_{Fd}\sin\gamma p+G_{qF}\cos\gamma\omega & (G_{qd}\cos^2\gamma+G_{dq}\sin^2\gamma)\omega+\sin\gamma\cos\gamma(L_d-L_q)\cdot p & R_r+[(L_d\sin^2\gamma+L_q\cos^2\gamma)\cdot p+(G_{qd}-G_{dq})\sin\gamma\cos\gamma\omega]\end{bmatrix}\end{aligned} \tag{6.9}$$

因为 d' 轴上没有转子绕组，阻抗矩阵的第 2 行第 2 列可以划掉，从而得到图 6.2所示直流电机的电压方程为

$$\begin{cases}u_F=(R_F+L_Fp)i_F+M_{Fd}\sin\gamma p i_a\\ u_a=(M_{Fd}\sin\gamma p+G_{qF}\cos\gamma\omega)i_F+\\ \qquad \{R_r+[(L_d\sin^2\gamma+L_q\cos^2\gamma)\cdot p+(G_{qd}-G_{dq})\sin\gamma\cos\gamma\omega]\}i_a\end{cases} \tag{6.10}$$

从上面的电压方程可知，励磁绕组的磁链为

$$\Psi_F=L_Fi_F+M_{Fd}i_a\sin\gamma \tag{6.11}$$

电枢绕组的自感表达式为

$$L_a=L_d\sin^2\gamma+L_q\cos^2\gamma \tag{6.12}$$

电枢绕组的磁链则表示为

$$\Psi_a=L_ai_a+M_{Fd}i_F\sin\gamma \tag{6.13}$$

式(6.10)中 u_a 的运动电动势项为

$$e_{a\omega}=G_{qF}\cos\gamma\cdot\omega i_F+(G_{qd}-G_{dq})\sin\gamma\cos\gamma\cdot\omega i_a \tag{6.14}$$

可以得到电磁转矩表达式为

$$T_e=G_{qF}\cos\gamma\cdot i_Fi_a+\frac{1}{2}(G_{qd}-G_{dq})\sin2\gamma\cdot\omega i_a^2 \tag{6.15}$$

式中，第一项对应于主电磁转矩，第二项是由于定子是凸极结构引起的磁阻转矩部分。因为凸极在 d 轴位置，$G_{qd}>G_{dq}$，故当电刷顺着电机旋转方向偏离几何中性线时，即 $\gamma>0$ 且不超过 90°电角度时，产生的磁阻转矩为正值。

6.1.2　复合励磁方式的直流电机运动方程

本节讨论并励、串励、复励直流电机的运动方程，假定讨论的这些直流电机的

电刷均在几何中性线上。并励直流电机的励磁绕组与电枢绕组并联，其等值电路如图 6.5 所示。

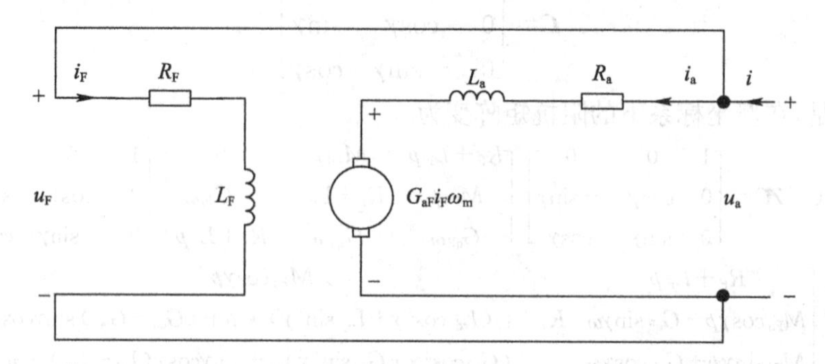

图 6.5　并励直流电机的等值电路示意图

并励电机在式(6.3)～式(6.5)基础上，增加了电压约束和电流约束方程：

$$\begin{cases} u_a = u_F = u \\ i = i_a + i_F \end{cases} \tag{6.16}$$

串励直流电机的励磁绕组与电枢绕组串联，其等值电路如图 6.6 所示。它在式(6.3)～式(6.5)基础上，增加了电压约束和电流约束方程：

$$\begin{cases} u = u_a + u_F \\ i = i_a = i_F \end{cases} \tag{6.17}$$

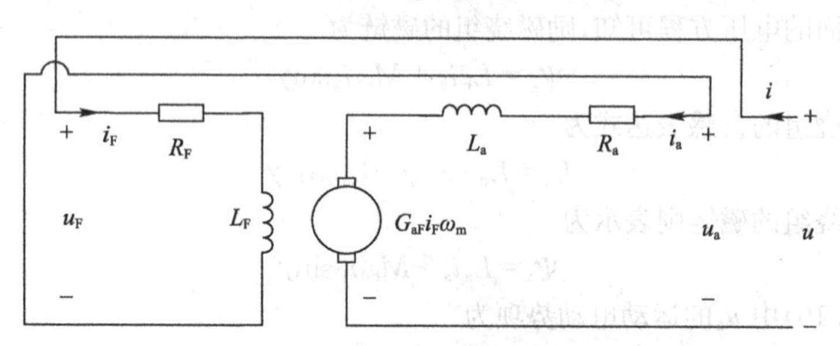

图 6.6　串励直流电机的等值电路示意图

复励直流电机中既有串励绕组 s，也有并励绕组 F，两套励磁绕组之间则存在互感，而且两套励磁绕组之间的互感可正可负。复励直流电机的电压方程为

$$\begin{cases} u_F = R_F i_F + L_F p i_F \pm M_{Fs} p i_s \\ u_s = R_s i_s + L_s p i_s \pm M_{Fs} p i_F \\ u_a = R_a i_a + L_a p i_a + G_{aF} i_F \omega_m \pm G_{as} i_s \omega_m \end{cases} \tag{6.18}$$

电磁转矩方程变为

$$T_e = (G_{aF} i_F \pm G_{as} i_s) i_a \tag{6.19}$$

式(6.18)和式(6.19)中的“±”号取正时，说明两套励磁绕组的励磁磁通正方

向一致;取负时,说明两套励磁绕组的励磁磁通正方向相反。此外,式(6.18)和式(6.19)并没有体现出励磁绕组与电枢绕组的连接关系。若并励绕组仅与电枢绕组并联,这种复励结构称为短复励,如图 6.7(a)所示。而当串励绕组和电枢绕组串联的支路再与并励绕组并联时,该复励结构称为长复励,如图 6.7(b)所示。

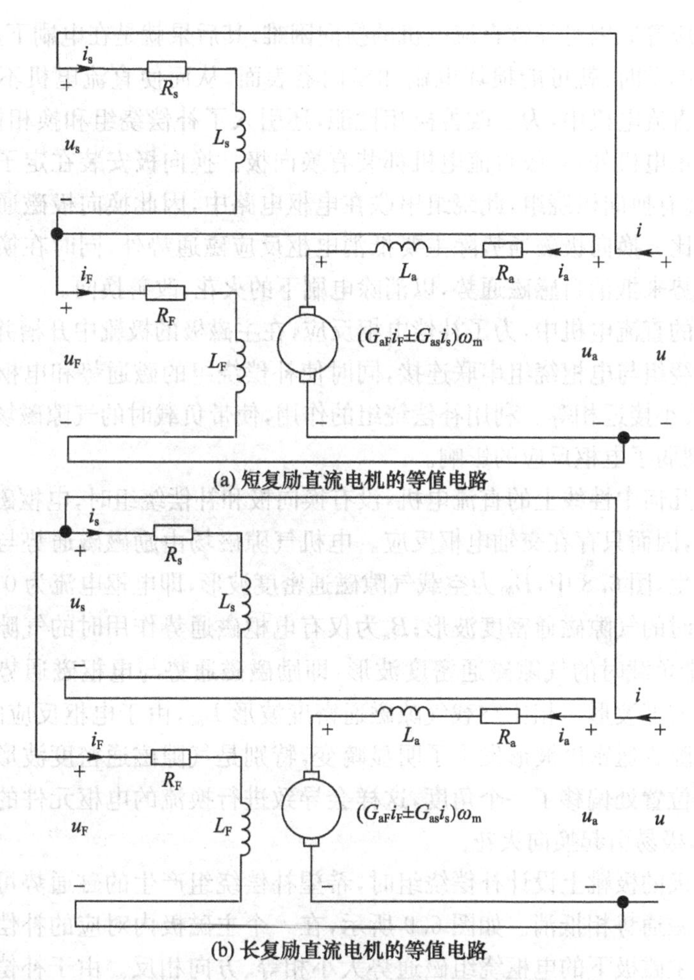

图 6.7　复励直流电机的等值电路

根据图 6.7(a)的等值电路可以得到短复励直流电机的约束方程为

$$\begin{cases} u_F = u_a \\ u = u_a + u_s \\ i = i_s = i_a + i_F \end{cases} \tag{6.20}$$

根据图 6.7(b)的等值电路可以得到长复励直流电机的约束方程为

$$\begin{cases} u=u_F \\ u=u_a+u_s \\ i_s=i_a=i-i_F \end{cases} \tag{6.21}$$

6.1.3 直流电机的补偿绕组及换向极

电枢反应等原因可导致直流电机的换向困难，其后果就是在电刷下产生火花，当火花比较严重时，就可能损坏电刷和换向器表面，从而使直流电机不能正常工作。在实际直流电机中，为了改善换相性能，还引入了补偿绕组和换相极等结构。除少数小容量电机外，一般直流电机都装有换向极。换向极安装在定子主磁极之间，极身上绕有换向极绕组，此绕组串联在电枢电路中，因此换向极磁通势与电枢磁通势成正比。换向极磁通势除主要抵消电枢反应磁通势外，同时在换向极中产生感应电动势来抵消自感磁通势，以消除电刷下的火花，改善换向。

大功率的直流电机中，为了补偿电枢反应，在主磁极的极靴中开槽并安装补偿绕组。补偿绕组与电枢绕组串联连接，同时使补偿绕组的磁通势和电枢磁通势的方向相反、大小接近相等。利用补偿绕组的作用，使带负载时的气隙磁场基本上不发生畸变，削弱了电枢反应的影响。

电刷在几何中性线上的直流电机，没有换向极和补偿绕组时，电枢磁通势全部为交轴分量，因而只存在交轴电枢反应。电机气隙磁场由励磁磁通势与电枢磁通势叠加而产生，图 6.8 中，$B_{\delta0}$为空载气隙磁通密度波形，即电枢电流为 0，仅有励磁磁通势作用时的气隙磁通密度波形；B_a为仅有电枢磁通势作用时的气隙磁通密度波形；B_δ为带负载时的气隙磁通密度波形，即励磁磁通势与电枢磁通势共同产生的气隙磁通密度波形。相比空载气隙磁通密度波形 $B_{\delta0}$，由于电枢反应的影响，带负载时的气隙磁通密度波形发生了明显畸变，特别是气隙磁通密度波形过零点从几何中性线位置处偏移了一个角度，这样会导致进行换流的电枢元件的感应电动势不等于 0，极易引起换向火花。

在主磁极的极靴上设计补偿绕组时，希望补偿绕组产生的磁通势可以和电枢绕组产生的磁通势相抵消。如图 6.9 所示，在一个主磁极内对应的补偿绕组磁通势应与一个主磁极下的电枢绕组磁通势大小相等、方向相反。由于补偿绕组与电枢绕组是串联连接的，补偿绕组电流等于负的电枢电流 $-I_a$。为了得到一个主磁极下补偿绕组的导体数 z_{k1}，假设极弧系数为 α，极距为 τ，如果 z 为电枢绕组的导体数，D_r为转子外径，则可以得到在电枢表面等效电枢线负荷 A_a 为

$$A_a=\frac{zI_a}{\pi D_r} \tag{6.22}$$

为了平衡电枢磁通势，必须要使得图 6.9 中的虚线框中总的电流代数和为 0，

于是有

$$A_a \alpha \tau = z_{k1} I_a \tag{6.23}$$

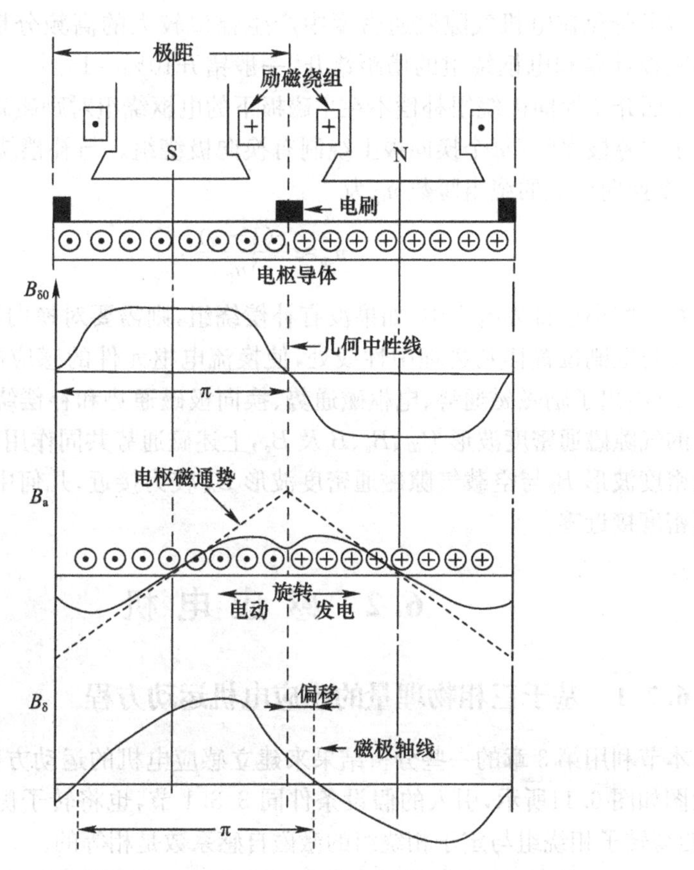

图 6.8　无换向极和补偿绕组的直流电机气隙磁场分布波形图

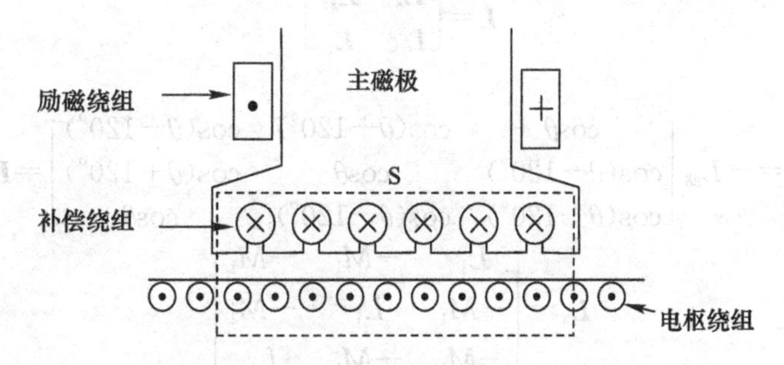

图 6.9　主磁极下与主磁极内的绕组示意图

由式(6.22)与式(6.23)，再利用 $2n_p\tau \approx \pi D_r$，可得一个主磁极极靴中补偿绕组的导体数为

$$z_{k1} \approx \frac{z\alpha}{2n_p} \tag{6.24}$$

为了避免在电机气隙磁通密度中产生幅值较大的高频分量，要求补偿绕组的槽距设计要和电枢绕组的槽距错开，一般错开10%～15%。

下面介绍换向极绕组补偿不在主磁极下的电枢绕组对励磁磁场的影响。换向极处于主磁极之间，每个换向极上绕制有换向极绕组。与补偿绕组的设计方法一样，每个换向极上的绕组匝数 n_{cp} 为

$$n_{cp} \approx \frac{z(1-\alpha)}{4n_p} \tag{6.25}$$

在一些小型直流电机中，如果没有补偿绕组，则需要对换向极进行优化设计，还需要将电刷位置移到物理中性线处，使换流电枢元件的感应电动势接近为零。图 6.10 给出了励磁磁通势、电枢磁通势、换向极磁通势和补偿绕组磁通势各自作用下的气隙磁通密度波形 $B_{\delta 0}$、B_a、B_i 及 B_c，上述磁通势共同作用的结果，使得气隙磁通密度波形 B_δ 与空载气隙磁通密度波形 $B_{\delta 0}$ 较为接近，几何中性线位置处气隙磁通密度接近零。

6.2 感应电机

6.2.1 基于三相物理量的感应电机运动方程

本节利用第 3 章的一些分析结果来建立感应电机的运动方程，三相感应电机示意图如图 6.11所示，引入的假设条件同 3.8.1 节，也将转子侧绕组折算到定子侧，使得转子相绕组与定子相绕组的激磁自感系数是相等的。

在 3.8.1 节中，已经分析得到了感应电机的电感矩阵，即

$$\boldsymbol{L} = \begin{bmatrix} \boldsymbol{L}_s & \boldsymbol{L}_{sr} \\ \boldsymbol{L}_{rs} & \boldsymbol{L}_r \end{bmatrix} \tag{6.26}$$

式中

$$\boldsymbol{L}_{sr} = -L_{s\delta} \begin{bmatrix} \cos\theta & \cos(\theta+120°) & \cos(\theta-120°) \\ \cos(\theta-120°) & \cos\theta & \cos(\theta+120°) \\ \cos(\theta+120°) & \cos(\theta-120°) & \cos\theta \end{bmatrix} = \boldsymbol{L}_{rs}^{T} \tag{6.27}$$

$$\boldsymbol{L}_s = \begin{bmatrix} L_1 & -M_1 & -M_1 \\ -M_1 & L_1 & -M_1 \\ -M_1 & -M_1 & L_1 \end{bmatrix} \tag{6.28}$$

$$\boldsymbol{L}_r = \begin{bmatrix} L_2 & -M_1 & -M_1 \\ -M_1 & L_2 & -M_1 \\ -M_1 & -M_1 & L_2 \end{bmatrix} \tag{6.29}$$

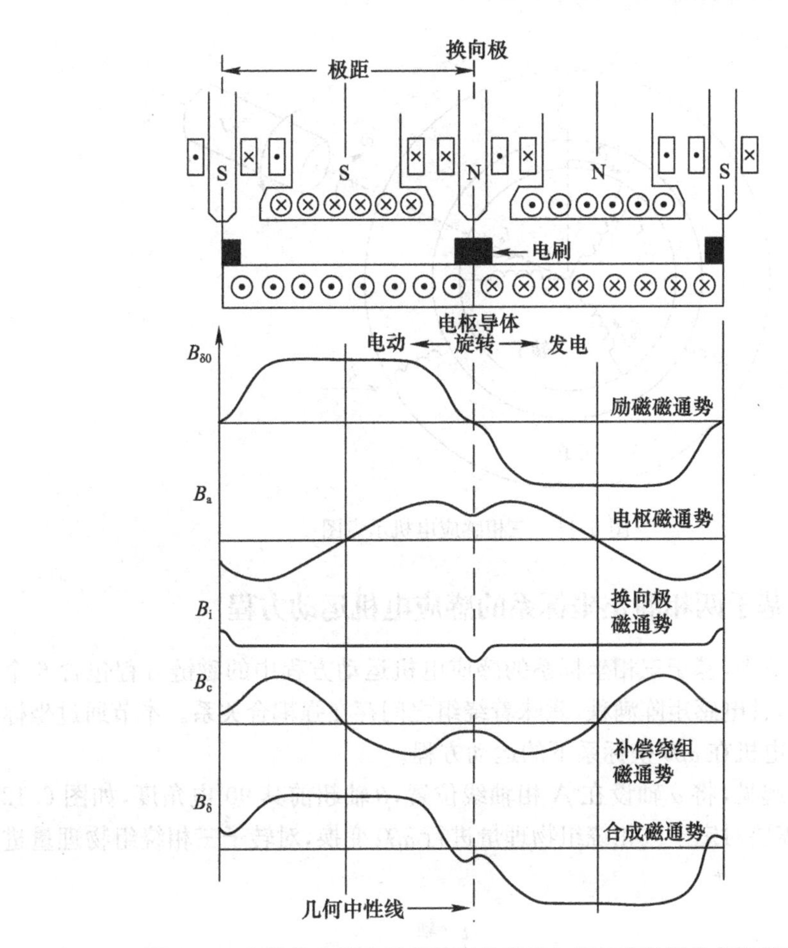

图 6.10　安装换向极和补偿绕组的直流电机气隙磁场分布波形图

上述电感矩阵中的元素表达式为

$$L_1=L_{s\delta}+L_{s\sigma} \tag{6.30}$$

$$L_2=L_{s\delta}+L_{r\sigma} \tag{6.31}$$

$$M_1=-\frac{1}{2}L_{s\delta} \tag{6.32}$$

感应电机的运动方程由磁链方程、电压方程及电磁转矩及转矩平衡方程构成。其中，磁链方程的矩阵形式为

$$\boldsymbol{\Psi}=\boldsymbol{Li} \tag{6.33}$$

电压方程为

$$\boldsymbol{u}=\boldsymbol{Ri}+p\boldsymbol{\Psi} \tag{6.34}$$

电磁转矩方程在第 3 章中已经进行了推导，转矩平衡方程与直流电机等一致，此处不再赘述。

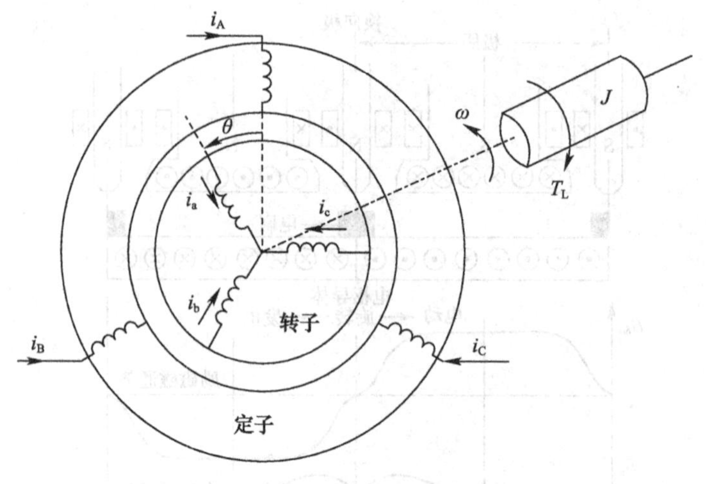

图 6.11　三相感应电机示意图

6.2.2　基于两相静止坐标系的感应电机运动方程

在 6.2.1 节中，基于三相坐标系的感应电机运动方程中的磁链方程包含 6 个绕组磁链方程，且电感矩阵满秩，意味着绕组之间存在强耦合关系。本节通过坐标变换得到感应电机在 $\alpha\beta0$ 坐标系下的运动方程。

为了方便起见，将 α 轴设在 A 相轴线位置，β 轴超前其 90°电角度，如图 6.12 所示。因此，需要对定子三相绕组物理量进行 $\alpha\beta0$ 变换，对转子三相绕组物理量进行 $dq0$ 变换。

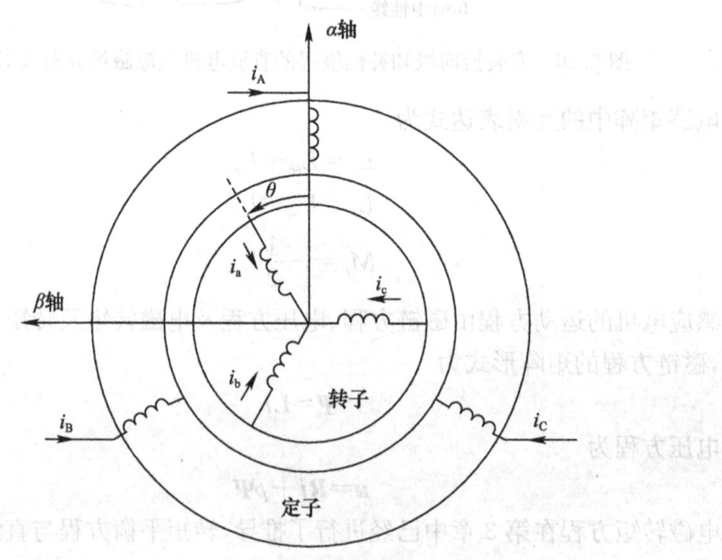

图 6.12　三相感应电机中的 $\alpha\beta0$ 坐标系

变换后的电流列矩阵为

$$\boldsymbol{i}_{\mathrm{IM}\alpha\beta}=\begin{bmatrix}\boldsymbol{i}_{\mathrm{s}\alpha\beta}\\ \boldsymbol{i}_{\mathrm{r}\alpha\beta}\end{bmatrix}=\boldsymbol{C}_{\mathrm{IM}\alpha\beta}\boldsymbol{i}=\begin{bmatrix}\boldsymbol{C}_{3/2} & 0\\ 0 & \boldsymbol{C}_{3\mathrm{r}/2\mathrm{s}}\end{bmatrix}\begin{bmatrix}\boldsymbol{i}_{\mathrm{sABC}}\\ \boldsymbol{i}_{\mathrm{rABC}}\end{bmatrix} \tag{6.35}$$

式中

$$\boldsymbol{i}_{\mathrm{s}\alpha\beta}=\begin{bmatrix}\boldsymbol{i}_{\mathrm{s}\alpha}\\ \boldsymbol{i}_{\mathrm{s}\beta}\\ \boldsymbol{i}_{\mathrm{s}0}\end{bmatrix};\quad \boldsymbol{i}_{\mathrm{r}\alpha\beta}=\begin{bmatrix}\boldsymbol{i}_{\mathrm{r}\alpha}\\ \boldsymbol{i}_{\mathrm{r}\beta}\\ \boldsymbol{i}_{\mathrm{r}0}\end{bmatrix} \tag{6.36}$$

此处采用功率不变约束，参考式(5.82)，故变换矩阵中的两个子矩阵分别为

$$\boldsymbol{C}_{3/2}=\sqrt{\frac{2}{3}}\begin{bmatrix}1 & -\frac{1}{2} & -\frac{1}{2}\\ 0 & \frac{\sqrt{3}}{2} & -\frac{\sqrt{3}}{2}\\ \frac{1}{\sqrt{2}} & \frac{1}{\sqrt{2}} & \frac{1}{\sqrt{2}}\end{bmatrix} \tag{6.37}$$

$$\boldsymbol{C}_{3\mathrm{r}/2\mathrm{s}}=\sqrt{\frac{2}{3}}\begin{bmatrix}\cos\theta & \cos\left(\theta+\frac{2\pi}{3}\right) & \cos\left(\theta-\frac{2\pi}{3}\right)\\ \sin\theta & \sin\left(\theta+\frac{2\pi}{3}\right) & \sin\left(\theta-\frac{2\pi}{3}\right)\\ \frac{1}{\sqrt{2}} & \frac{1}{\sqrt{2}} & \frac{1}{\sqrt{2}}\end{bmatrix} \tag{6.38}$$

此处的变换矩阵(6.38)与式(5.84)有所不同。下面对磁链方程、电压方程及电磁转矩方程进行推导。

1. 磁链方程

在 $\alpha\beta0$ 坐标系下的磁链列矩阵为

$$\boldsymbol{\Psi}_{\mathrm{IM}\alpha\beta}=[\varPsi_{\mathrm{s}\alpha}\quad \varPsi_{\mathrm{s}\beta}\quad \varPsi_{\mathrm{s}0}\quad \varPsi_{\mathrm{r}\alpha}\quad \varPsi_{\mathrm{r}\beta}\quad \varPsi_{\mathrm{r}0}]^{\mathrm{T}}=\boldsymbol{C}_{\mathrm{IM}\alpha\beta}\boldsymbol{L}\boldsymbol{C}_{\mathrm{IM}\alpha\beta}^{-1}\boldsymbol{i}_{\mathrm{IM}\alpha\beta}=\boldsymbol{L}_{\mathrm{IM}\alpha\beta}\boldsymbol{i}_{\mathrm{IM}\alpha\beta} \tag{6.39}$$

式中，$\alpha\beta0$ 坐标系下的电感矩阵可写成

$$\begin{aligned}\boldsymbol{L}_{\mathrm{IM}\alpha\beta}&=\boldsymbol{C}_{\mathrm{IM}\alpha\beta}\boldsymbol{L}\boldsymbol{C}_{\mathrm{IM}\alpha\beta}^{-1}=\begin{bmatrix}\boldsymbol{C}_{3/2} & 0\\ 0 & \boldsymbol{C}_{3\mathrm{r}/2\mathrm{s}}\end{bmatrix}\begin{bmatrix}\boldsymbol{L}_{\mathrm{s}} & \boldsymbol{L}_{\mathrm{sr}}\\ \boldsymbol{L}_{\mathrm{rs}} & \boldsymbol{L}_{\mathrm{r}}\end{bmatrix}\begin{bmatrix}\boldsymbol{C}_{3/2}^{-1} & 0\\ 0 & \boldsymbol{C}_{3\mathrm{r}/2\mathrm{s}}^{-1}\end{bmatrix}\\ &=\begin{bmatrix}\boldsymbol{C}_{3/2}\boldsymbol{L}_{\mathrm{s}}\boldsymbol{C}_{3/2}^{-1} & \boldsymbol{C}_{3/2}\boldsymbol{L}_{\mathrm{sr}}\boldsymbol{C}_{3\mathrm{r}/2\mathrm{s}}^{-1}\\ \boldsymbol{C}_{3\mathrm{r}/2\mathrm{s}}\boldsymbol{L}_{\mathrm{rs}}\boldsymbol{C}_{3/2}^{-1} & \boldsymbol{C}_{3\mathrm{r}/2\mathrm{s}}\boldsymbol{L}_{\mathrm{r}}\boldsymbol{C}_{3\mathrm{r}/2\mathrm{s}}^{-1}\end{bmatrix}\end{aligned} \tag{6.40}$$

利用 3.8 节和 6.2.1 节的分析结果，有

$$
\boldsymbol{L}_{\mathrm{s}}=\begin{bmatrix} L_{\mathrm{s}\delta}+L_{\mathrm{s}\sigma} & -\frac{1}{2}L_{\mathrm{s}\delta} & -\frac{1}{2}L_{\mathrm{s}\delta} \\ -\frac{1}{2}L_{\mathrm{s}\delta} & L_{\mathrm{s}\delta}+L_{\mathrm{s}\sigma} & -\frac{1}{2}L_{\mathrm{s}\delta} \\ -\frac{1}{2}L_{\mathrm{s}\delta} & -\frac{1}{2}L_{\mathrm{s}\delta} & L_{\mathrm{s}\delta}+L_{\mathrm{s}\sigma} \end{bmatrix} \tag{6.41}
$$

$$
\boldsymbol{L}_{\mathrm{r}}=\begin{bmatrix} L_{\mathrm{s}\delta}+L_{\mathrm{r}\sigma} & -\frac{1}{2}L_{\mathrm{s}\delta} & -\frac{1}{2}L_{\mathrm{s}\delta} \\ -\frac{1}{2}L_{\mathrm{s}\delta} & L_{\mathrm{s}\delta}+L_{\mathrm{r}\sigma} & -\frac{1}{2}L_{\mathrm{s}\delta} \\ -\frac{1}{2}L_{\mathrm{s}\delta} & -\frac{1}{2}L_{\mathrm{s}\delta} & L_{\mathrm{s}\delta}+L_{\mathrm{r}\sigma} \end{bmatrix} \tag{6.42}
$$

$\alpha\beta 0$ 坐标系下电感矩阵的子矩阵为

$$
\begin{aligned}
\boldsymbol{C}_{3/2}\boldsymbol{L}_{\mathrm{s}}\boldsymbol{C}_{3/2}^{-1}=&\frac{2}{3}\begin{bmatrix} 1 & -\frac{1}{2} & -\frac{1}{2} \\ 0 & \frac{\sqrt{3}}{2} & -\frac{\sqrt{3}}{2} \\ \frac{1}{\sqrt{2}} & \frac{1}{\sqrt{2}} & \frac{1}{\sqrt{2}} \end{bmatrix}\cdot\begin{bmatrix} L_{\mathrm{s}\delta}+L_{\mathrm{s}\sigma} & -\frac{1}{2}L_{\mathrm{s}\delta} & -\frac{1}{2}L_{\mathrm{s}\delta} \\ -\frac{1}{2}L_{\mathrm{s}\delta} & L_{\mathrm{s}\delta}+L_{\mathrm{s}\sigma} & -\frac{1}{2}L_{\mathrm{s}\delta} \\ -\frac{1}{2}L_{\mathrm{s}\delta} & -\frac{1}{2}L_{\mathrm{s}\delta} & L_{\mathrm{s}\delta}+L_{\mathrm{s}\sigma} \end{bmatrix}\cdot \\
&\begin{bmatrix} 1 & 0 & \frac{1}{\sqrt{2}} \\ -\frac{1}{2} & \frac{\sqrt{3}}{2} & \frac{1}{\sqrt{2}} \\ -\frac{1}{2} & -\frac{\sqrt{3}}{2} & \frac{1}{\sqrt{2}} \end{bmatrix}=\begin{bmatrix} \frac{3}{2}L_{\mathrm{s}\delta}+L_{\mathrm{s}\sigma} & 0 & 0 \\ 0 & \frac{3}{2}L_{\mathrm{s}\delta}+L_{\mathrm{s}\sigma} & 0 \\ 0 & 0 & L_{\mathrm{s}\sigma} \end{bmatrix}
\end{aligned} \tag{6.43}
$$

$$
\begin{aligned}
\boldsymbol{C}_{3/2}\boldsymbol{L}_{\mathrm{sr}}\boldsymbol{C}_{3\mathrm{r}/2\mathrm{s}}^{-1}=&\frac{2}{3}\begin{bmatrix} 1 & -\frac{1}{2} & -\frac{1}{2} \\ 0 & \frac{\sqrt{3}}{2} & -\frac{\sqrt{3}}{2} \\ \frac{1}{\sqrt{2}} & \frac{1}{\sqrt{2}} & \frac{1}{\sqrt{2}} \end{bmatrix}\cdot L_{\mathrm{s}\delta}\begin{bmatrix} \cos\theta & \cos\left(\theta+\frac{2\pi}{3}\right) & \cos\left(\theta-\frac{2\pi}{3}\right) \\ \cos\left(\theta-\frac{2\pi}{3}\right) & \cos\theta & \cos\left(\theta+\frac{2\pi}{3}\right) \\ \cos\left(\theta+\frac{2\pi}{3}\right) & \cos\left(\theta-\frac{2\pi}{3}\right) & \cos\theta \end{bmatrix}\cdot \\
&\begin{bmatrix} \cos\theta & \sin\theta & \frac{1}{\sqrt{2}} \\ \cos\left(\theta+\frac{2\pi}{3}\right) & \sin\left(\theta+\frac{2\pi}{3}\right) & \frac{1}{\sqrt{2}} \\ \cos\left(\theta-\frac{2\pi}{3}\right) & \sin\left(\theta-\frac{2\pi}{3}\right) & \frac{1}{\sqrt{2}} \end{bmatrix}=\frac{3}{2}\begin{bmatrix} L_{\mathrm{s}\delta} & 0 & 0 \\ 0 & L_{\mathrm{s}\delta} & 0 \\ 0 & 0 & 0 \end{bmatrix}
\end{aligned} \tag{6.44}
$$

$$C_{3r/2s}L_rC_{3s/2r}^{-1}=\frac{2}{3}\begin{bmatrix}\cos\theta & \cos\left(\theta+\frac{2\pi}{3}\right) & \cos\left(\theta-\frac{2\pi}{3}\right)\\ \sin\theta & \sin\left(\theta+\frac{2\pi}{3}\right) & \sin\left(\theta-\frac{2\pi}{3}\right)\\ \frac{1}{\sqrt{2}} & \frac{1}{\sqrt{2}} & \frac{1}{\sqrt{2}}\end{bmatrix}\cdot\begin{bmatrix}L_{s\delta}+L_{r\sigma} & -\frac{1}{2}L_{s\delta} & -\frac{1}{2}L_{s\delta}\\ -\frac{1}{2}L_{s\delta} & L_{s\delta}+L_{r\sigma} & -\frac{1}{2}L_{s\delta}\\ -\frac{1}{2}L_{s\delta} & -\frac{1}{2}L_{s\delta} & L_{s\delta}+L_{r\sigma}\end{bmatrix}\cdot$$

$$\begin{bmatrix}\cos\theta & \sin\theta & \frac{1}{\sqrt{2}}\\ \cos\left(\theta+\frac{2\pi}{3}\right) & \sin\left(\theta+\frac{2\pi}{3}\right) & \frac{1}{\sqrt{2}}\\ \cos\left(\theta-\frac{2\pi}{3}\right) & \sin\left(\theta-\frac{2\pi}{3}\right) & \frac{1}{\sqrt{2}}\end{bmatrix}=\begin{bmatrix}\frac{3}{2}L_{s\delta}+L_{r\sigma} & 0 & 0\\ 0 & \frac{3}{2}L_{s\delta}+L_{r\sigma} & 0\\ 0 & 0 & L_{r\sigma}\end{bmatrix}\tag{6.45}$$

$$C_{3r/2s}L_{rs}C_{3/2}^{-1}=\frac{3}{2}\begin{bmatrix}L_{s\delta} & 0 & 0\\ 0 & L_{s\delta} & 0\\ 0 & 0 & 0\end{bmatrix}\tag{6.46}$$

2. 电压方程

在式(6.34)两边同时乘以变换矩阵 $C_{\mathrm{IM}\alpha\beta}$，可得电压表达式为

$$\begin{aligned}U_{\mathrm{IM}\alpha\beta}&=C_{\mathrm{IM}\alpha\beta}RC_{\mathrm{IM}\alpha\beta}^{-1}i_{\mathrm{IM}\alpha\beta}+C_{\mathrm{IM}\alpha\beta}\cdot p(C_{\mathrm{IM}\alpha\beta}^{-1}\Psi_{\mathrm{IM}\alpha\beta})\\&=R_{\mathrm{IM}\alpha\beta}i_{\mathrm{IM}\alpha\beta}+C_{\mathrm{IM}\alpha\beta}\cdot(pC_{\mathrm{IM}\alpha\beta}^{-1})\Psi_{\mathrm{IM}\alpha\beta}+C_{\mathrm{IM}\alpha\beta}C_{\mathrm{IM}\alpha\beta}^{-1}\cdot(p\Psi_{\mathrm{IM}\alpha\beta})\\&=R_{\mathrm{IM}\alpha\beta}i_{\mathrm{IM}\alpha\beta}+C_{\mathrm{IM}\alpha\beta}\cdot(pC_{\mathrm{IM}\alpha\beta}^{-1})\Psi_{\mathrm{IM}\alpha\beta}+p(L_{\mathrm{IM}\alpha\beta}i_{\mathrm{IM}\alpha\beta})\\&=R_{\mathrm{IM}\alpha\beta}i_{\mathrm{IM}\alpha\beta}+e_{\omega}+L_{\mathrm{IM}\alpha\beta}\cdot p\,i_{\mathrm{IM}\alpha\beta}\end{aligned}\tag{6.47}$$

即把电压方程写成由绕组电阻电压降、运动电动势和变压器电动势 3 部分构成。其中，$\alpha\beta0$ 坐标系下的电阻矩阵为

$$R_{\mathrm{IM}\alpha\beta}=C_{\mathrm{IM}\alpha\beta}LC_{\mathrm{IM}\alpha\beta}^{-1}=\begin{bmatrix}C_{3/2} & 0\\ 0 & C_{3r/2s}\end{bmatrix}\begin{bmatrix}R_s & 0\\ 0 & R_r\end{bmatrix}\begin{bmatrix}C_{3/2}^{-1} & 0\\ 0 & C_{3r/2s}^{-1}\end{bmatrix}$$

$$=\frac{3}{2}\begin{bmatrix}R_s & 0 & 0 & 0 & 0 & 0\\ 0 & R_s & 0 & 0 & 0 & 0\\ 0 & 0 & R_s & 0 & 0 & 0\\ 0 & 0 & 0 & R_r & 0 & 0\\ 0 & 0 & 0 & 0 & R_r & 0\\ 0 & 0 & 0 & 0 & 0 & R_r\end{bmatrix}\tag{6.48}$$

运动电动势矩阵为

$$\boldsymbol{e}_{\omega}=\boldsymbol{C}_{\mathrm{IM}\alpha\beta}\cdot(p\boldsymbol{C}_{\mathrm{IM}\alpha\beta}^{-1})\boldsymbol{\Psi}_{\mathrm{IM}\alpha\beta}=\begin{bmatrix}\boldsymbol{C}_{3/2} & 0\\ 0 & \boldsymbol{C}_{3\mathrm{r}/2\mathrm{s}}\end{bmatrix}\cdot\left(\begin{bmatrix}p\boldsymbol{C}_{3/2}^{-1} & 0\\ 0 & p\boldsymbol{C}_{3\mathrm{r}/2\mathrm{s}}^{-1}\end{bmatrix}\right)\boldsymbol{\Psi}_{\mathrm{IM}\alpha\beta}$$

$$=\begin{bmatrix}0 & 0\\ 0 & \boldsymbol{C}_{3\mathrm{r}/2\mathrm{s}}\cdot(p\boldsymbol{C}_{3\mathrm{r}/2\mathrm{s}}^{-1})\end{bmatrix}\cdot\boldsymbol{\Psi}_{\mathrm{IM}\alpha\beta} \tag{6.49}$$

式中

$$\boldsymbol{C}_{3\mathrm{r}/2\mathrm{s}}\cdot(p\boldsymbol{C}_{3\mathrm{r}/2\mathrm{s}}^{-1})=\frac{2}{3}\begin{bmatrix}\cos\theta & \cos\left(\theta+\frac{2\pi}{3}\right) & \cos\left(\theta-\frac{2\pi}{3}\right)\\ \sin\theta & \sin\left(\theta+\frac{2\pi}{3}\right) & \sin\left(\theta-\frac{2\pi}{3}\right)\\ \frac{1}{\sqrt{2}} & \frac{1}{\sqrt{2}} & \frac{1}{\sqrt{2}}\end{bmatrix}\cdot p\begin{bmatrix}\cos\theta & \sin\theta & \frac{1}{\sqrt{2}}\\ \cos\left(\theta+\frac{2\pi}{3}\right) & \sin\left(\theta+\frac{2\pi}{3}\right) & \frac{1}{\sqrt{2}}\\ \cos\left(\theta-\frac{2\pi}{3}\right) & \sin\left(\theta-\frac{2\pi}{3}\right) & \frac{1}{\sqrt{2}}\end{bmatrix}$$

$$=\begin{bmatrix}0 & 1 & 0\\ -1 & 0 & 0\\ 0 & 0 & 0\end{bmatrix}\cdot\frac{\mathrm{d}\theta}{\mathrm{d}t} \tag{6.50}$$

式中

$$\frac{\mathrm{d}\theta}{\mathrm{d}t}=\omega_{\mathrm{r}} \tag{6.51}$$

ω_{r}为转子运动角速度。

考虑磁链方程，运动电动势矩阵表达式可变为

$$\boldsymbol{e}_{\omega}=\begin{bmatrix}0\\ 0\\ 0\\ n_{\mathrm{p}}\omega_{\mathrm{r}}\boldsymbol{\Psi}_{\mathrm{r}\beta}\\ -n_{\mathrm{p}}\omega_{\mathrm{r}}\boldsymbol{\Psi}_{\mathrm{r}\alpha}\\ 0\end{bmatrix}=n_{\mathrm{p}}\omega_{\mathrm{r}}\begin{bmatrix}0 & 0 & 0 & 0 & 0 & 0\\ 0 & 0 & 0 & 0 & 0 & 0\\ 0 & 0 & 0 & 0 & 0 & 0\\ \frac{3}{2}L_{\mathrm{s}\delta} & 0 & 0 & \frac{3}{2}L_{\mathrm{s}\delta}+L_{\mathrm{r}\sigma} & 0 & 0\\ 0 & -\frac{3}{2}L_{\mathrm{s}\delta} & 0 & 0 & -\frac{3}{2}L_{\mathrm{s}\delta}+L_{\mathrm{r}\sigma} & 0\\ 0 & 0 & 0 & 0 & 0 & 0\end{bmatrix} \tag{6.52}$$

这样一来，$\alpha\beta0$ 坐标系下的电压方程变为

$$\begin{bmatrix}u_{\mathrm{s}\alpha}\\ u_{\mathrm{s}\beta}\\ u_{\mathrm{s}0}\\ u_{\mathrm{r}\alpha}\\ u_{\mathrm{r}\beta}\\ u_{\mathrm{r}0}\end{bmatrix}=\begin{bmatrix}R_{\mathrm{s}} & 0 & 0 & 0 & 0 & 0\\ 0 & R_{\mathrm{s}} & 0 & 0 & 0 & 0\\ 0 & 0 & R_{\mathrm{s}} & 0 & 0 & 0\\ 0 & 0 & 0 & R_{\mathrm{r}} & 0 & 0\\ 0 & 0 & 0 & 0 & R_{\mathrm{r}} & 0\\ 0 & 0 & 0 & 0 & 0 & R_{\mathrm{r}}\end{bmatrix}\begin{bmatrix}i_{\mathrm{s}\alpha}\\ i_{\mathrm{s}\beta}\\ i_{\mathrm{s}0}\\ i_{\mathrm{r}\alpha}\\ i_{\mathrm{r}\beta}\\ i_{\mathrm{r}0}\end{bmatrix}+\begin{bmatrix}0\\ 0\\ 0\\ \omega_{\mathrm{r}}\boldsymbol{\Psi}_{\mathrm{r}\beta}\\ -\omega_{\mathrm{r}}\boldsymbol{\Psi}_{\mathrm{r}\alpha}\\ 0\end{bmatrix}+$$

$$\begin{bmatrix} \frac{3}{2}L_{s\delta}+L_{s\sigma} & 0 & 0 & \frac{3}{2}L_{s\delta} & 0 & 0 \\ 0 & \frac{3}{2}L_{s\delta}+L_{s\sigma} & 0 & 0 & \frac{3}{2}L_{s\delta} & 0 \\ 0 & 0 & L_{s\sigma} & 0 & 0 & 0 \\ \frac{3}{2}L_{s\delta} & 0 & 0 & \frac{3}{2}L_{s\delta}+L_{r\sigma} & 0 & 0 \\ 0 & \frac{3}{2}L_{s\delta} & 0 & 0 & \frac{3}{2}L_{s\delta}+L_{r\sigma} & 0 \\ 0 & 0 & 0 & 0 & 0 & L_{r\sigma} \end{bmatrix} \cdot p \begin{bmatrix} i_{s\alpha} \\ i_{s\beta} \\ i_{s0} \\ i_{r\alpha} \\ i_{r\beta} \\ i_{r0} \end{bmatrix} \tag{6.53}$$

将磁链方程

$$\begin{cases} \Psi_{r\alpha}=\left(\frac{3}{2}L_{s\delta}+L_{r\sigma}\right)i_{r\alpha}+\frac{3}{2}L_{s\delta}i_{s\alpha} \\ \Psi_{r\beta}=\left(\frac{3}{2}L_{s\delta}+L_{r\sigma}\right)i_{r\beta}+\frac{3}{2}L_{s\delta}i_{s\beta} \end{cases} \tag{6.54}$$

代入式(6.53)，并把对系统特性没有影响的零轴物理量删除，得到

$$\begin{bmatrix} u_{s\alpha} \\ u_{s\beta} \\ u_{r\alpha} \\ u_{r\beta} \end{bmatrix} = \begin{bmatrix} R_s+L_s p & 0 & L_m p & 0 \\ 0 & R_s+L_s p & 0 & L_m p \\ L_m p & \omega_r L_m & R_r+L_r p & \omega_r L_r \\ -\omega_r L_m & L_m p & -\omega_r L_r & R_r+L_r p \end{bmatrix} \begin{bmatrix} i_{s\alpha} \\ i_{s\beta} \\ i_{r\alpha} \\ i_{r\beta} \end{bmatrix} \tag{6.55}$$

3. 电磁转矩方程

将式(6.47)的等号左右两边同时左乘$(\boldsymbol{i}_{IM\alpha\beta})^T$，得

$$\begin{aligned} P_{in} &= \boldsymbol{i}_{IM\alpha\beta}^T \boldsymbol{U}_{IM\alpha\beta} = \boldsymbol{i}_{IM\alpha\beta}^T \boldsymbol{R}_{IM\alpha\beta} \boldsymbol{i}_{IM\alpha\beta} + \boldsymbol{i}_{IM\alpha\beta}^T \boldsymbol{e}_\omega + \boldsymbol{i}_{IM\alpha\beta}^T \boldsymbol{L}_{IM\alpha\beta} \cdot p\, \boldsymbol{i}_{IM\alpha\beta} \\ &= P_{Cu}+P_{em}+P_f \end{aligned} \tag{6.56}$$

左边就变为输入电机的功率 P_{in}，P_{Cu}是电机绕组的电阻损耗，P_f是磁场储能的变化率，P_{em}则是电磁功率。

电磁功率为

$$P_{em}=\boldsymbol{i}_{IM\alpha\beta}^T \boldsymbol{e}_\omega=\omega_r \Psi_{r\beta} i_{r\alpha}-\omega_r \Psi_{r\alpha} i_{r\beta}=T_{em}\omega_m=T_{em}(\omega_r/n_p) \tag{6.57}$$

于是可以得到电磁转矩为

$$\begin{aligned} T_{em} &= n_p(\Psi_{r\beta} i_{r\alpha}-\Psi_{r\alpha} i_{r\beta})=n_p[(L_r i_{r\beta}+L_m i_{s\beta})i_{r\alpha}-(L_r i_{r\alpha}+L_m i_{s\alpha})i_{r\beta}] \\ &= n_p L_m(i_{s\beta} i_{r\alpha}-i_{s\alpha} i_{r\beta})=n_p(\Psi_{s\alpha} i_{s\beta}-\Psi_{s\beta} i_{s\alpha}) \\ &= n_p \frac{L_m}{L_r}(\Psi_{r\alpha} i_{s\beta}-\Psi_{r\beta} i_{s\alpha})=n_p \frac{L_m}{L_s}(\Psi_{s\beta} i_{r\alpha}-\Psi_{s\alpha} i_{r\beta}) \\ &= n_p \frac{L_m}{\sigma L_s L_r}(\Psi_{s\beta}\Psi_{r\alpha}-\Psi_{s\alpha}\Psi_{r\beta}) \end{aligned} \tag{6.58}$$

式中，漏磁系数为

$$\sigma=1-\frac{L_m^2}{L_s L_r} \tag{6.59}$$

将 $\alpha\beta$ 坐标平面视作一个 xy 平面，电磁转矩则可以写成相应物理量进行矢量乘积的形式，即

$$\begin{aligned}\boldsymbol{T}_{em}&=n_p\boldsymbol{i}_r\times\boldsymbol{\Psi}_r=n_pL_m\boldsymbol{i}_r\times\boldsymbol{i}_s=n_p\boldsymbol{\Psi}_s\times\boldsymbol{i}_s=n_p\frac{L_m}{L_r}\boldsymbol{\Psi}_r\times\boldsymbol{i}_s\\&=n_p\frac{L_m}{L_s}\boldsymbol{i}_r\times\boldsymbol{\Psi}_s=n_p\frac{L_m}{\sigma L_s L_r}\boldsymbol{\Psi}_r\times\boldsymbol{\Psi}_s\end{aligned} \tag{6.60}$$

当在 $\alpha\beta$ 坐标平面上定义复坐标平面，实轴在 α 轴，虚轴在 β 轴，可以得到电磁转矩表达式的另外一种形式，以式(6.58)中的第三个等式为例，有

$$T_{em}=n_pL_m\cdot\mathrm{Im}(\boldsymbol{i}_r^*\cdot\boldsymbol{i}_s) \tag{6.61}$$

式中，Im()为求取虚部运算符。

6.2.3 基于两相同步旋转 *dq*0 坐标系的感应电机运动方程

三相感应电机的 $dq0$ 坐标系如图 6.13 所示。d、q 轴以同步旋转角速度 ω_1 旋转，d 轴超前 α 轴(定子 A 相轴线)θ_1 电角度，d 轴超前转子 a 相轴线 θ_2 电角度。因为转子旋转的电角速度 ω_r 与同步角速度 ω_1 不相等，故要建立 $dq0$ 坐标系下的数学模型，需要对定子三相绕组进行 $dq0$ 变换，也需要对转子三相绕组进行 $dq0$ 变换。

令变换后的电流列矩阵为

$$\boldsymbol{i}_{IMdq}=\begin{bmatrix}\boldsymbol{i}_{sdq}\\\boldsymbol{i}_{rdq}\end{bmatrix}=\boldsymbol{C}_{IMdq}\boldsymbol{i}=\begin{bmatrix}\boldsymbol{C}_{3s/2r}&0\\0&\boldsymbol{C}_{3r/2r}\end{bmatrix}\begin{bmatrix}\boldsymbol{i}_{sABC}\\\boldsymbol{i}_{rABC}\end{bmatrix} \tag{6.62}$$

式中

$$\boldsymbol{i}_{sdq}=\begin{bmatrix}\boldsymbol{i}_{sd}\\\boldsymbol{i}_{sq}\\\boldsymbol{i}_{s0}\end{bmatrix};\quad \boldsymbol{i}_{rdq}=\begin{bmatrix}\boldsymbol{i}_{rd}\\\boldsymbol{i}_{rq}\\\boldsymbol{i}_{r0}\end{bmatrix} \tag{6.63}$$

变换矩阵中的两个子矩阵为

$$\boldsymbol{C}_{3s/2r}=\sqrt{\frac{2}{3}}\begin{bmatrix}\cos\theta_1&\cos\left(\theta_1-\frac{2}{3}\pi\right)&\cos\left(\theta_1+\frac{2}{3}\pi\right)\\-\sin\theta_1&-\sin\left(\theta_1-\frac{2}{3}\pi\right)&-\sin\left(\theta_1+\frac{2}{3}\pi\right)\\\frac{1}{\sqrt{2}}&\frac{1}{\sqrt{2}}&\frac{1}{\sqrt{2}}\end{bmatrix} \tag{6.64}$$

与

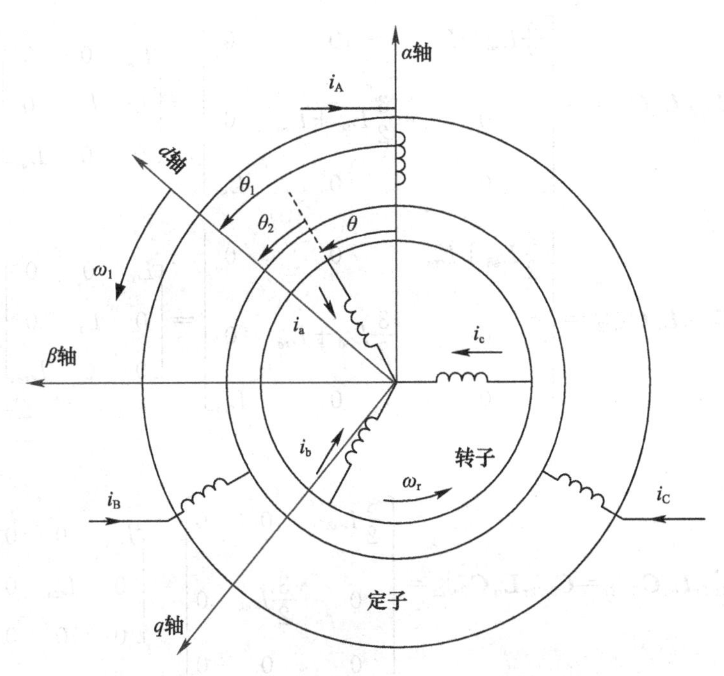

图 6.13　三相感应电机中的 $dq0$ 坐标系

$$\boldsymbol{C}_{3r/2r}=\sqrt{\frac{2}{3}}\begin{bmatrix}\cos\theta_2 & \cos\left(\theta_2-\frac{2}{3}\pi\right) & \cos\left(\theta_2+\frac{2}{3}\pi\right)\\ -\sin\theta_2 & -\sin\left(\theta_2-\frac{2}{3}\pi\right) & -\sin\left(\theta_2+\frac{2}{3}\pi\right)\\ \frac{1}{\sqrt{2}} & \frac{1}{\sqrt{2}} & \frac{1}{\sqrt{2}}\end{bmatrix} \tag{6.65}$$

下面对磁链方程、电压方程及电磁转矩方程进行推导。

1. 磁链方程

在 $dq0$ 坐标系下的磁链列矩阵为

$$\begin{aligned}\boldsymbol{\Psi}_{\mathrm{IMdq}}&=[\Psi_{sd}\quad\Psi_{sq}\quad\Psi_{s0}\quad\Psi_{rd}\quad\Psi_{rq}\quad\Psi_{r0}]^{\mathrm{T}}\\&=\boldsymbol{C}_{\mathrm{IMdq}}\boldsymbol{L}\boldsymbol{C}_{\mathrm{IMdq}}^{-1}\boldsymbol{i}_{\mathrm{IMdq}}=\boldsymbol{L}_{\mathrm{IMdq}}\boldsymbol{i}_{\mathrm{IMdq}}\end{aligned} \tag{6.66}$$

式中，$dq0$ 坐标系下的电感矩阵可写成

$$\begin{aligned}\boldsymbol{L}_{\mathrm{IMdq}}=\boldsymbol{C}_{\mathrm{IMdq}}\boldsymbol{L}\boldsymbol{C}_{\mathrm{IMdq}}^{-1}&=\begin{bmatrix}\boldsymbol{C}_{3s/2r} & 0\\ 0 & \boldsymbol{C}_{3r/2r}\end{bmatrix}\begin{bmatrix}\boldsymbol{L}_s & \boldsymbol{L}_{sr}\\ \boldsymbol{L}_{rs} & \boldsymbol{L}_r\end{bmatrix}\begin{bmatrix}\boldsymbol{C}_{3s/2r}^{-1} & 0\\ 0 & \boldsymbol{C}_{3r/2r}^{-1}\end{bmatrix}\\&=\begin{bmatrix}\boldsymbol{C}_{3s/2r}\boldsymbol{L}_s\boldsymbol{C}_{3s/2r}^{-1} & \boldsymbol{C}_{3s/2r}\boldsymbol{L}_{sr}\boldsymbol{C}_{3r/2r}^{-1}\\ \boldsymbol{C}_{3r/2r}\boldsymbol{L}_{rs}\boldsymbol{C}_{3s/2r}^{-1} & \boldsymbol{C}_{3r/2r}\boldsymbol{L}_r\boldsymbol{C}_{3r/2r}^{-1}\end{bmatrix}\end{aligned} \tag{6.67}$$

结合式(6.41)与式(6.42)，可以得到电感子矩阵为

$$\boldsymbol{C}_{3s/2r}\boldsymbol{L}_s\boldsymbol{C}_{3s/2r}^{-1}=\begin{bmatrix}\frac{3}{2}L_{s\delta}+L_{s\sigma} & 0 & 0\\ 0 & \frac{3}{2}L_{s\delta}+L_{s\sigma} & 0\\ 0 & 0 & L_{s\sigma}\end{bmatrix}=\begin{bmatrix}L_s & 0 & 0\\ 0 & L_s & 0\\ 0 & 0 & L_{s\sigma}\end{bmatrix} \tag{6.68}$$

$$\boldsymbol{C}_{3r/2r}\boldsymbol{L}_r\boldsymbol{C}_{3r/2r}^{-1}=\begin{bmatrix}\frac{3}{2}L_{s\delta}+L_{r\sigma} & 0 & 0\\ 0 & \frac{3}{2}L_{s\delta}+L_{r\sigma} & 0\\ 0 & 0 & L_{r\sigma}\end{bmatrix}=\begin{bmatrix}L_r & 0 & 0\\ 0 & L_r & 0\\ 0 & 0 & L_{r\sigma}\end{bmatrix} \tag{6.69}$$

和

$$\boldsymbol{C}_{3s/2r}\boldsymbol{L}_{sr}\boldsymbol{C}_{3r/2r}^{-1}=\boldsymbol{C}_{3r/2r}\boldsymbol{L}_{rs}\boldsymbol{C}_{3s/2r}^{-1}=\begin{bmatrix}\frac{3}{2}L_{s\delta} & 0 & 0\\ 0 & \frac{3}{2}L_{s\delta} & 0\\ 0 & 0 & 0\end{bmatrix}=\begin{bmatrix}L_m & 0 & 0\\ 0 & L_m & 0\\ 0 & 0 & 0\end{bmatrix} \tag{6.70}$$

这样，磁链方程可写为

$$\begin{bmatrix}\Psi_{sd}\\ \Psi_{sq}\\ \Psi_{s0}\\ \Psi_{rd}\\ \Psi_{rq}\\ \Psi_{r0}\end{bmatrix}=\begin{bmatrix}L_s & 0 & 0 & L_m & 0 & 0\\ 0 & L_s & 0 & 0 & L_m & 0\\ 0 & 0 & L_{s\sigma} & 0 & 0 & 0\\ L_m & 0 & 0 & L_r & 0 & 0\\ 0 & L_m & 0 & 0 & L_r & 0\\ 0 & 0 & 0 & 0 & 0 & L_{r\sigma}\end{bmatrix}\begin{bmatrix}i_{sd}\\ i_{sq}\\ i_{s0}\\ i_{rd}\\ i_{rq}\\ i_{r0}\end{bmatrix} \tag{6.71}$$

2. 电压方程

对于定子上的电压，有

$$\begin{bmatrix}u_A\\ u_B\\ u_C\end{bmatrix}=\boldsymbol{C}_{3s/2r}^{-1}\begin{bmatrix}u_{sd}\\ u_{sq}\\ u_{s0}\end{bmatrix}=\sqrt{\frac{2}{3}}\begin{bmatrix}\cos\theta_1 & -\sin\theta_1 & \frac{1}{\sqrt{2}}\\ \cos\left(\theta_1-\frac{2}{3}\pi\right) & -\sin\left(\theta_1-\frac{2}{3}\pi\right) & \frac{1}{\sqrt{2}}\\ \cos\left(\theta_1+\frac{2}{3}\pi\right) & -\sin\left(\theta_1+\frac{2}{3}\pi\right) & \frac{1}{\sqrt{2}}\end{bmatrix}\begin{bmatrix}u_{sd}\\ u_{sq}\\ u_{s0}\end{bmatrix} \tag{6.72}$$

A 相电压、电流及磁链的表达式为

$$
\begin{aligned}
u_{\mathrm{A}}&=\sqrt{\frac{2}{3}}\left(u_{\mathrm{sd}}\cos\theta_1-u_{\mathrm{sq}}\sin\theta_1+\frac{1}{\sqrt{2}}u_{\mathrm{s0}}\right)\\
i_{\mathrm{A}}&=\sqrt{\frac{2}{3}}\left(i_{\mathrm{sd}}\cos\theta_1-i_{\mathrm{sq}}\sin\theta_1+\frac{1}{\sqrt{2}}i_{\mathrm{s0}}\right)\\
\Psi_{\mathrm{A}}&=\sqrt{\frac{2}{3}}\left(\Psi_{\mathrm{sd}}\cos\theta_1-\Psi_{\mathrm{sq}}\sin\theta_1+\frac{1}{\sqrt{2}}\Psi_{\mathrm{s0}}\right)
\end{aligned}
\tag{6.73}
$$

代入式(6.34)的A相电压方程

$$
u_{\mathrm{A}}=i_{\mathrm{A}}R_{\mathrm{s}}+p\Psi_{\mathrm{A}} \tag{6.74}
$$

整理得到

$$
(u_{\mathrm{sd}}-R_{\mathrm{s}}i_{\mathrm{sd}}-p\Psi_{\mathrm{sd}}+\Psi_{\mathrm{sq}}p\theta_1)\cos\theta_1-(u_{\mathrm{sq}}-R_{\mathrm{s}}i_{\mathrm{sq}}-p\Psi_{\mathrm{sq}}-\Psi_{\mathrm{sd}}p\theta_1)\sin\theta_1+\frac{1}{\sqrt{2}}(u_{\mathrm{s0}}-R_{\mathrm{s}}i_{\mathrm{s0}}-p\Psi_{\mathrm{s0}})=0 \tag{6.75}
$$

对于任意 θ_1，式(6.75)均成立，则要求3个括号内均要等于0，这样可以得到 $dq0$ 坐标系下的定子电压方程为

$$
\begin{aligned}
u_{\mathrm{sd}}&=R_{\mathrm{s}}i_{\mathrm{sd}}+p\Psi_{\mathrm{sd}}-\omega_1\Psi_{\mathrm{sq}}\\
u_{\mathrm{sq}}&=R_{\mathrm{s}}i_{\mathrm{sq}}+p\Psi_{\mathrm{sq}}+\omega_1\Psi_{\mathrm{sd}}\\
u_{\mathrm{s0}}&=R_{\mathrm{s}}i_{\mathrm{s0}}+p\Psi_{\mathrm{s0}}
\end{aligned}
\tag{6.76}
$$

同理，利用 $\theta_2=\theta_1-\theta$，$p\theta_1=\omega_1$ 和 $p\theta=\omega_{\mathrm{r}}$，可以得到转子电压方程，并与式(6.76)相结合，得到

$$
\begin{bmatrix}u_{\mathrm{sd}}\\u_{\mathrm{sq}}\\u_{\mathrm{s0}}\\u_{\mathrm{rd}}\\u_{\mathrm{rq}}\\u_{\mathrm{r0}}\end{bmatrix}
=\begin{bmatrix}R_{\mathrm{s}}&0&0&0&0&0\\0&R_{\mathrm{s}}&0&0&0&0\\0&0&R_{\mathrm{s}}&0&0&0\\0&0&0&R_{\mathrm{r}}&0&0\\0&0&0&0&R_{\mathrm{r}}&0\\0&0&0&0&0&R_{\mathrm{r}}\end{bmatrix}
\begin{bmatrix}i_{\mathrm{sd}}\\i_{\mathrm{sq}}\\i_{\mathrm{s0}}\\i_{\mathrm{rd}}\\i_{\mathrm{rq}}\\i_{\mathrm{r0}}\end{bmatrix}
+p\begin{bmatrix}\Psi_{\mathrm{sd}}\\\Psi_{\mathrm{sq}}\\\Psi_{\mathrm{s0}}\\\Psi_{\mathrm{rd}}\\\Psi_{\mathrm{rq}}\\\Psi_{\mathrm{r0}}\end{bmatrix}+
\begin{bmatrix}0&-\omega_1&0&0&0&0\\\omega_1&0&0&0&0&0\\0&0&0&0&0&0\\0&0&0&0&-(\omega_1-\omega_{\mathrm{r}})&0\\0&0&0&\omega_1-\omega_{\mathrm{r}}&0&0\\0&0&0&0&0&0\end{bmatrix}
\begin{bmatrix}\Psi_{\mathrm{sd}}\\\Psi_{\mathrm{sq}}\\\Psi_{\mathrm{s0}}\\\Psi_{\mathrm{rd}}\\\Psi_{\mathrm{rq}}\\\Psi_{\mathrm{r0}}\end{bmatrix}
\tag{6.77}
$$

当把零轴分量删除之后，电压方程变为

$$
\begin{aligned}
\begin{bmatrix}u_{\mathrm{sd}}\\u_{\mathrm{sq}}\\u_{\mathrm{rd}}\\u_{\mathrm{rq}}\end{bmatrix}
&=\begin{bmatrix}R_{\mathrm{s}}&0&0&0\\0&R_{\mathrm{s}}&0&0\\0&0&R_{\mathrm{r}}&0\\0&0&0&R_{\mathrm{r}}\end{bmatrix}
\begin{bmatrix}i_{\mathrm{sd}}\\i_{\mathrm{sq}}\\i_{\mathrm{rd}}\\i_{\mathrm{rq}}\end{bmatrix}
+p\begin{bmatrix}\Psi_{\mathrm{sd}}\\\Psi_{\mathrm{sq}}\\\Psi_{\mathrm{rd}}\\\Psi_{\mathrm{rq}}\end{bmatrix}+
\begin{bmatrix}0&-\omega_1&0&0\\\omega_1&0&0&0\\0&0&0&-(\omega_1-\omega_{\mathrm{r}})\\0&0&\omega_1-\omega_{\mathrm{r}}&0\end{bmatrix}
\begin{bmatrix}\Psi_{\mathrm{sd}}\\\Psi_{\mathrm{sq}}\\\Psi_{\mathrm{rd}}\\\Psi_{\mathrm{rq}}\end{bmatrix}\\
&=\boldsymbol{R}_{\mathrm{IMdq}}\boldsymbol{i}_{\mathrm{IMdq}}+p\boldsymbol{\Psi}_{\mathrm{IMdq}}+\boldsymbol{e}_{\omega\mathrm{dq}}
\end{aligned}
\tag{6.78}
$$

把磁链方程(6.71)代入式(6.78),将电压方程写成阻抗矩阵与电流列矩阵相乘的形式,得到

$$\begin{bmatrix} u_{sd} \\ u_{sq} \\ u_{rd} \\ u_{rq} \end{bmatrix} = \begin{bmatrix} R_s + L_s p & -\omega_1 L_s & L_m p & -\omega_1 L_m \\ \omega_1 L_s & R_s + L_s p & \omega_1 L_m & L_m p \\ L_m p & -(\omega_1 - \omega_r) L_m & R_r + L_r p & -(\omega_1 - \omega_r) L_r \\ (\omega_1 - \omega_r) L_m & L_m p & (\omega_1 - \omega_r) L_r & R_r + L_r p \end{bmatrix} \begin{bmatrix} i_{sd} \\ i_{sq} \\ i_{rd} \\ i_{rq} \end{bmatrix} \tag{6.79}$$

3. 电磁转矩方程

从电压方程(6.78),可得电磁功率为

$$\begin{aligned} P_{em} &= T_{em}\omega_m = T_{em}(\omega_r / n_p) = i_{IMdq}^T e_{\omega dq} \\ &= \omega_1 (i_{sq}\Psi_{sd} + i_{rq}\Psi_{rd} - i_{sd}\Psi_{sq} - i_{rd}\Psi_{rq}) + \omega_r (i_{rd}\Psi_{rq} - i_{rq}\Psi_{rd}) \\ &= \omega_r (i_{rd}\Psi_{rq} - i_{rq}\Psi_{rd}) \\ &= \omega_r L_m (i_{sq} i_{rd} - i_{sd} i_{rq}) \end{aligned} \tag{6.80}$$

于是,电磁转矩为

$$\begin{aligned} T_{em} &= n_p (i_{rd}\Psi_{rq} - i_{rq}\Psi_{rd}) = n_p L_m (i_{sq} i_{rd} - i_{sd} i_{rq}) \\ &= n_p \frac{L_m}{L_r} (\Psi_{rd} i_{sq} - \Psi_{rq} i_{sd}) = n_p \frac{L_m}{L_s} (\Psi_{sq} i_{rd} - \Psi_{sd} i_{rq}) \\ &= n_p \frac{L_m}{\sigma L_s L_r} (\Psi_{sq}\Psi_{rd} - \Psi_{sd}\Psi_{rq}) \end{aligned} \tag{6.81}$$

当在 dq 坐标平面上定义复坐标平面,实轴在 d 轴,虚轴在 q 轴,可以得到式(6.81)第二个等式的另外一种形式,即

$$T_{em} = n_p L_m \cdot \mathrm{Im}(\boldsymbol{i}_r^* \cdot \boldsymbol{i}_s) \tag{6.82}$$

6.2.4 转子磁链定向的 *MT*0 坐标系下的感应电机运动方程

6.2.3 节中的 d、q 轴以同步角速度 ω_1 旋转,但没有定义 d、q 轴的具体方向。将 d 轴设置在转子总磁链的方向,这样一个特殊的 dq 坐标系称为 $MT0$ 坐标系,d 轴、q 轴定义为 M 轴和 T 轴,M 轴称为磁化轴、T 轴称为转矩轴。

依据上述定义,有

$$\begin{cases} \Psi_r = \Psi_{rm} = L_r i_{rm} + L_m i_{sm} \\ 0 = \Psi_{rt} = L_r i_{rt} + L_m i_{st} \end{cases} \tag{6.83}$$

这样,得

$$\begin{bmatrix} u_{sm} \\ u_{st} \\ u_{rm} \\ u_{rt} \end{bmatrix} = \begin{bmatrix} R_s & 0 & 0 & 0 \\ 0 & R_s & 0 & 0 \\ 0 & 0 & R_r & 0 \\ 0 & 0 & 0 & R_r \end{bmatrix} \begin{bmatrix} i_{sm} \\ i_{st} \\ i_{rm} \\ i_{rt} \end{bmatrix} + p \begin{bmatrix} \Psi_{sm} \\ \Psi_{st} \\ \Psi_{rm} \\ 0 \end{bmatrix} + \begin{bmatrix} -\omega_1 \Psi_{st} \\ \omega_1 \Psi_{sm} \\ 0 \\ (\omega_1 - \omega_r)\Psi_{rm} \end{bmatrix} \tag{6.84}$$

将电压方程写成阻抗矩阵与电流列矩阵相乘的形式，可得

$$\begin{bmatrix} u_{sm} \\ u_{st} \\ u_{rm} \\ u_{rt} \end{bmatrix} = \begin{bmatrix} R_s+L_s p & -\omega_1 L_s & L_m p & -\omega_1 L_m \\ \omega_1 L_s & R_s+L_s p & \omega_1 L_m & L_m p \\ L_m p & 0 & R_r+L_r p & 0 \\ (\omega_1-\omega_r)L_m & 0 & (\omega_1-\omega_r)L_r & R_r \end{bmatrix} \begin{bmatrix} i_{sm} \\ i_{st} \\ i_{rm} \\ i_{rt} \end{bmatrix} \tag{6.85}$$

从式(6.85)可以看出，阻抗矩阵中出现了零元素，多变量之间得到了部分解耦。此外，由式(6.81)可得电磁转矩表达式为

$$T_{em}=n_p \frac{L_m}{L_r}(\Psi_{rm} i_{st}-\Psi_{rt} i_{sm})=n_p \frac{L_m}{L_r}\Psi_{rm} i_{st} \tag{6.86}$$

该电磁转矩表达式与直流电机的转矩方程非常相似。

6.2.5　感应电机矢量控制策略

笼形感应电机常用的控制策略有矢量控制策略与直接转矩控制策略，本节对矢量控制策略进行描述。

1. 基于 *MT*0 坐标系的电磁转矩解耦分析

对于笼形转子电机，转子绕组处于短路状态，即 $u_{rm}=u_{rt}=0$。利用转差电角速度 $\omega_s=\omega_1-\omega_r$，式(6.85)变成

$$\begin{bmatrix} u_{sm} \\ u_{st} \\ 0 \\ 0 \end{bmatrix} = \begin{bmatrix} R_s+L_s p & -\omega_1 L_s & L_m p & -\omega_1 L_m \\ \omega_1 L_s & R_s+L_s p & \omega_1 L_m & L_m p \\ L_m p & 0 & R_r+L_r p & 0 \\ \omega_s L_m & 0 & \omega_s L_r & R_r \end{bmatrix} \begin{bmatrix} i_{sm} \\ i_{st} \\ i_{rm} \\ i_{rt} \end{bmatrix} \tag{6.87}$$

其中，第三行对应的电压方程为

$$0=R_r i_{rm}+p(L_m i_{sm}+L_r i_{rm})=R_r i_{rm}+p\Psi_r \tag{6.88}$$

于是，有

$$i_{rm}=-\frac{p\Psi_r}{R_r} \tag{6.89}$$

代入式(6.83)的第一个等式，可以得到

$$i_{sm}=\frac{T_r p+1}{L_m}\Psi_r \Leftrightarrow \Psi_r=\frac{L_m i_{sm}}{T_r p+1} \tag{6.90}$$

式中，$T_r=L_r/R_r$，为转子励磁时间常数。由式(6.90)可以看出，转子磁链 Ψ_r 仅由定子 M 轴电流 i_{sm} 确定，故 i_{sm} 称为定子电流的励磁分量。Ψ_r 与 i_{sm} 之间为一阶惯性环节的关系，当定子电流励磁分量 i_{sm} 突变时，Ψ_r 要相应发生变化，但 Ψ_r 的变化会受到励磁惯性的阻挠。物理过程可以借助图6.14进行分析。

图6.14中，当定子 M 轴绕组电流 i_{sm} 变化时，会引起转子磁链 Ψ_r 的变化，但在

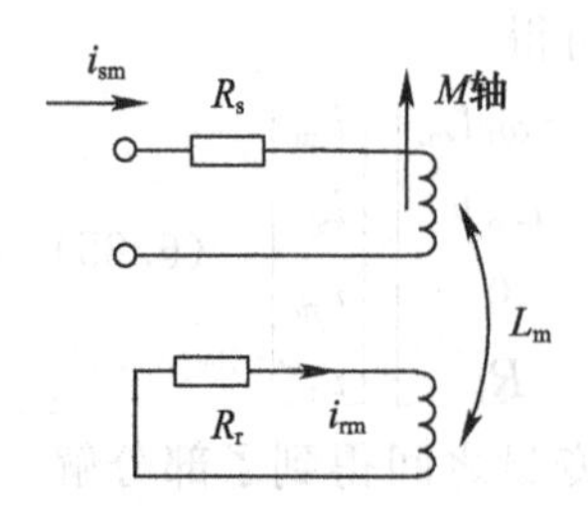

图 6.14 M轴上的定、转子绕组

转子M轴绕组中感应出的i_{rm}，阻碍转子磁链Ψ_r的变化，使得磁链Ψ_r只能以时间常数T_r的指数规律进行变化。当磁链Ψ_r达到稳态时，$p\Psi_r=0$，由式(6.88)和式(6.90)可得

$$\begin{cases} i_{rm}=0 \\ \Psi_r=L_m i_{sm} \end{cases} \tag{6.91}$$

即转子磁链Ψ_r的稳态值仅由定子电流励磁分量确定。

而由式(6.83)的第二个式子，可得

$$i_{rt}=-\frac{L_m}{L_r}i_{st} \tag{6.92}$$

说明由于T轴上的转子磁链为0，定、转子电流之间不存在滞后关系。

参考式(6.86)，电磁转矩T_{em}正比于$i_{st}\Psi_r$。当定子电流励磁分量i_{sm}不变时，Ψ_r也不变；若定子电流转矩分量i_{st}发生改变，电磁转矩T_{em}立即随之成正比变化，不存在滞后效应。

这样一来，由于$MT0$坐标系按照转子磁场进行定向，实现了定子电流两个分量的渐进解耦。和直流电机控制方法相比，定子电流励磁分量i_{sm}相当于直流电机的励磁电流，控制i_{sm}的大小就可以对感应电机的转子磁链进行调节；定子电流转矩分量i_{st}相当于直流电机的电枢电流，控制i_{st}的大小就可以对感应电机的电磁转矩进行调节。从而使得感应电机的矢量控制系统获得可与直流电机驱动系统相媲美的调速性能。

2. 转子磁链位置角确定方法

在感应电机矢量控制系统中，需要对i_{sm}和i_{st}进行控制，就必须要有三相定子电流与定子电流两个分量的坐标变换环节，因此要用到相应的M轴与A相轴线夹角θ_1。这里，对一种利用转差电角频率来获取转子磁链位置角θ_1的方法进行说明。由于通过转速传感器可以测出感应电机的转速ω_r，若能得到转差电角频率ω_s，利用$\omega_1=\omega_r+\omega_s$就可以得到$\omega_1$，而$\theta_1$可以通过$\omega_1$对时间的积分得到。

下面讨论转差电角频率ω_s的获得途径。依据式(6.87)第4行对应的电压方程，得

$$0=\omega_s(L_m i_{sm}+L_r i_{rm})+R_r i_{rt}=\omega_s\Psi_r+R_r i_{rt} \tag{6.93}$$

再结合式(6.92)，可以得到转差电角频率ω_s的控制方程为

$$\omega_s=-\frac{R_r}{\Psi_r}i_{rt}=\frac{L_m i_{st}}{T_r\Psi_r} \tag{6.94}$$

通过上面的分析，构成感应电机矢量控制系统的关键问题都已得到解决。

3. 感应电机矢量控制系统结构及框图

感应电机的定子三相电流经过坐标变换环节，变换后的定子电流励磁分量 i_{sm} 与转矩分量 i_{st} 分别影响转子磁链与转矩，作用与直流电机的励磁电流和电枢电流相似，可以看成将 i_{sm} 和 i_{st} 施加到等效直流电机模型。于是，可以将感应电机等效成图 6.15 双线框中的结构，其中 MT 变换采用 3/2 变换和矢量旋转变换(VR)来实现。

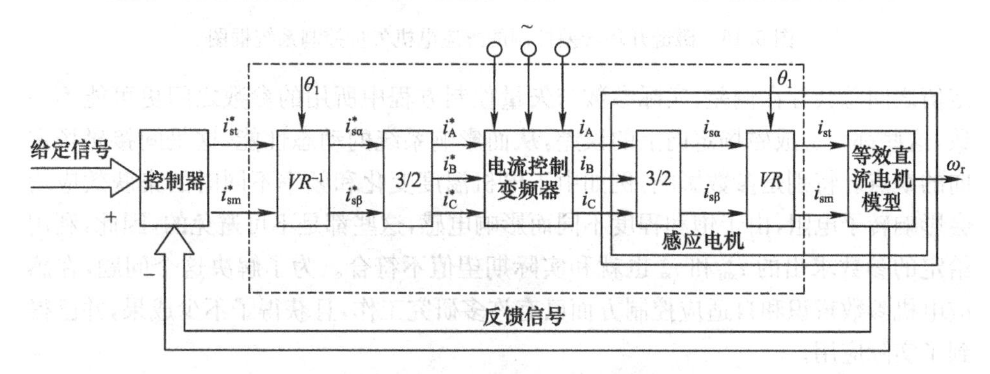

图 6.15　感应电机矢量控制系统结构图

控制器解算出期望的定子电流励磁分量与转矩分量，结果经矢量旋转反变换(VR^{-1})和 2/3 变换得到三相电流的期望值，再通过逆变器(电流控制变频器)实现对感应电机三相电流的控制。若忽略变频器的时间常数，则可以在设计控制器时，不考虑图 6.15 虚线框中的环节，这样控制器的设计可以参考直流电机控制器的设计方法，感应电机矢量控制系统将拥有与直流电机驱动系统接近的调速性能。

一个磁链开环转差控制的感应电机矢量控制系统框图如图 6.16 所示。该矢量控制系统的转子磁链给定值是由转速查表确定的，当转速低于基速时，磁链按最大值给出，而转速高于基速时，为了能够向电枢绕组输入电流，需要进行弱磁，即把磁链给定值下调，实现感应电机基速以下的恒转矩及基速以上的恒功率调节。有了磁链给定值后，按式(6.90)得到定子电流励磁分量的给定值。

转速给定与转速反馈作差送入 PID 调节器，输出电磁转矩给定值，利用电磁转矩表达式(6.86)，结合转子磁链给定值就可以计算出定子电流转矩分量的给定值 i_{st}^*，考虑到变频器容量，通常需要对 i_{st}^* 进行限幅。矢量旋转逆变换中需要用到转子磁链位置角，依据转差电角频率控制方程(6.94)得到转差电角频率的给定值 ω_s^*，积分后叠加上转子位置角 θ_r，即可得到转子磁链位置角。

图 6.16 所示的转差型矢量控制系统的 M、T 坐标的磁场定向是由给定信号确定，并依靠矢量控制方程保证的，在系统运行中并没有实际检测转子磁链的位置，这种控制属于间接磁场定向。动态过程中，实际的定子电流幅值及相位与其给

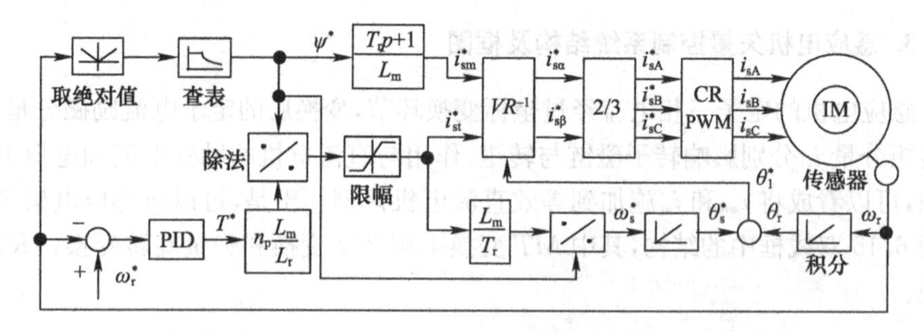

图 6.16　磁链开环转差控制的感应电机矢量控制系统框图

定值之间总会存在偏差，实际参数与矢量控制方程中所用的参数之间更可能不一致，这些都会造成磁场定向上的误差，从而影响系统的动态性能，这是间接磁场定向的缺点。特别是参数影响，例如由于电机温度变化和频率不同时的集肤效应均会影响转子电阻，由于饱和程度不同而影响电感，这些都是不可避免的，因此，利用给定的参数求出的 i_{sm}^* 和 i_{st}^* 也就和实际期望值不符合。为了解决这个问题，在感应电机参数辨识和自适应控制方面已有许多研究工作，且获得了不少成果，并已得到了实际应用。

另一方面，要使得感应电机矢量控制系统具有和直流调速系统一样的动态性能，转子磁链在动态过程中是否真正恒定是一个重要前提。图 6.16 所示的控制系统对转子磁链实际上是开环控制，特别在动态过程中必然会存在偏差。

6.2.6　感应电机直接转矩控制(DTC)策略

直接转矩控制(DTC)也是感应电机经常采用的高性能调速策略。直接转矩控制的思想是通过选取一个控制周期内感应电机定子电压矢量对电机定子磁链的旋转速度进行即时控制，改变感应电机的瞬时转差率，达到直接控制电机定子磁链和输出转矩的目的。为了实现 DTC，需要控制器能够对定子磁链的大小和位置进行准确观测，也要观测出电机的电磁转矩。

通过 6.2.5 节分析得到的转差电角频率 ω_s 控制方程(6.94)，可以看出若转子磁链不变，加大转差电角频率，则定子电流转矩分量会随之增加，从而提高电磁转矩。此外，从式(6.60)的最后一个等式可知，电磁转矩与定子磁链、转子磁链及二者间夹角的正弦之积成正比，即

$$|\boldsymbol{T}_{em}| = n_p \frac{L_m}{\sigma L_s L_r} |\boldsymbol{\Psi}_r| \cdot |\boldsymbol{\Psi}_s| \cdot \sin\theta_{sr} \tag{6.95}$$

若定子磁链与转子磁链的幅值不变，控制定、转子磁链矢量之间的夹角 θ_{sr} 就可以影响电磁转矩，感应电机正常电动运行时，在 $0\sim\pi/2$ 之间，当瞬间加大转差电角频率时，也就会使得夹角 θ_{sr} 加大，提高电磁转矩。综上所述，通过调节转差电角

频率的瞬时大小，可以对感应电机电磁转矩实施有效控制。

一个典型的感应电机直接转矩控制系统方框图如图 6.17 所示。

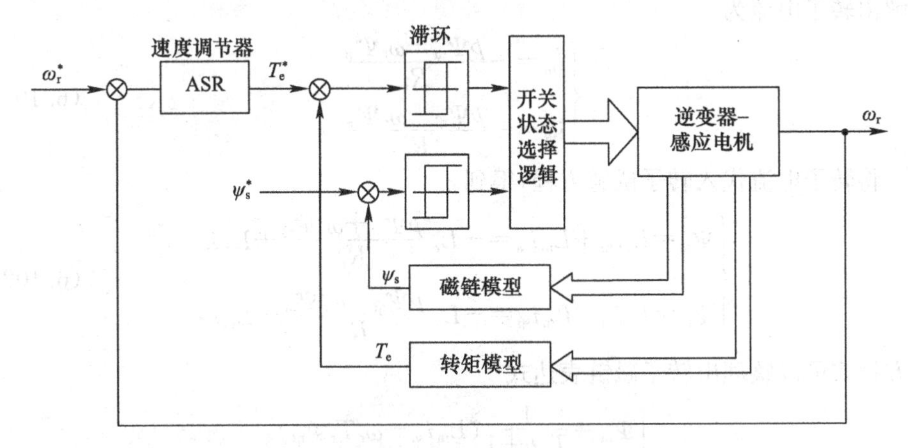

图 6.17　典型的感应电机直接转矩控制系统方框图

图 6.17 中，重要的环节包括磁链模型、转矩模型和开关状态选择逻辑，下面逐一进行讨论。

1. 磁链模型

基于两相静止坐标系的感应电机电压方程式(6.55)的前两个方程为定子电压方程，可以写成

$$\begin{cases} u_{s\alpha}=R_s i_{s\alpha}+p(L_s i_{s\alpha}+L_m i_{r\alpha})=R_s i_{s\alpha}+p\Psi_{s\alpha} \\ u_{s\beta}=R_s i_{s\beta}+p(L_s i_{s\beta}+L_m i_{r\beta})=R_s i_{s\beta}+p\Psi_{s\beta} \end{cases} \tag{6.96}$$

在 $\alpha\beta0$ 坐标系上，式(6.96)可以写成矢量形式，即

$$\boldsymbol{u}_s=\boldsymbol{R}_s\boldsymbol{i}_s+p\boldsymbol{\Psi}_s \tag{6.97}$$

定子磁链表达式变成

$$\boldsymbol{\Psi}_s=\int(\boldsymbol{u}_s-\boldsymbol{R}_s\boldsymbol{i}_s)\mathrm{d}t \tag{6.98}$$

对于控制周期为 T_s 的直接转矩控制系统，$t+1$ 时刻的定子磁链表达式为

$$\boldsymbol{\Psi}_s(t+1)=\boldsymbol{\Psi}_s(t)+\int_t^{t+1}(\boldsymbol{u}_s-\boldsymbol{R}_s\boldsymbol{i}_s)\mathrm{d}t\approx\boldsymbol{\Psi}_s(t)+\boldsymbol{u}_s\cdot T_s \tag{6.99}$$

上式的磁链模型因为要用到定子电压和电流，故又称为 u-i 模型。这种 u-i 磁链模型由于存在积分器，需要避免积分漂移问题，而且当感应电机转速很低时，定子电压很小，会受测量误差和死区等因素的影响，造成不可容忍的计算误差。一般认为，该模型适合感应电机的高速运行阶段。

此外，磁链模型还有一种 i-ω_r 模型，这种模型利用两相静止坐标系下的转子电压方程，即式(6.55)的后两个方程式，再利用笼形转子电压等于 0，可得

$$\begin{cases}0=R_r i_{r\alpha}+p\Psi_{r\alpha}+\omega_r\Psi_{r\beta}\\0=R_r i_{r\beta}+p\Psi_{r\beta}-\omega_r\Psi_{r\alpha}\end{cases}\tag{6.100}$$

可解出转子电流为

$$\begin{cases}i_{r\alpha}=-\dfrac{p\Psi_{r\alpha}+\omega_r\Psi_{r\beta}}{R_r}\\i_{r\beta}=-\dfrac{p\Psi_{r\beta}-\omega_r\Psi_{r\alpha}}{R_r}\end{cases}\tag{6.101}$$

将转子电流代入转子磁链方程，得到

$$\begin{cases}\Psi_{r\alpha}=L_r i_{r\alpha}+L_m i_{s\alpha}=-L_r\dfrac{p\Psi_{r\alpha}+\omega_r\Psi_{r\beta}}{R_r}+L_m i_{s\alpha}\\\Psi_{r\beta}=L_r i_{r\beta}+L_m i_{s\beta}=-L_r\dfrac{p\Psi_{r\beta}-\omega_r\Psi_{r\alpha}}{R_r}+L_m i_{s\beta}\end{cases}\tag{6.102}$$

该方程式可以整理出转子磁链表达式

$$\begin{cases}\Psi_{r\alpha}=\dfrac{1}{T_r p+1}(L_m i_{s\alpha}-\omega_r T_r\Psi_{r\beta})\\\Psi_{r\beta}=\dfrac{1}{T_r p+1}(L_m i_{s\beta}+\omega_r T_r\Psi_{r\alpha})\end{cases}\tag{6.103}$$

上述的转子磁链表达式是以定子电流和转子运动电角速度为变量得到的，而且转子磁链 α 轴分量和 β 轴分量之间存在相互耦合关系。

有了转子磁链，定子磁链由下面式子就可得到

$$\begin{cases}\Psi_{s\alpha}=L_s i_{s\alpha}+L_m i_{r\alpha}=L_s i_{s\alpha}+\dfrac{L_m}{L_r}(L_r i_{r\alpha}+L_m i_{s\alpha})-\dfrac{L_m^2}{L_r}i_{s\alpha}=\dfrac{L_m}{L_r}\Psi_{r\alpha}+\sigma L_s i_{s\alpha}\\\Psi_{s\beta}=L_s i_{s\beta}+L_m i_{r\beta}=L_s i_{s\beta}+\dfrac{L_m}{L_r}(L_r i_{r\beta}+L_m i_{s\beta})-\dfrac{L_m^2}{L_r}i_{s\beta}=\dfrac{L_m}{L_r}\Psi_{r\beta}+\sigma L_s i_{s\beta}\end{cases}\tag{6.104}$$

第二种磁链模型由式(6.103)和式(6.104)构成，因为是以定子电流和转子运动电角速度 ω_r 为变量获得的定子磁链，因此称为 i-ω_r 模型。这种模型利用到了转子电感、励磁电感、定子电感和转子电阻等多个电机参数。

2. 电磁转矩模型

电磁转矩模型采用式(6.58)中定子磁链与定子电流乘积的等式，即

$$T_{em}=n_p(\Psi_{s\alpha}i_{s\beta}-\Psi_{s\beta}i_{s\alpha})\tag{6.105}$$

3. 开关状态选择逻辑

为三相感应电机供电的三相逆变器中，每一相的上、下桥臂常常采用互补导通的工作方式，于是可以得到简化的功率部分，如图 6.18 所示。当上管导通、下管关断时，对应的开关打到上边位置，开关函数 S 取为 1；而下管导通、上管关断时，对应的开关打到下边位置，开关函数 S 取为 0。这样一来，当 3 个开关函数以 $S_aS_bS_c$ 排序时，对应有 000～111 共 8 种组合，按照相序可以按表 6.1 进行定义。

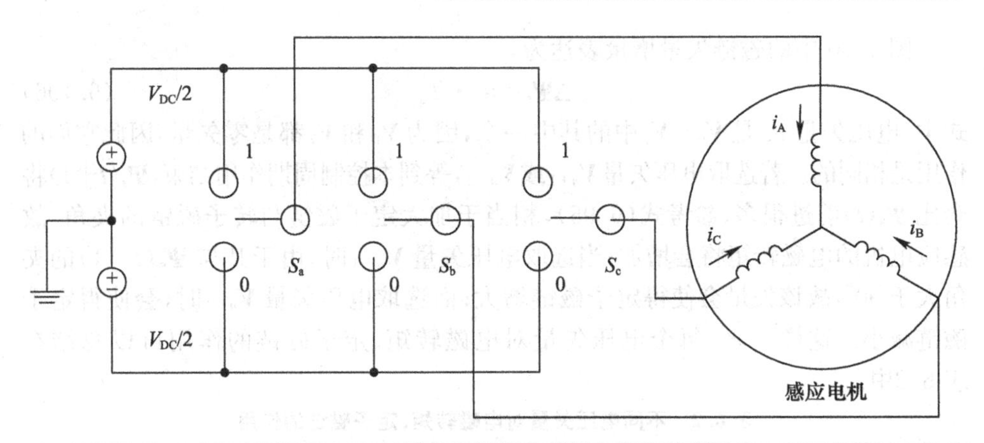

图 6.18 三相感应电机逆变器供电简化示意图

表 6.1 三相逆变器开关状态组合

	$\boldsymbol{V}_1$	$\boldsymbol{V}_2$	$\boldsymbol{V}_3$	$\boldsymbol{V}_4$	$\boldsymbol{V}_5$	$\boldsymbol{V}_6$	$\boldsymbol{V}_0$	$\boldsymbol{V}_7$
S_a	1	1	0	0	0	1	0	1
S_b	0	1	1	1	0	0	0	1
S_c	0	0	0	1	1	1	0	1

将8种开关组合对应不同的相电压状态，在$\alpha\beta$平面上可以画出相应的电压矢量，如图6.19所示。$\boldsymbol{V}_1 \sim \boldsymbol{V}_6$将平面6等分，而$\boldsymbol{V}_0$和$\boldsymbol{V}_7$为零矢量。

为了分析方便，假设定子磁链矢量此时离非零电压矢量$\boldsymbol{V}_n$最近，定义定子磁链处于第n扇区，超前的电压矢量依次是$\boldsymbol{V}_{n+1}$，$\boldsymbol{V}_{n+2}$及$\boldsymbol{V}_{n+3}$，滞后的电压矢量依次是$\boldsymbol{V}_{n-1}$和$\boldsymbol{V}_{n-2}$。对于传统直接转矩控制，在一个控制周期内，逆变器功率开关状态维持不变，若忽略电阻上的电压降，则式(6.99)的约等式成立，依据该方程可以画出磁链、电压矢量图，如图6.20所示。

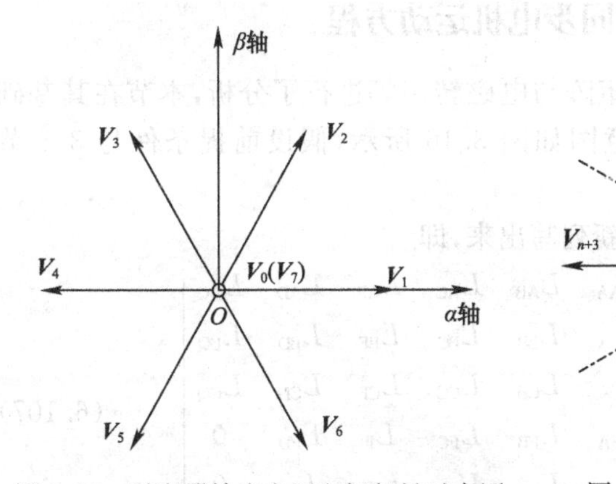

图 6.19 逆变器输出电压空间矢量示意图

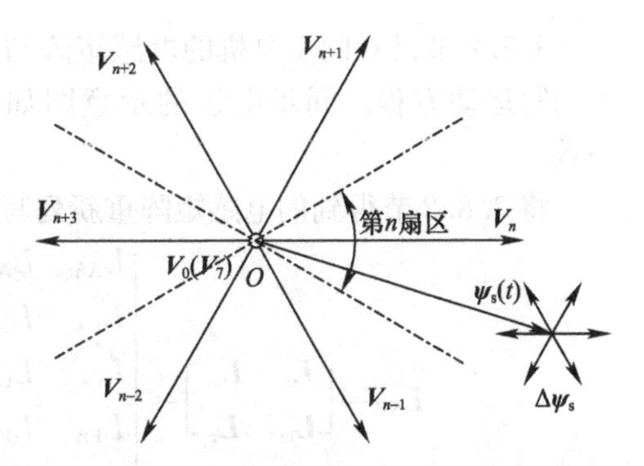

图 6.20 直接转矩控制磁链、电压矢量图

图 6.20 中的磁链矢量增量表达为

$$\Delta \boldsymbol{\Psi}_{\mathrm{s}} = \boldsymbol{u}_{\mathrm{s}} \cdot T_{\mathrm{s}} \tag{6.106}$$

式中，电压矢量 $\boldsymbol{u}_{\mathrm{s}}$ 是 $\boldsymbol{V}_0 \sim \boldsymbol{V}_7$ 中的其中一个，因为 $\boldsymbol{V}_0$ 和 $\boldsymbol{V}_7$ 都是零矢量，因此它们的作用是相同的。若选取电压矢量 $\boldsymbol{V}_{n+1}$ 或 $\boldsymbol{V}_{n+2}$，等到本控制周期作用结束，$\boldsymbol{\Psi}_{\mathrm{s}}(t+1)$ 将会比 $\boldsymbol{\Psi}_{\mathrm{s}}(t)$ 前进很多，参考式(6.95)，相当于加大定子磁链与转子磁链的夹角，故感应电机的电磁转矩将会增加；当选取电压矢量 $\boldsymbol{V}_{n+1}$ 时，由于其与 $\boldsymbol{\Psi}_{\mathrm{s}}(t+1)$ 的夹角大于 90°，故该矢量会使得定子磁链增大；而选取电压矢量 $\boldsymbol{V}_{n+2}$ 时，会使得定子磁链减小。这样一来，每个电压矢量对电磁转矩、定子磁链的作用可以总结在表 6.2中。

表 6.2　不同电压矢量对电磁转矩、定子磁链的作用

	$\boldsymbol{V}_{n-2}$	$\boldsymbol{V}_{n-1}$	$\boldsymbol{V}_{n}$	$\boldsymbol{V}_{n+1}$	$\boldsymbol{V}_{n+2}$	$\boldsymbol{V}_{n+3}$	$\boldsymbol{V}_0$、$\boldsymbol{V}_7$
T_{em}	−−	−−	−	+	+	−	−
$\boldsymbol{\Psi}_{\mathrm{s}}$	−	+	++	+	−	−−	0

在图 6.17 所示的直接转矩控制系统中，根据转矩误差及磁链幅值误差的大小，按照表 6.2就可以选取合适的电压矢量，对感应电机实施控制。

经典的感应电机直接转矩控制系统中存在滞环比较环节，会在转矩中产生相应的脉动分量，导致低速运行性能受限，调速范围不够宽。为了改善直接转矩控制性能，学者们引入了脉宽调制(PWM)技术，得到更加接近圆形的定子磁链；在控制系统中加入定子电阻观测器，保证控制方程的精度；引入模糊算法、神经网络等智能算法，提高系统的动态响应和鲁棒性。

6.3 同 步 电 机

6.3.1 基于三相物理量的同步电机运动方程

3.8.2 节已对同步电机的电感矩阵与电磁转矩等进行了分析，本节在其基础上列写运动方程。同步电机的示意图如图 3.16 所示，假设前提条件与 3.8 节一致。

将 3.8.2 节得到的电感矩阵重新列写出来，即

$$\boldsymbol{L}_{\mathrm{SM}} = \begin{bmatrix} \boldsymbol{L}_{\mathrm{s}} & \boldsymbol{L}_{\mathrm{sr}} \\ \boldsymbol{L}_{\mathrm{rs}} & \boldsymbol{L}_{\mathrm{r}} \end{bmatrix} = \begin{bmatrix} L_{\mathrm{AA}} & L_{\mathrm{AB}} & L_{\mathrm{AC}} & L_{\mathrm{AF}} & L_{\mathrm{AD}} & L_{\mathrm{AQ}} \\ L_{\mathrm{BA}} & L_{\mathrm{BB}} & L_{\mathrm{BC}} & L_{\mathrm{BF}} & L_{\mathrm{BD}} & L_{\mathrm{BQ}} \\ L_{\mathrm{CA}} & L_{\mathrm{CB}} & L_{\mathrm{CC}} & L_{\mathrm{CF}} & L_{\mathrm{CD}} & L_{\mathrm{CQ}} \\ L_{\mathrm{FA}} & L_{\mathrm{FB}} & L_{\mathrm{FC}} & L_{\mathrm{F}} & L_{\mathrm{FD}} & 0 \\ L_{\mathrm{DA}} & L_{\mathrm{DB}} & L_{\mathrm{DC}} & L_{\mathrm{DF}} & L_{\mathrm{D}} & 0 \\ L_{\mathrm{QA}} & L_{\mathrm{QB}} & L_{\mathrm{QC}} & 0 & 0 & L_{\mathrm{Q}} \end{bmatrix} \tag{6.107}$$

电感子矩阵分别为

$$L_s=\begin{bmatrix} L_{s0}+L_{s2}\cos 2\theta & -M_{s0}+M_{s2}\cos\left(2\theta-\frac{2}{3}\pi\right) & -M_{s0}+M_{s2}\cos\left(2\theta+\frac{2}{3}\pi\right) \\ -M_{s0}+M_{s2}\cos\left(2\theta-\frac{2}{3}\pi\right) & L_{s0}+L_{s2}\cos 2\left(\theta-\frac{2}{3}\pi\right) & -M_{s0}+M_{s2}\cos 2\theta \\ -M_{s0}+M_{s2}\cos\left(2\theta+\frac{2}{3}\pi\right) & -M_{s0}+M_{s2}\cos 2\theta & L_{s0}+L_{s2}\cos 2\left(\theta+\frac{2}{3}\pi\right) \end{bmatrix}$$

(6.108)

$$L_{sr}=L_{rs}^{T}=\begin{bmatrix} L_{sF}\cos\theta & L_{sD}\cos\theta & -L_{sQ}\sin\theta \\ L_{sF}\cos\left(\theta-\frac{2}{3}\pi\right) & L_{sD}\cos\left(\theta-\frac{2}{3}\pi\right) & -L_{sQ}\sin\left(\theta-\frac{2}{3}\pi\right) \\ L_{sF}\cos\left(\theta+\frac{2}{3}\pi\right) & L_{sD}\cos\left(\theta+\frac{2}{3}\pi\right) & -L_{sQ}\sin\left(\theta+\frac{2}{3}\pi\right) \end{bmatrix} \quad (6.109)$$

和

$$L_r=\begin{bmatrix} L_F & L_{FD} & 0 \\ L_{DF} & L_D & 0 \\ 0 & 0 & L_Q \end{bmatrix} \quad (6.110)$$

式中

$$L_{s0}=L_{s\sigma}+\frac{1}{2}(L_{sd\delta}+L_{sq\delta}) \quad (6.111)$$

$$L_{s2}=\frac{1}{2}(L_{sd\delta}-L_{sq\delta}) \quad (6.112)$$

$$\begin{cases} M_{s0}=M_{s\sigma}+\frac{1}{4}(L_{sd\delta}+L_{sq\delta})\approx\frac{1}{2}L_{s0} \\ M_{s2}=\frac{1}{2}(L_{sd\delta}-L_{sq\delta})=L_{s2} \end{cases} \quad (6.113)$$

同步电机的磁链方程矩阵形式为

$$\boldsymbol{\Psi}_{SM}=\boldsymbol{L}_{SM}\boldsymbol{i}_{SM} \quad (6.114)$$

式中，$\boldsymbol{\Psi}_{SM}=[\Psi_A \quad \Psi_B \quad \Psi_C \quad \Psi_F \quad \Psi_D \quad \Psi_Q]^T$，$\boldsymbol{i}_{SM}=[i_A \quad i_B \quad i_C \quad i_F \quad i_D \quad i_Q]^T$。

电压方程矩阵形式为

$$\boldsymbol{u}_{SM}=\boldsymbol{R}_{SM}\boldsymbol{i}_{SM}+p\boldsymbol{\Psi}_{SM} \quad (6.115)$$

式中，$\boldsymbol{u}_{SM}=[u_A \quad u_B \quad u_C \quad u_F \quad u_D \quad u_Q]^T$，$\boldsymbol{R}_{SM}=\mathrm{diag}[R_s \quad R_s \quad R_s \quad R_F \quad R_D \quad R_Q]$。

构成运动方程的电磁转矩方程为式(3.143)，此处不再赘述。而机械转矩平衡方程对不同电机来说均一样，也就不再列出。

6.3.2 基于两相旋转坐标系的同步电机运动方程

同步电机通常把 d 轴设置在转子的 N 极轴线上，此轴位置也是转子凸极位置，如图 6.21 所示。

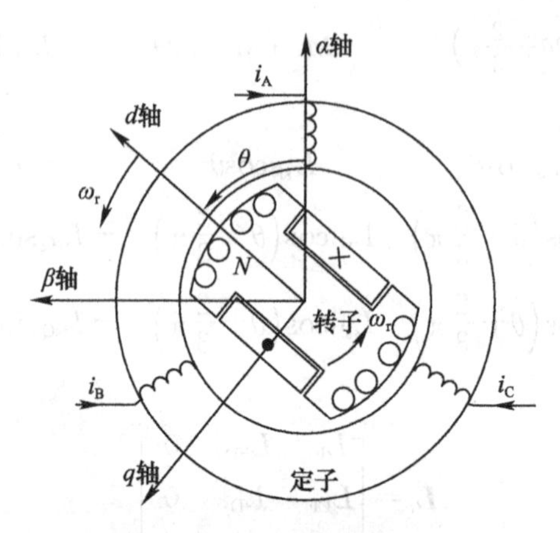

图 6.21 同步电机的 $dq0$ 坐标系

由于转子的励磁绕组、阻尼绕组已经是按照 d、q 轴定向了，只要对定子三相绕组进行 $dq0$ 变换即可。定子三相使用的变换矩阵与式(6.64)类似，为

$$\boldsymbol{C}_{3s/2r}=\sqrt{\frac{2}{3}}\begin{bmatrix}\cos\theta & \cos\left(\theta-\frac{2\pi}{3}\right) & \cos\left(\theta+\frac{2\pi}{3}\right)\\ -\sin\theta & -\sin\left(\theta-\frac{2\pi}{3}\right) & -\sin\left(\theta+\frac{2\pi}{3}\right)\\ \frac{1}{\sqrt{2}} & \frac{1}{\sqrt{2}} & \frac{1}{\sqrt{2}}\end{bmatrix} \tag{6.116}$$

当 $\boldsymbol{I}_3$ 为 3×3 的单位矩阵时，同步电机的全变换矩阵为

$$\boldsymbol{C}=\begin{bmatrix}\boldsymbol{C}_{3s/2r} & \boldsymbol{0}\\ \boldsymbol{0} & \boldsymbol{I}_3\end{bmatrix} \tag{6.117}$$

在 $dq0$ 坐标系下的同步电机电压方程为

$$\begin{aligned}\boldsymbol{u}_{\mathrm{SMdq}}&=\boldsymbol{C}\boldsymbol{u}_{\mathrm{SM}}=\boldsymbol{C}[\boldsymbol{R}_{\mathrm{SM}}\boldsymbol{i}_{\mathrm{SM}}+p(\boldsymbol{L}_{\mathrm{SM}}\boldsymbol{i}_{\mathrm{SM}})]\\ &=\boldsymbol{C}\boldsymbol{R}_{\mathrm{SM}}\boldsymbol{C}^{-1}\boldsymbol{i}_{\mathrm{SMdq}}+\boldsymbol{C}p\,\boldsymbol{L}_{\mathrm{SM}}\boldsymbol{C}^{-1}\boldsymbol{i}_{\mathrm{SMdq}}\\ &=\boldsymbol{R}_{\mathrm{SMdq}}\boldsymbol{i}_{\mathrm{SMdq}}+(\boldsymbol{C}\boldsymbol{L}_{\mathrm{SM}}\boldsymbol{C}^{-1})p\,\boldsymbol{i}_{\mathrm{SMdq}}+\boldsymbol{C}\frac{\partial}{\partial\theta_{\mathrm{e}}}(\boldsymbol{L}_{\mathrm{SM}}\boldsymbol{C}^{-1})n_{\mathrm{p}}\frac{\mathrm{d}\theta_{\mathrm{m}}}{\mathrm{d}t}\boldsymbol{i}_{\mathrm{SMdq}}\\ &=(\boldsymbol{R}_{\mathrm{SMdq}}+\boldsymbol{L}_{\mathrm{SMdq}}p+\boldsymbol{G}_{\mathrm{SMdq}}\omega_{\mathrm{m}})\boldsymbol{i}_{\mathrm{SMdq}}=\boldsymbol{Z}_{\mathrm{SMdq}}\boldsymbol{i}_{\mathrm{SMdq}}\end{aligned} \tag{6.118}$$

式中

$$\boldsymbol{R}_{\mathrm{SMdq}}=\boldsymbol{C}\boldsymbol{R}_{\mathrm{SM}}\boldsymbol{C}^{-1}=\boldsymbol{R}_{\mathrm{SM}} \tag{6.119}$$

$$L_{SMdq}=CL_{SM}C^{-1}=\begin{bmatrix} L_d & 0 & 0 & L_{dF} & L_{dD} & 0 \\ 0 & L_q & 0 & 0 & 0 & L_{qQ} \\ 0 & 0 & L_0 & 0 & 0 & 0 \\ L_{dF} & 0 & 0 & L_F & L_{FD} & 0 \\ L_{dD} & 0 & 0 & L_{FD} & L_D & 0 \\ 0 & L_{qQ} & 0 & 0 & 0 & L_Q \end{bmatrix} \tag{6.120}$$

$$G_{SMdq}=C\frac{\partial}{\partial\theta_e}(L_{SM}C^{-1})n_p=\begin{bmatrix} 0 & -L_q & 0 & 0 & 0 & -L_{qQ} \\ L_d & 0 & 0 & L_{dF} & L_{dD} & 0 \\ 0 & 0 & 0 & 0 & 0 & 0 \\ 0 & 0 & 0 & 0 & 0 & 0 \\ 0 & 0 & 0 & 0 & 0 & 0 \\ 0 & 0 & 0 & 0 & 0 & 0 \end{bmatrix} n_p \tag{6.121}$$

以上各式中的 L_d 和 L_q 分别称为直轴同步电感和交轴同步电感，L_0 为零轴电感；L_{dF} 为直轴绕组与励磁绕组的互感；L_{dD} 为直轴绕组与直轴阻尼绕组的互感；L_{qQ} 为交轴绕组与交轴阻尼绕组的互感。

$$\begin{cases} L_d=L_{s0}+M_{s0}+\dfrac{3}{2}L_{s2}=L_{s\sigma}+M_{s\sigma}+\dfrac{3}{2}L_{sd\delta} \\ L_q=L_{s0}+M_{s0}-\dfrac{3}{2}L_{s2}=L_{s\sigma}+M_{s\sigma}+\dfrac{3}{2}L_{sq\delta} \\ L_0=L_{s0}-2M_{s0}=L_{s\sigma}-2M_{s\sigma} \end{cases} \tag{6.122}$$

$$\begin{cases} L_{dF}=\sqrt{\dfrac{3}{2}}L_{sF} \\ L_{dD}=\sqrt{\dfrac{3}{2}}L_{sD} \\ L_{qQ}=\sqrt{\dfrac{3}{2}}L_{sQ} \end{cases} \tag{6.123}$$

电磁转矩表达式为

$$\begin{aligned} T_e &= i_{SMdq}^{T}G_{SMdq}i_{SMdq} \\ &= n_p[(L_d-L_q)i_d i_q+L_{dF}i_q i_F+L_{dD}i_q i_D-L_{qQ}i_d i_Q] \end{aligned} \tag{6.124}$$

6.3.3　永磁同步电机运动方程

1. 永磁同步电机在原始三相坐标系下的运动方程

对于永磁同步电机，转子上用永磁体取代励磁绕组，同样把 d 轴设置在转子的 N 极轴线上，分析时也采用与电励磁同步电机一样的假设。

由于永磁同步电机的转子上没有绕组，仅定子上有电枢绕组，电枢绕组的自感和互感都会受到转子凸极的影响。因此，定子三相电枢绕组的电感矩阵即为式(6.108)中的电感矩阵 $\boldsymbol{L}_s$，考虑到永磁体在定子绕组中交链的磁链，定子磁链表达式的矩阵形式为

$$\boldsymbol{\Psi}_s=\boldsymbol{L}_s\,\boldsymbol{i}_s+\boldsymbol{\Psi}_{sPM} \tag{6.125}$$

式中，$\boldsymbol{\Psi}_{sPM}$ 为永磁体在定子各相绕组中产生的磁链，参考图 6.21 中 d 轴与各相绕组轴线的相互位置关系，可以得到

$$\boldsymbol{\Psi}_{sPM}=\Psi_{PM}\begin{bmatrix}\cos\theta\\ \cos\left(\theta-\dfrac{2}{3}\pi\right)\\ \cos\left(\theta+\dfrac{2}{3}\pi\right)\end{bmatrix} \tag{6.126}$$

式中，Ψ_{PM} 为永磁体当 d 轴与某相绕组轴线重合时在该相绕组中交链的磁链。

在三相坐标系下，永磁同步电机电压方程的矩阵形式为

$$\boldsymbol{u}_s=\boldsymbol{R}_s\,\boldsymbol{i}_s+p\,\boldsymbol{\Psi}_s \tag{6.127}$$

在上式左右两边同时左乘 $\boldsymbol{i}_s$ 的转置矩阵，得到

$$\begin{aligned}\boldsymbol{i}_s^{\mathrm{T}}\,\boldsymbol{u}_s&=\boldsymbol{i}_s^{\mathrm{T}}\boldsymbol{R}_s\,\boldsymbol{i}_s+\boldsymbol{i}_s^{\mathrm{T}}\,p(\boldsymbol{L}_s\,\boldsymbol{i}_s+\boldsymbol{\Psi}_{sPM})\\&=\boldsymbol{i}_s^{\mathrm{T}}\boldsymbol{R}_s\,\boldsymbol{i}_s+P_f+P_{mech}\end{aligned} \tag{6.128}$$

与 3.7 节中的分析方法类似，磁场储能的变化率为

$$P_f=\frac{\mathrm{d}W_f}{\mathrm{d}t}=\boldsymbol{i}_s^{\mathrm{T}}\,\boldsymbol{L}_s p\,\boldsymbol{i}_s+\frac{1}{2}\boldsymbol{i}_s^{\mathrm{T}}(p\boldsymbol{L}_s)\boldsymbol{i}_s \tag{6.129}$$

利用式(6.128)和式(6.129)可得

$$\begin{aligned}P_{mech}&=\frac{1}{2}\boldsymbol{i}_s^{\mathrm{T}}(p\boldsymbol{L}_s)\boldsymbol{i}_s+\boldsymbol{i}_s^{\mathrm{T}}\,p\,\boldsymbol{\Psi}_{sPM}\\&=-L_{s2}\boldsymbol{i}_s^{\mathrm{T}}\begin{bmatrix}\sin2\theta & \sin\left(2\theta-\dfrac{2}{3}\pi\right) & \sin\left(2\theta+\dfrac{2}{3}\pi\right)\\ \sin\left(2\theta-\dfrac{2}{3}\pi\right) & \sin\left(2\theta+\dfrac{2}{3}\pi\right) & \sin2\theta\\ \sin\left(2\theta+\dfrac{2}{3}\pi\right) & \sin2\theta & \sin\left(2\theta-\dfrac{2}{3}\pi\right)\end{bmatrix}\boldsymbol{i}_s\cdot p\theta-\\&\quad\ \boldsymbol{i}_s^{\mathrm{T}}\begin{bmatrix}\sin\theta\\ \sin\left(\theta-\dfrac{2}{3}\pi\right)\\ \sin\left(\theta+\dfrac{2}{3}\pi\right)\end{bmatrix}\Psi_{PM}\cdot p\theta\end{aligned} \tag{6.130}$$

左右两边同除以

$$\omega_m=p\theta_m=(p\theta)/n_p \tag{6.131}$$

得电磁转矩表达式为

$$T_{\mathrm{e}}=-n_{\mathrm{p}}L_{\mathrm{s2}}\boldsymbol{i}_{\mathrm{s}}^{\mathrm{T}}\begin{bmatrix}\sin 2\theta & \sin\left(2\theta-\frac{2}{3}\pi\right) & \sin\left(2\theta+\frac{2}{3}\pi\right)\\ \sin\left(2\theta-\frac{2}{3}\pi\right) & \sin\left(2\theta+\frac{2}{3}\pi\right) & \sin 2\theta\\ \sin\left(2\theta+\frac{2}{3}\pi\right) & \sin 2\theta & \sin\left(2\theta-\frac{2}{3}\pi\right)\end{bmatrix}\boldsymbol{i}_{\mathrm{s}}-$$

$$n_{\mathrm{p}}\boldsymbol{i}_{\mathrm{s}}^{\mathrm{T}}\begin{bmatrix}\sin\theta\\ \sin\left(\theta-\frac{2}{3}\pi\right)\\ \sin\left(\theta+\frac{2}{3}\pi\right)\end{bmatrix}\boldsymbol{\Psi}_{\mathrm{PM}}$$

$$=-n_{\mathrm{p}}L_{\mathrm{s2}}\Big[i_{\mathrm{A}}^{2}\sin 2\theta+i_{\mathrm{B}}^{2}\sin\left(2\theta+\frac{2}{3}\pi\right)+i_{\mathrm{C}}^{2}\sin\left(2\theta-\frac{2}{3}\pi\right)+$$

$$2i_{\mathrm{A}}i_{\mathrm{B}}\sin\left(2\theta-\frac{2}{3}\pi\right)+2i_{\mathrm{B}}i_{\mathrm{C}}\sin 2\theta+2i_{\mathrm{C}}i_{\mathrm{A}}\sin\left(2\theta+\frac{2}{3}\pi\right)\Big]-$$

$$n_{\mathrm{p}}\boldsymbol{\Psi}_{\mathrm{PM}}\left[i_{\mathrm{A}}\sin\theta+i_{\mathrm{B}}\sin\left(\theta-\frac{2}{3}\pi\right)+i_{\mathrm{C}}\sin\left(\theta+\frac{2}{3}\pi\right)\right] \tag{6.132}$$

此式与式(3.142)非常相似。需要注意的是，当凸极位置在 d 轴，也就是 N 极轴线时，以上式子的 L_{s2} 取正值；而当凸极位置在 q 轴时，L_{s2} 则会变为负值，对于表面嵌入式永磁转子结构就是这种情况。

对于表面贴装结构的永磁同步电机，$L_{\mathrm{s2}}=0$，其电磁转矩表达式简化为

$$T_{\mathrm{e}}=-n_{\mathrm{p}}\boldsymbol{\Psi}_{\mathrm{PM}}\left[i_{\mathrm{A}}\sin\theta+i_{\mathrm{B}}\sin\left(\theta-\frac{2}{3}\pi\right)+i_{\mathrm{C}}\sin\left(\theta+\frac{2}{3}\pi\right)\right] \tag{6.133}$$

2. 永磁同步电机在 *dq*0 坐标系下的运动方程

为了对永磁同步电机进行控制，通常采用 $dq0$ 坐标系下的运动方程。采用 6.3.2 节的方法对定子三相物理量进行 $dq0$ 变换，即利用式(6.116)的变换矩阵 $\boldsymbol{C}_{3\mathrm{s}/2\mathrm{r}}$。

在式(6.125)的左右两边同时左乘 $\boldsymbol{C}_{3\mathrm{s}/2\mathrm{r}}$，可得 $dq0$ 坐标系下的磁链方程为

$$\begin{bmatrix}\Psi_{\mathrm{d}}\\ \Psi_{\mathrm{q}}\\ \Psi_{0}\end{bmatrix}=\begin{bmatrix}L_{\mathrm{d}} & 0 & 0\\ 0 & L_{\mathrm{q}} & 0\\ 0 & 0 & L_{0}\end{bmatrix}\begin{bmatrix}i_{\mathrm{d}}\\ i_{\mathrm{q}}\\ i_{0}\end{bmatrix}+\sqrt{\frac{3}{2}}\begin{bmatrix}\Psi_{\mathrm{PM}}\\ 0\\ 0\end{bmatrix} \tag{6.134}$$

式中，L_d、L_q和 L_0 的表达式与式(6.122)相同，在永磁同步电机分析时，常常忽略漏磁互感，因此，L_d、L_q 常写成

$$\begin{cases} L_d = L_{s\sigma} + \frac{3}{2} L_{sd\delta} \\ L_q = L_{s\sigma} + \frac{3}{2} L_{sq\delta} \end{cases} \tag{6.135}$$

对式(6.127)进行 $dq0$ 变换，可得 $dq0$ 坐标系下的电压方程为

$$\begin{bmatrix} u_d \\ u_q \\ u_0 \end{bmatrix} = R_s \begin{bmatrix} i_d \\ i_q \\ i_0 \end{bmatrix} + p \begin{bmatrix} \Psi_d \\ \Psi_q \\ \Psi_0 \end{bmatrix} + \begin{bmatrix} 0 & -1 & 0 \\ 1 & 0 & 0 \\ 0 & 0 & 0 \end{bmatrix} \begin{bmatrix} \Psi_d \\ \Psi_q \\ \Psi_0 \end{bmatrix} p\theta \tag{6.136}$$

由电压方程的第三项——运动电动势项，可以推得 $dq0$ 坐标系下永磁同步电机的转矩表达式为

$$T_e = n_p (\Psi_d i_q - \Psi_q i_d) \tag{6.137}$$

上式在定义 d 轴为实轴，q 轴为虚轴时，可以将转矩写成矢量乘积的形式，即

$$\boldsymbol{T}_e = n_p (\boldsymbol{\Psi}_s \times \boldsymbol{i}_s) \tag{6.138}$$

将式(6.134)代入式(6.132)得

$$T_e = n_p \left[(L_d - L_q) i_d i_q + \sqrt{\frac{3}{2}} \Psi_{PM} i_q \right] \tag{6.139}$$

式中，第一项是磁阻转矩，第二项是永磁转矩，当采用 $i_d = 0$ 控制时，磁阻转矩将等于零，电磁转矩仅包含永磁转矩。

3. 永磁同步电机的电压极限椭圆和电流极限圆

在永磁同步电机稳态运行时，式(6.136)中，磁链不随时间变化，零轴分量不予考虑，并代入式(6.134)，电压方程就会变为

$$\begin{cases} u_d = R_s i_d - \omega_e L_q i_q \\ u_q = R_s i_q + \omega_e \left(L_d i_d + \sqrt{\frac{3}{2}} \Psi_{PM} \right) \end{cases} \tag{6.140}$$

写成矢量形式为

$$\boldsymbol{u}_s = u_d + \mathrm{j} u_q = R_s \boldsymbol{i}_s + \mathrm{j}\omega_e (L_d i_d + \mathrm{j} L_q i_q) + \mathrm{j}\omega_e \sqrt{\frac{3}{2}} \Psi_{PM} \tag{6.141}$$

由该式得到的矢量图如图 6.22 所示。

永磁同步电机运行时，会受到逆变器输出电压、电流能力的限制，还会受到电机本身电压、电流设计值的制约。约束表达式为

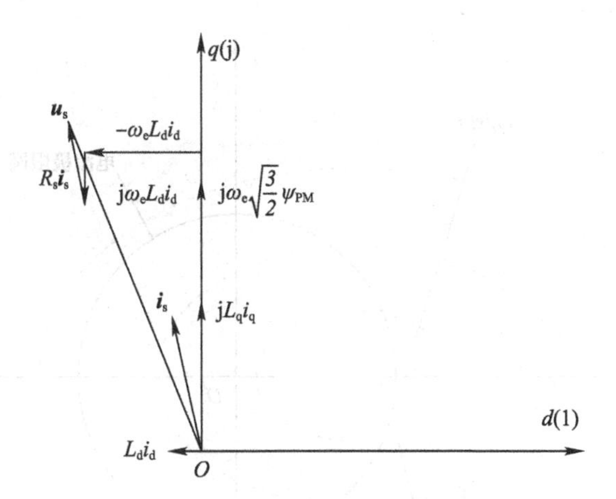

图 6.22　永磁同步电机稳态运行矢量图

$$\begin{cases} u_d^2+u_q^2\leqslant(u_{smax})^2 \\ i_d^2+i_q^2\leqslant(i_{smax})^2 \end{cases} \tag{6.142}$$

约束表达式的第二个式子比较简单，对应的就是电流极限圆。这里重点对电压约束表达式展开分析。

在绘制电压极限椭圆时，考虑到此时永磁同步电机外加电压已经达到最大幅值，绕组电阻上的电压降可以忽略不计，故由式(6.140)和电压约束条件，可以导出以下关系式

$$(L_q i_q)^2+\left(L_d i_d+\sqrt{\frac{3}{2}}\Psi_{PM}\right)^2\leqslant\left(\frac{u_{smax}}{\omega_e}\right)^2 \tag{6.143}$$

这样，以直轴电流 i_d为横坐标，交轴电流为纵坐标，可以得到式(6.143)确定的电压极限椭圆，如图 6.23 所示。由式(6.143)可知，永磁同步电机的转速越高，电流极限椭圆的长轴和短轴均变得越来越短，电流极限椭圆的中心坐标为

$$\left(-\sqrt{\frac{3}{2}}\frac{\Psi_{PM}}{L_d},0\right) \tag{6.144}$$

图 6.23 也绘出了电流极限圆，电流极限圆不会随转速而改变。在某个转速下，对应一个电压极限椭圆，它和电流极限圆重合的部分为该转速下直轴电流与交轴电流可能的组合区间。

永磁同步电机通常采用矢量控制技术，常用的有 $i_d=0$ 控制、最大转矩电流比(MTPA)控制、功率因数为 1($\cos\varphi=1$)控制等，在基速以上时，还往往需要结合弱磁控制策略，这些控制策略总要借助 $dq0$ 坐标系下的永磁同步电机模型。

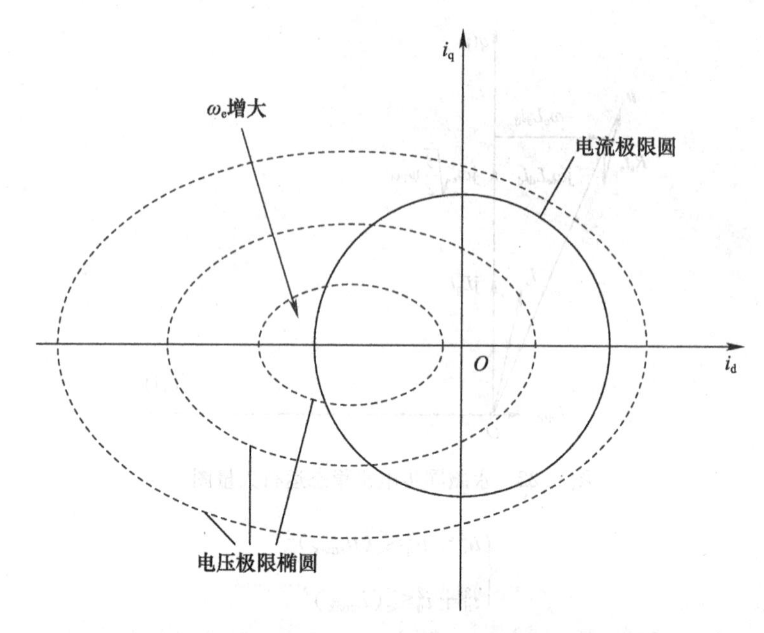

图 6.23　永磁同步电机的电压极限椭圆和电流极限圆

6.4　小　结

本章利用前面几章的知识对直流电机的数学模型、复合励磁方式及补偿绕组和换向极等概念进行了阐述;对不同坐标系下的感应电机和同步电机的数学模型进行了分析推导,叙述了感应电机的矢量控制和直接转矩控制方法的基本思想,介绍了永磁同步电机中常用的几个概念。

习题与思考题 6

6.1　试设计他励直流电机的控制系统框图,并进行建模仿真验证。

6.2　试设计他励直流发电机的控制系统框图。

6.3　对矢量控制感应电机调速系统进行建模仿真。

6.4　画出矢量控制下的感应电机矢量图。

6.5　试对直接转矩控制感应电机调速系统进行建模仿真。

6.6　设计永磁同步电机矢量控制系统框图,说明其工作原理。

6.7　试画出弱磁控制下的永磁同步电机矢量图,并加以解释。

第 7 章　磁阻电机的分析

本章利用机电能量转换原理对两种磁阻类电机——开关磁阻电机和双凸极电机进行分析。

7.1　开关磁阻电机

7.1.1　运动方程

开关磁阻电机的定、转子均为凸极结构，转子上没有绕组，也没有永磁体，转子结构简单坚固，适合高速运行。定子上采用集中绕组形式，绕组端部小，有利于减小整个电机的外形尺寸。定子 6 极、转子 4 极的开关磁阻电机称为 6/4 极结构。一个典型的 6/4 极三相开关磁阻电机示意图如图 7.1 所示。

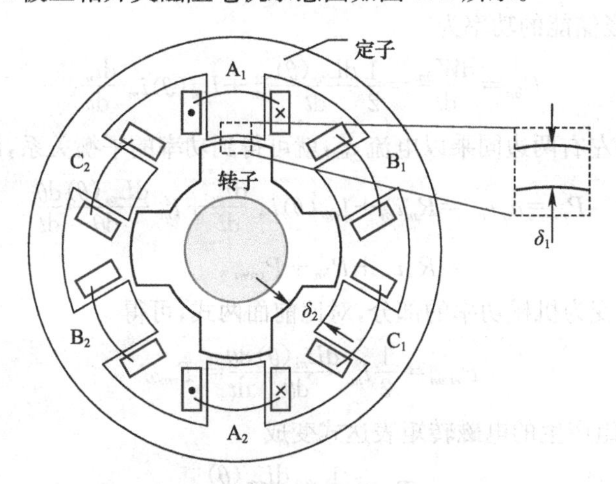

图 7.1　6/4 极三相开关磁阻电机示意图

开关磁阻电机的各相磁路相互独立，故相间互感可以忽略。设转子位置角为 θ，对第 m 相而言，磁链方程可以表示为

$$\Psi_m = f(i_m,\theta) = L_m(i_m,\theta)i_m \tag{7.1}$$

电压方程为

$$u_m = R_m i_m + \frac{\mathrm{d}\Psi_m}{\mathrm{d}t} = R_m i_m + \left[L_m(i_m,\theta) + i_m\frac{\partial L_m(i_m,\theta)}{\partial i_m}\right]\frac{\mathrm{d}i_m}{\mathrm{d}t} + i_m\frac{\partial L_m(i_m,\theta)}{\partial \theta}\frac{\mathrm{d}\theta}{\mathrm{d}t} \tag{7.2}$$

第 m 相电流产生的瞬时电磁转矩由磁共能得到，为

$$T_m=\frac{\partial W'_{fm}(i_m,\theta)}{\partial\theta} \tag{7.3}$$

以此为基础，就可以得到每相平均电磁转矩和整个电机的电磁转矩。

当相电流较小，磁路不饱和的情况下，可近似认为磁路为线性的，下面讨论线性情况下的开关磁阻电机运动方程。

1. 理想线性模型

理想线性情况下，相电感不受电流的影响，磁链表达式变为

$$\Psi_m=L_m(\theta)i_m \tag{7.4}$$

电压方程则为

$$u_m=R_mi_m+\frac{d\Psi_m}{dt}=R_mi_m+L_m(\theta)\frac{di_m}{dt}+i_m\frac{\partial L_m(\theta)}{\partial\theta}\frac{d\theta}{dt} \tag{7.5}$$

线性情况下，该相磁场储能与磁共能相等，为

$$W_{fm}=W'_{fm}=\frac{1}{2}L_m(\theta)i_m^2 \tag{7.6}$$

转变为磁场储能的功率为

$$P_{fm}=\frac{dW_{fm}}{dt}=\frac{1}{2}\frac{dL_m(\theta)}{dt}i_m^2+L_m(\theta)i_m\frac{di_m}{dt} \tag{7.7}$$

当式(7.5)左右两边同乘以电流 i_m，就可得到功率的平衡关系，即

$$\begin{aligned}P_m=u_mi_m&=R_mi_m+L_m(\theta)i_m\frac{di_m}{dt}+i_m^2\frac{dL_m(\theta)}{d\theta}\frac{d\theta}{dt}\\&=R_mi_m+P_{fm}+P_{emm}\end{aligned} \tag{7.8}$$

式中，P_{emm}是转变为机械功率的部分，对比前面两式，可得

$$P_{emm}=\frac{1}{2}i_m^2\frac{dL_m(\theta)}{d\theta}\frac{d\theta}{dt}=T_{em}\omega \tag{7.9}$$

第 m 相绕组产生的电磁转矩表达式变成

$$T_{em}=\frac{1}{2}i_m^2\frac{dL_m(\theta)}{d\theta} \tag{7.10}$$

在开关磁阻电机中，定子极和转子极相对面积越大，则磁路磁阻越小，对应的相电感也越大。对于线性模型，仅考虑空气隙的磁阻。定义定子极弧宽度为 α_{ps}，以图 7.1 中 6/4 极三相开关磁阻电机为例，其值为 $\pi/6$rad；第一气隙为 δ_1，第二气隙为 δ_2，由图 7.1 可知，第一气隙长度要比第二气隙小得多，令 $\delta_2=k\delta_1$，k 是大于 1 的系数。

假设气隙所在半径为 r_δ，叠片长度为 l，某相的一个定子极与转子极重合角度为 β，则气隙处的磁导可写成

$$\lambda_\delta=\mu_0\frac{\beta\cdot r_\delta\cdot l}{\delta_1}+\mu_0\frac{(\alpha_{ps}-\beta)\cdot r_\delta\cdot l}{\delta_2}=\mu_0\frac{r_\delta\cdot l}{\delta_2}[\alpha_{ps}+(k-1)\beta] \tag{7.11}$$

相电感与该相磁路对应的磁导成正比，于是可以得到理想线性条件下开关磁阻电机的电感波形，如图 7.2 所示。横坐标为转子旋转的机械角度，θ_r为转子极距，当转子极数为 N_r时，得

$$\theta_r=\frac{2\pi}{N_r} \tag{7.12}$$

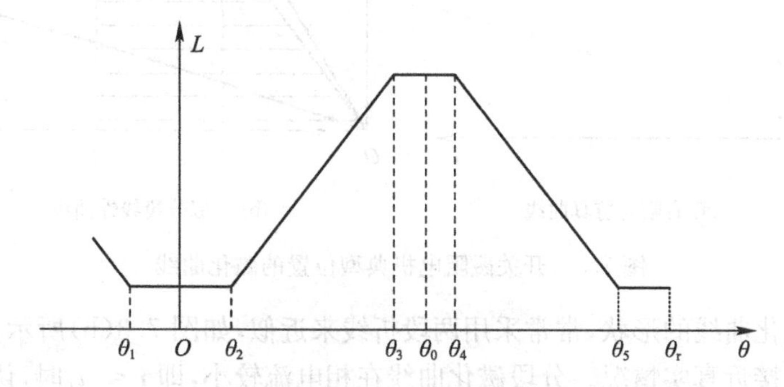

图 7.2　理想线性情况下开关磁阻电机的电感波形

$\theta=0$ 位置为定子极正对转子槽；$\theta=\theta_0$ 位置为定子极正对转子极；$\alpha_{ps}=\theta_3-\theta_2$；定义转子极弧宽度为 α_{pr}，则

$$\begin{cases}\theta_2=-\theta_1=\dfrac{\theta_r-\alpha_{ps}}{2}\\ \theta_4-\theta_3=\alpha_{pr}-\alpha_{ps}\end{cases} \tag{7.13}$$

电感表达式可以写成

$$L=\begin{cases}L_{min} & 0\leqslant\theta\leqslant\theta_2,\theta_5\leqslant\theta\leqslant\theta_r\\ L_{min}+K(\theta-\theta_2) & \theta_2\leqslant\theta\leqslant\theta_3\\ L_{max} & \theta_3\leqslant\theta\leqslant\theta_4\\ L_{max}-K(\theta-\theta_4) & \theta_4\leqslant\theta\leqslant\theta_5\end{cases} \tag{7.14}$$

式中，电感变化斜率为

$$K=\frac{L_{max}-L_{min}}{\alpha_{ps}} \tag{7.15}$$

由式(7.10)可知，要让开关磁阻电机产生正转矩，必须在$[\theta_2,\theta_3]$区间（电感上升区）通入电流，并避免在$[\theta_4,\theta_5]$区间（电感下降区）有电流流过相绕组。

2. 分段线性模型

在开关磁阻电机真正运行时，常工作在磁路饱和状态。一个开关磁阻电机在定、转子极正对位置、半对齐位置和定子极正对转子槽位置的磁化曲线如图 7.3(a)

所示，如果采用线性模型将带来很大的误差。为了改善模型的准确度，可以采用分段线性模型。

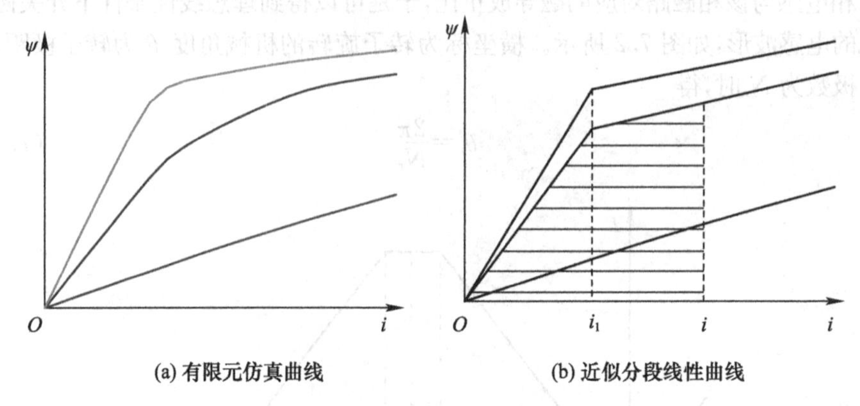

图 7.3　开关磁阻电机典型位置的磁化曲线

根据磁化曲线的形状，常常采用两段折线来近似，如图 7.3(b)所示，这样相比线性模型更接近真实情况。分段磁化曲线在相电流较小，即 $i < i_1$时，认为磁路线性，电感表达式与式(7.14)一致。而当相电流较大，即 $i > i_1$时，磁化曲线的斜率和最下边的磁化曲线一样，即等于 $L_{\min}$。这样可以得到某相定子极与转子极重合角度为 β 时的磁链表达式为

$$\Psi=\begin{cases}(L_{\min}+K\beta)i & i\leqslant i_1\\(L_{\min}+K\beta)i_1+L_{\min}(i-i_1) & i>i_1\end{cases}\tag{7.16}$$

相应的电感表达式为

$$L=\frac{\Psi}{i}=\begin{cases}L_{\min}+K\beta & i\leqslant i_1\\L_{\min}+\dfrac{K\beta i_1}{i} & i>i_1\end{cases}\tag{7.17}$$

采用分段线性模型分析开关磁阻电机的转矩时，当电流小时与理想线性模型得到的结果一致，而当电流较大时，可以通过图 7.3 (b)中阴影部分所示的磁共能来求得。磁共能可以表示为

$$W'_{\mathrm{f}}=\begin{cases}\dfrac{1}{2}(L_{\min}+K\beta)i^2 & i\leqslant i_1\\\dfrac{1}{2}(L_{\min}+K\beta)i_1^2+\dfrac{1}{2}L_{\min}(i-i_1)^2+(L_{\min}+K\beta)i_1(i-i_1) & i>i_1\end{cases}\tag{7.18}$$

故电磁转矩为

$$T=\frac{\partial W'_{\mathrm{f}}}{\partial\beta}=\begin{cases}\dfrac{1}{2}Ki^2 & i\leqslant i_1\\Ki_1\left(i-\dfrac{1}{2}i_1\right) & i>i_1\end{cases}\tag{7.19}$$

需要注意的是，上式是对定、转子极的重合角度求偏导得到的，意味着当定、转子极重合角度增大时，电磁转矩为正；而当定、转子极重合角度变小时，电磁转矩将是负值。即位于$[\theta_2,\theta_3]$区间，电磁转矩为正；而当位于$[\theta_4,\theta_5]$区间时，电磁转矩为负。从式(7.19)还可知，当电流较小时，电磁转矩与电流平方成正比；电流较大时，电磁转矩和电流一次方成正比。

7.1.2　开关磁阻电机的控制仿真与分析

7.1.1 节中线性模型和分段线性模型与开关磁阻电机的实际特性差别很大。如果采用有限元仿真软件建立开关磁阻电机模型，再辅以外电路模型，即采用场一路耦合仿真方法无疑可以得到更能反映实际情况的仿真结果，但这种方法计算量大、耗时长，采用这样的有限元模型来对控制策略、控制参数等进行优化设计时，不利于对控制技术的快速研发。

在保证模型精度的同时，提高开关磁阻电机模型的运行速度，可以采用查表法建立电机模型。通过有限元仿真得到相磁链随相电流与转子位置变化的关系曲线，如图 7.4 所示。对应曲线的数据可以整理成磁链数据表，该表即体现了式(7.1)的磁链方程。有限元仿真还可以得到第 k 相转矩方程对应的数据表($T_k=f(i_k,\theta)$)，实现了式(7.3)的转矩方程。

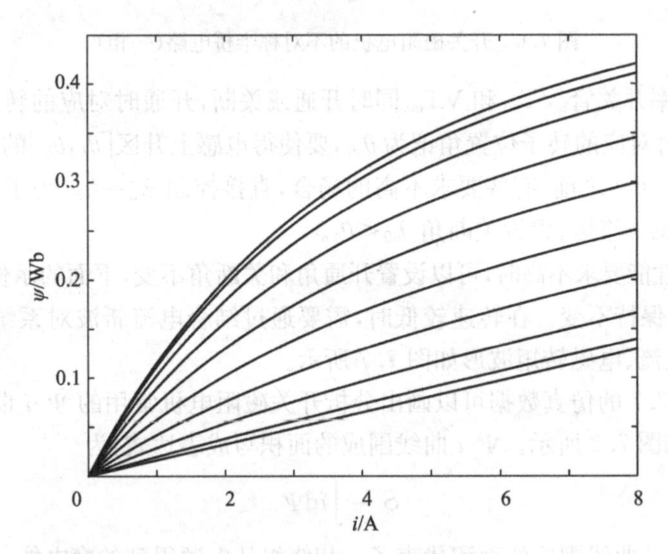

图 7.4　6/4 极典型磁化曲线(从下往上对应 $\theta=0$，以 $\pi/36$rad 为步长变化到 $\theta=\pi/4$rad)

为了建立电压方程，将磁链数据表转换成 $i_k=f(\Psi_k,\theta)$，而需要用于查表用的磁链 Ψ_k通过积分而得。整个电机模型如图 7.5 所示。

开关磁阻电机电磁转矩的正负不能通过改变电流的方向来实现，而是需要通

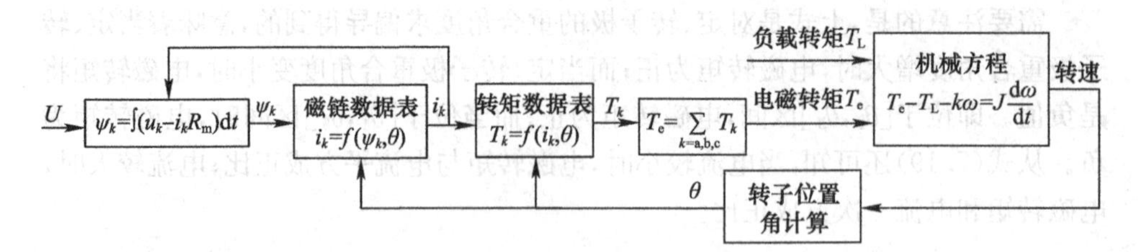

图 7.5　利用查表法搭建的开关磁阻电机模型

过在不同的角度区间通入电流来控制电磁转矩。因此，开关磁阻电机常常采用单极性驱动电路，经常采用的功率电路是不对称半桥拓扑，如图 7.6 所示。图中只画出了第 m 相绕组的主电路拓扑，包含两个功率开关管和两个续流二极管。

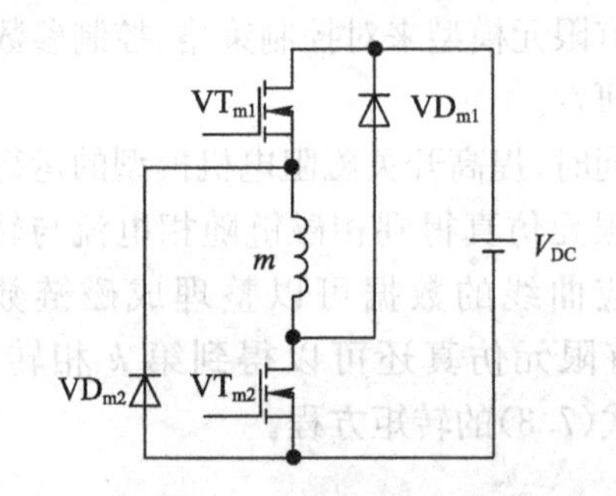

图 7.6　开关磁阻电机的不对称半桥电路(一相)

两个功率开关管 VT_{m1} 和 VT_{m2} 同时开通或关断，开通时对应的转子位置角记为 θ_{on}，关断时对应的转子位置角记为 θ_{off}，要使得电感上升区$[\theta_2,\theta_3]$的相电流足够大，θ_{on} 常设置在 θ_2 之前，有些要求不高的场合，直接控制 $\theta_{on}=0$。为了避免绕组电流续流到电感下降区，设置关断角 $\theta_{off}<\theta_3$。

在控制性能要求不高时，可以设置开通角和关断角不变，下面的示例中，$\theta_{on}=0$，$\theta_{off}=\pi/6$ rad 保持不变。在转速较低时，需要通过结合电流斩波对系统进行控制，相磁链、相电流、电磁转矩波形如图 7.7 所示。

利用图 7.7 的仿真数据可以画出分析开关磁阻电机常用的 Ψ-i 曲线，又称能量环曲线，如图 7.8 所示。Ψ-i 曲线围成的面积写成表达式，为

$$S=\int i\mathrm{d}\Psi \tag{7.20}$$

因此，Ψ-i 曲线围成的面积代表了一相绕组从电源得到的净电能，若系统没有损耗，则该能量会全部转换成机械能输出。

要注意的是，并不是在相电流不为 0 时，都从电源获取电能量，在斩波时，相磁链下降，此时 $i\mathrm{d}\Psi$ 为负，对应的物理过程是磁场储能向电源回馈能量。在关断角 θ_{off} 之后，磁场储能转变为电能回馈给电源的情况更为明显，如图 7.8 中的从 F 点

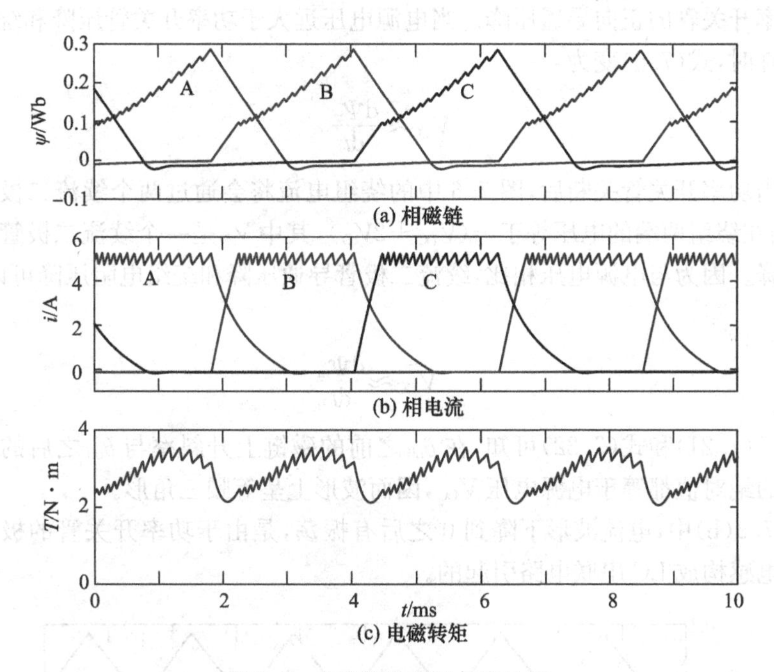

图7.7　电流斩波时的仿真波形

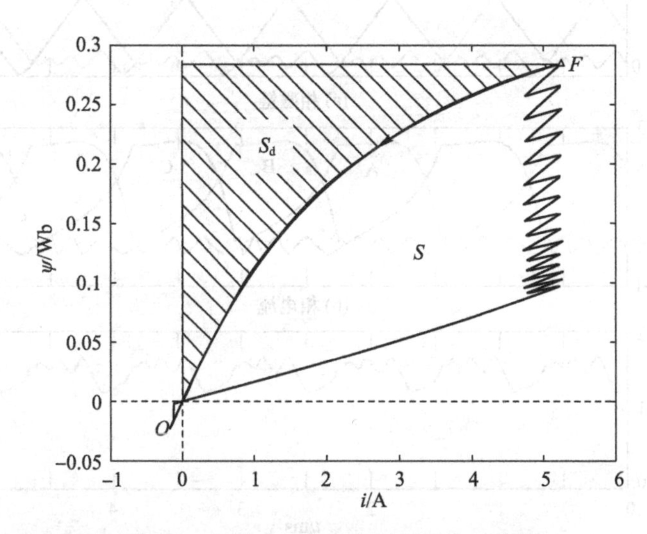

图7.8　与图7.7中C相对应的 Ψ-i 曲线

下降到 O 点，对应的阴影部分面积 S_d 则代表了回馈能量的大小。

当转速升高时，电流达不到斩波限，对应的相磁链、相电流、转矩波形如图7.9所示。图中，相磁链波形接近等腰三角形，这是因为处于$[\theta_{on},\theta_{off}]$区间时，图7.6中的两个功率开关管处于开通状态，加在绕组两端的电压等于$(V_{DC}-2V_T)$，V_T是

一个功率开关管的正向导通压降。当电源电压远大于功率开关管压降和绕组电阻上的压降时,式(7.5)变为

$$V_{DC} \approx \frac{d\Psi_m}{dt} \tag{7.21}$$

而当功率开关管关断后,图 7.6 中的绕组电流将会通过两个续流二极管继续流通,加在绕组两端的电压等于$-(V_{DC}+2V_D)$,其中V_D是一个续流二极管的正向导通压降。因为与电源电压相比,续流二极管导通压降和绕组电阻压降可以忽略,故有

$$-V_{DC} \approx \frac{d\Psi_m}{dt} \tag{7.22}$$

从式(7.21)和式(7.22)可知,在θ_{off}之前的磁链上升斜率与θ_{off}之后的磁链下降斜率的绝对值都等于电源电压V_{DC},因而波形上呈等腰三角形。

图 7.9(b)中,电流波形下降到 0 之后有振荡,是由于功率开关管的极间电容与绕组电感构成 LC 串联电路引起的。

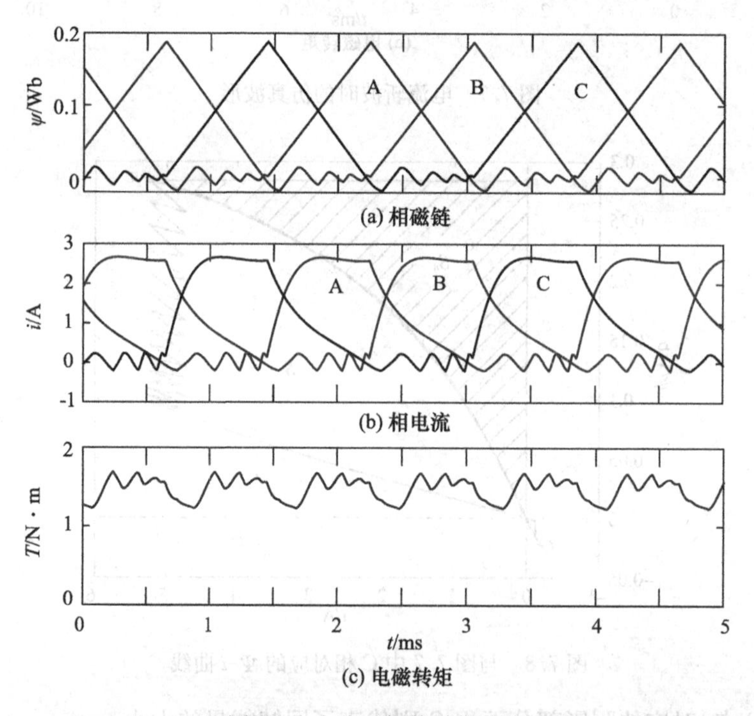

图 7.9　电流不斩波时的波形

图 7.9 对应相电流、相磁链波形构成的 Ψ-i 曲线如图 7.10 所示,该曲线围成的面积明显小于图 7.8,因此导致图 7.9 对应的电磁转矩比图 7.7 要小得多。由

于开关磁阻电机各相之间的磁耦合可以忽略，很多文献都采用 Ψ-i 曲线来对其转矩等性能进行分析。

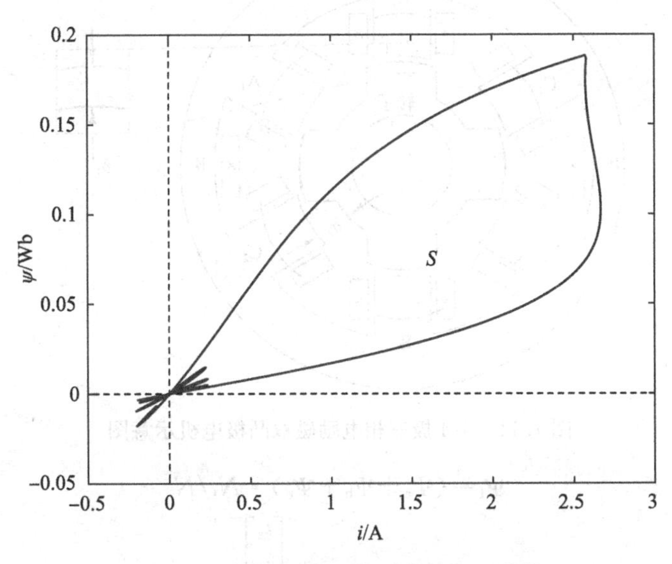

图 7.10　图 7.9 中 C 相对应的 Ψ-i 曲线

7.2　双凸极电机

7.2.1　运动方程

双凸极电机与开关磁阻电机同属于变磁阻电机，根据励磁源性质的不同，可分为永磁双凸极电机、电励磁双凸极电机、混合励磁双凸极电机 3 种，其中电励磁双凸极电机可通过调节励磁电流方便地调节电机的气隙磁场。一个 6/4 极三相电励磁双凸极电机示意图如图 7.11 所示。与开关磁阻电机不同，电励磁双凸极电机除在各定子极上绕有三相电枢绕组外，处于空间相对位置的定子槽内嵌有励磁绕组。

电励磁双凸极电机的磁链方程为

$$\boldsymbol{\Psi}=\boldsymbol{L}\boldsymbol{i} \tag{7.23}$$

式中，$\boldsymbol{\Psi}$ 为三相绕组和励磁绕组匝链的磁链矩阵，$\boldsymbol{\Psi}=\begin{bmatrix}\Psi_a\\\Psi_b\\\Psi_c\\\Psi_f\end{bmatrix}$。设 N 和 N_f 分别为电枢绕组匝数和励磁绕组匝数，忽略励磁绕组的漏磁通，与励磁绕组交链的磁通将等于各相磁通之和，利用磁通和磁链的关系可得

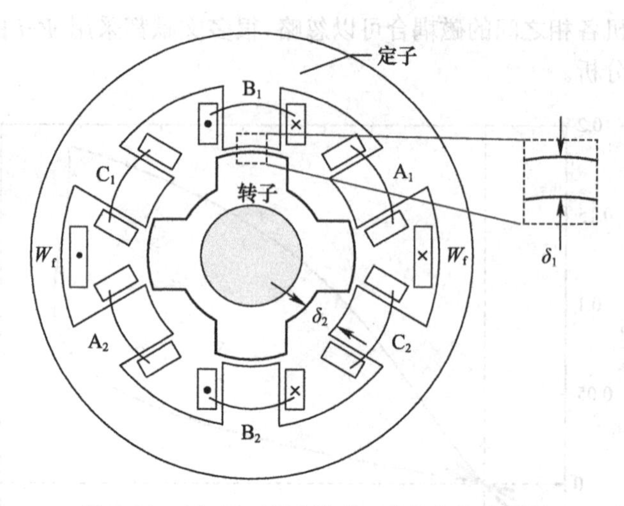

图 7.11　6/4 极三相电励磁双凸极电机示意图

$$\Psi_f=(\Psi_a+\Psi_b+\Psi_c)\cdot N_f/N \tag{7.24}$$

$\boldsymbol{i}$ 为三相绕组和励磁绕组的电流矩阵，$\boldsymbol{i}=\begin{bmatrix} i_a \\ i_b \\ i_c \\ i_f \end{bmatrix}$。

$\boldsymbol{L}$ 为自感和互感矩阵，$\boldsymbol{L}=\begin{bmatrix} L_a & L_{ab} & L_{ac} & L_{af} \\ L_{ba} & L_b & L_{bc} & L_{bf} \\ L_{ca} & L_{cb} & L_c & L_{cf} \\ L_{fa} & L_{fb} & L_{fc} & L_f \end{bmatrix}$。图 7.12 为一个 8/6 极四相电励磁双凸极电机在不同励磁条件时的空载相绕组自感和互感曲线，由图可知，相比于电枢相自感，各相间互感数值很小，可忽略不计，这样，$\boldsymbol{L}$ 可近似写为 $\boldsymbol{L}=\begin{bmatrix} L_a & 0 & 0 & L_{af} \\ 0 & L_b & 0 & L_{bf} \\ 0 & 0 & L_c & L_{cf} \\ L_{fa} & L_{fb} & L_{fc} & L_f \end{bmatrix}$。

电励磁双凸极电机的电压方程为

$$\boldsymbol{u}=\boldsymbol{Ri}-\boldsymbol{e}=\boldsymbol{Ri}+\frac{\mathrm{d}\boldsymbol{\Psi}}{\mathrm{d}t}=\boldsymbol{Ri}+\boldsymbol{L}\frac{\mathrm{d}\boldsymbol{i}}{\mathrm{d}t}+\boldsymbol{i}\frac{\mathrm{d}\boldsymbol{L}}{\mathrm{d}t} \tag{7.25}$$

式中，$\boldsymbol{u}$ 为三相绕组和励磁绕组的电动势，$\boldsymbol{u}=\begin{bmatrix} u_a \\ u_b \\ u_c \\ u_f \end{bmatrix}$。

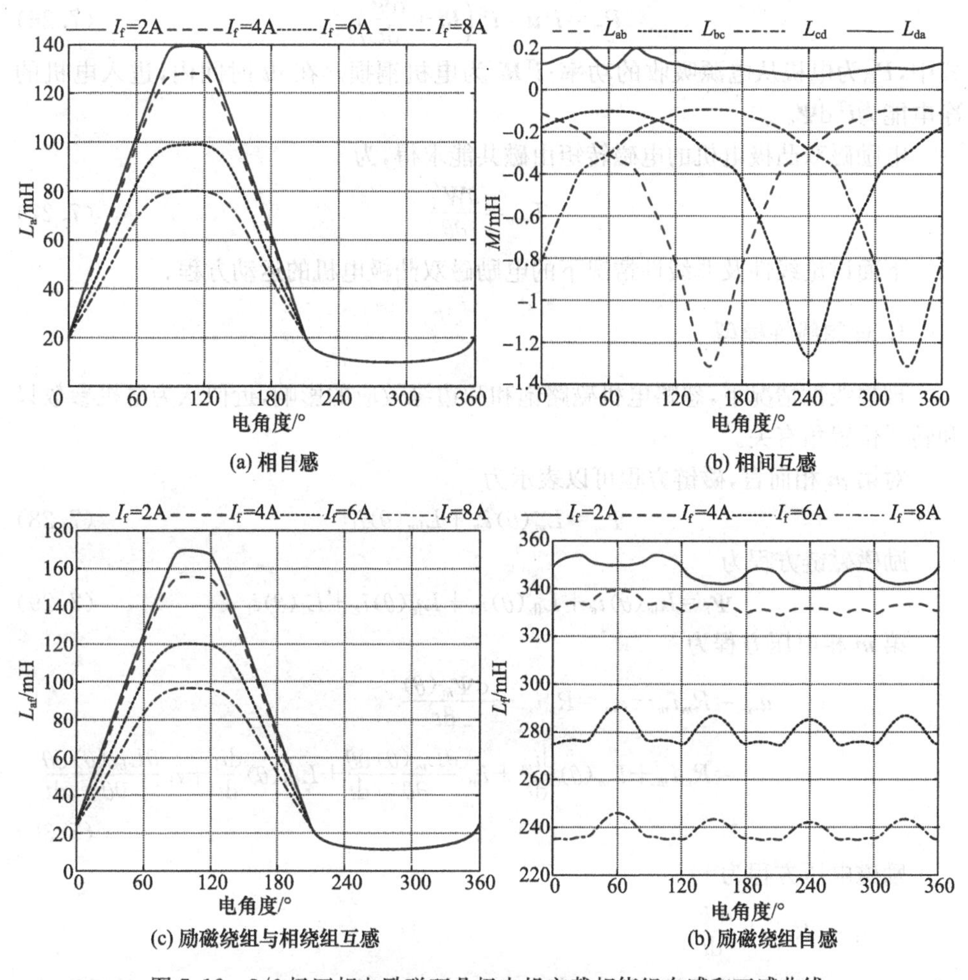

图 7.12　8/6 极四相电励磁双凸极电机空载相绕组自感和互感曲线

R 为三相绕组和励磁绕组的电阻矩阵，$\boldsymbol{R}=\begin{bmatrix} R_a & 0 & 0 & 0 \\ 0 & R_b & 0 & 0 \\ 0 & 0 & R_c & 0 \\ 0 & 0 & 0 & R_f \end{bmatrix}$。

e 为三相绕组和励磁绕组的反电动势，$\boldsymbol{e}=\begin{bmatrix} e_a \\ e_b \\ e_c \\ e_f \end{bmatrix}=-\dfrac{\mathrm{d}\boldsymbol{\Psi}}{\mathrm{d}t}$。

电励磁双凸极电机的功率方程为

$$P_{in}=\boldsymbol{i}^{T}\boldsymbol{u}=\boldsymbol{i}^{T}\left(\boldsymbol{Ri}+\frac{d\boldsymbol{\Psi}}{dt}\right) \tag{7.26}$$

式中，P_{in}为电机从电源吸收的功率；$\boldsymbol{i}^{T}\boldsymbol{Ri}$ 为电机铜损。在 dt 时间内，进入电机的净电能为$\boldsymbol{i}^{T}d\boldsymbol{\Psi}$。

电励磁双凸极电机的电磁转矩由磁共能求得，为

$$T_{em}=\frac{\partial W'_{f}}{\partial\theta} \tag{7.27}$$

下面讨论线性及非线性情况下的电励磁双凸极电机的运动方程。

1. 理想线性模型

理想线性情况下，忽略电机磁路饱和和边缘效应的影响，近似认为电机参数只和转子位置角有关。

对第 m 相而言，磁链方程可以表示为

$$\Psi_{m}=L_{m}(\theta)i_{m}+L_{fm}(\theta)i_{f} \tag{7.28}$$

励磁磁链方程为

$$\Psi_{f}=L_{fa}(\theta)i_{a}+L_{fb}(\theta)i_{b}+L_{fc}(\theta)i_{c}+L_{f}(\theta)i_{f} \tag{7.29}$$

第 m 相电压方程为

$$\begin{aligned}u_{m}&=R_{m}i_{m}-e_{m}=R_{m}i_{m}+\frac{d\Psi_{m}(\theta)}{dt}\\&=R_{m}i_{m}+L_{m}(\theta)\frac{di_{m}}{dt}+i_{m}\frac{\partial L_{m}(\theta)}{\partial\theta}\frac{d\theta}{dt}+L_{fm}(\theta)\frac{di_{f}}{dt}+i_{f}\frac{\partial L_{fm}(\theta)}{\partial\theta}\frac{d\theta}{dt}\end{aligned} \tag{7.30}$$

励磁电压方程为

$$\begin{aligned}u_{f}&=R_{f}i_{f}+\frac{d\Psi_{f}}{dt}\\&=R_{f}i_{f}+\sum_{m=a,b,c}\left[L_{fm}(\theta)\frac{di_{m}}{dt}+i_{m}\frac{\partial L_{fm}(\theta)}{\partial\theta}\frac{d\theta}{dt}\right]+L_{f}(\theta)\frac{di_{f}}{dt}+i_{f}\frac{\partial L_{f}(\theta)}{\partial\theta}\frac{d\theta}{dt}\end{aligned} \tag{7.31}$$

线性情况下，电机磁场储能与磁共能相等，为

$$W_{f}=W'_{f}=\sum_{m=a,b,c}\left[\frac{1}{2}L_{m}(\theta)i_{m}^{2}+i_{m}i_{f}L_{fm}(\theta)\right]+\frac{1}{2}L_{f}(\theta)i_{f}^{2} \tag{7.32}$$

转变为磁场储能的功率为

$$\begin{aligned}P_{f}=\frac{dW_{f}}{dt}=\sum_{m=a,b,c}\Big[&\frac{1}{2}\frac{dL_{m}(\theta)}{dt}i_{m}^{2}+L_{m}(\theta)i_{m}\frac{di_{m}}{dt}+i_{m}i_{f}\frac{dL_{fm}(\theta)}{dt}+\\&i_{f}L_{fm}(\theta)\frac{di_{m}}{dt}+i_{m}L_{fm}(\theta)\frac{di_{f}}{dt}\Big]+i_{f}L_{f}(\theta)\frac{di_{f}}{dt}+\frac{1}{2}\frac{dL_{f}(\theta)}{dt}i_{f}^{2}\end{aligned} \tag{7.33}$$

电机总输入功率为

$$P_{in}=u_a i_a+u_b i_b+u_c i_c+u_f i_f$$
$$=\sum_{m=a,b,c}\left\{i_m\cdot\left[R_m i_m+L_m(\theta)\frac{di_m}{dt}+i_m\frac{dL_m(\theta)}{dt}+L_{fm}(\theta)\frac{di_f}{dt}+i_f\frac{dL_{fm}(\theta)}{dt}\right]\right\}+$$
$$R_f i_f^2+i_f L_f(\theta)\frac{di_f}{dt}+i_f^2\frac{dL_f(\theta)}{dt}+\sum_{m=a,b,c}\left[i_f L_{fm}(\theta)\frac{di_m}{dt}+i_m i_f\frac{dL_{fm}(\theta)}{dt}\right]$$
$$=\sum_{m=a,b,c,f}(R_m i_f^2)+P_f+\sum_{m=a,b,c}\left[\frac{1}{2}i_m^2\frac{dL_m(\theta)}{dt}+i_m i_f\frac{dL_{fm}(\theta)}{dt}\right]+\frac{1}{2}i_f^2\frac{dL_f(\theta)}{dt}$$
$$=p_{Cu}+P_f+P_{em} \tag{7.34}$$

则电磁功率方程为

$$P_{em}=T_{em}\omega=\sum_{m=a,b,c}\left[\frac{1}{2}i_m^2\frac{dL_m(\theta)}{dt}+i_m i_f\frac{dL_{fm}(\theta)}{dt}\right]+\frac{1}{2}i_f^2\frac{dL_f(\theta)}{dt} \tag{7.35}$$

对应的电磁转矩表达式为

$$T_{em}=\sum_{m=a,b,c}\left[\frac{1}{2}i_m^2\frac{dL_m(\theta)}{d\theta}+i_m i_f\frac{dL_{fm}(\theta)}{d\theta}\right]+\frac{1}{2}i_f^2\frac{dL_f(\theta)}{d\theta}=T_a+T_b+T_c+T_{cog} \tag{7.36}$$

式中，T_a，T_b，T_c 分别为三相励磁转矩与磁阻转矩之和；T_{cog} 是电枢电流为 0，仅通入励磁电流产生的齿槽转矩。

2. 非线性模型

双凸极电机由于其定、转子极均为凸极结构，存在着显著的边缘效应和高度的局部饱和现象，所以绕组的电感和磁链均是转子位置角、励磁电流和各绕组电流的非线性函数。

忽略相间互感，第 m 相磁链方程为

$$\Psi_m(i_m,i_f,\theta)=L_m(i_m,i_f,\theta)i_m+L_{mf}(i_m,i_f,\theta)i_f \tag{7.37}$$

励磁磁链计算公式为

$$\Psi_f(i_a,i_b,i_c,i_f,\theta)=\sum_{m=a,b,c}[L_{fm}(i_m,i_f,\theta)i_m]+L_f(i_f,\theta)i_f \tag{7.38}$$

励磁磁链也可以利用式(7.24)得到。第 m 相电压方程为

$$u_m=R_m i_m-e_m(i_m,i_f,\theta)=R_m i_m+\frac{d\Psi_m(i_m,i_f,\theta)}{dt}$$
$$=R_m i_m+L_m(i_m,i_f,\theta)\frac{di_m}{dt}+i_m\frac{\partial L_m(i_m,i_f,\theta)}{\partial\theta}\frac{d\theta}{dt}+i_m\frac{\partial L_m(i_m,i_f,\theta)}{\partial i_m}\frac{di_m}{dt}+$$
$$i_f\frac{\partial L_{fm}(i_m,i_f,\theta)}{\partial\theta}\frac{d\theta}{dt}+i_f\frac{\partial L_{fm}(i_m,i_f,\theta)}{\partial i_m}\frac{di_m}{dt} \tag{7.39}$$

励磁电压方程为

$$u_f(i_a,i_b,i_c,i_f,\theta)=R_f i_f+\frac{d\Psi_f(i_a,i_b,i_c,i_f,\theta)}{dt} \tag{7.40}$$

非线性情况下，电机磁场储能和磁共能分别为

$$W_f(i_a,i_b,i_c,i_f,\theta)=\int_0^{\Psi_f}i_f d\Psi_f\Big|_{i_a=i_b=i_c=0}+\int_0^{\Psi_a}i_a d\Psi_a\Big|_{i_f=\text{const}}+$$
$$\int_0^{\Psi_b}i_b d\Psi_b\Big|_{i_f=\text{const}}+\int_0^{\Psi_c}i_c d\Psi_c\Big|_{i_f=\text{const}} \tag{7.41}$$

$$W'_{\mathrm{f}}(i_{\mathrm{a}},i_{\mathrm{b}},i_{\mathrm{c}},i_{\mathrm{f}},\theta)=\int_{0}^{i_{\mathrm{f}}}\Psi_{\mathrm{f}}\mathrm{d}i_{\mathrm{f}}\big|_{i_{\mathrm{a}}=i_{\mathrm{b}}=i_{\mathrm{c}}=0}+\int_{0}^{i_{\mathrm{a}}}\Psi_{\mathrm{a}}\mathrm{d}i_{\mathrm{a}}\big|_{i_{\mathrm{f}}=\mathrm{const}}+\int_{0}^{i_{\mathrm{b}}}\Psi_{\mathrm{b}}\mathrm{d}i_{\mathrm{b}}\big|_{i_{\mathrm{f}}=\mathrm{const}}+\int_{0}^{i_{\mathrm{c}}}\Psi_{\mathrm{c}}\mathrm{d}i_{\mathrm{c}}\big|_{i_{\mathrm{f}}=\mathrm{const}} \tag{7.42}$$

功率方程为

$$\begin{aligned}P_{\mathrm{in}}&=u_{\mathrm{a}}i_{\mathrm{a}}+u_{\mathrm{b}}i_{\mathrm{b}}+u_{\mathrm{c}}i_{\mathrm{c}}+u_{\mathrm{f}}i_{\mathrm{f}}\\&=\sum_{m=\mathrm{a,b,c}}(R_{\mathrm{m}}i_{\mathrm{m}}^{2})+R_{\mathrm{f}}i_{\mathrm{f}}^{2}+\frac{\mathrm{d}W_{\mathrm{f}}(i_{\mathrm{a}},i_{\mathrm{b}},i_{\mathrm{c}},i_{\mathrm{f}},\theta)}{\mathrm{d}t}+\frac{\partial W'_{\mathrm{f}}(i_{\mathrm{a}},i_{\mathrm{b}},i_{\mathrm{c}},i_{\mathrm{f}},\theta)}{\partial\theta}\frac{\mathrm{d}\theta}{\mathrm{d}t}\\&=p_{\mathrm{Cu}}+P_{\mathrm{f}}+P_{\mathrm{em}}\end{aligned} \tag{7.43}$$

转矩方程为

$$\begin{aligned}T_{\mathrm{e}}(i_{\mathrm{a}},i_{\mathrm{b}},i_{\mathrm{c}},i_{\mathrm{f}},\theta)&=\frac{\partial W'_{\mathrm{f}}(i_{\mathrm{a}},i_{\mathrm{b}},i_{\mathrm{c}},i_{\mathrm{f}},\theta)}{\partial\theta}\\&=\frac{\partial\int_{0}^{i_{\mathrm{a}}}\Psi_{\mathrm{a}}\mathrm{d}i_{\mathrm{a}}}{\partial\theta}+\frac{\partial\int_{0}^{i_{\mathrm{b}}}\Psi_{\mathrm{b}}\mathrm{d}i_{\mathrm{b}}}{\partial\theta}+\frac{\partial\int_{0}^{i_{\mathrm{c}}}\Psi_{\mathrm{c}}\mathrm{d}i_{\mathrm{c}}}{\partial\theta}+\frac{\partial\int_{0}^{i_{\mathrm{f}}}\Psi_{\mathrm{f}}\mathrm{d}i_{\mathrm{f}}}{\partial\theta}\\&=T_{\mathrm{a}}+T_{\mathrm{b}}+T_{\mathrm{c}}+T_{\mathrm{cog}}\end{aligned} \tag{7.44}$$

当只有第 m 相通入电流时，该相的电磁转矩为

$$T_{em}(i_{m},i_{\mathrm{f}},\theta)=\frac{\partial\int_{0}^{i_{m}}\Psi_{m}\mathrm{d}i_{m}\big|_{i_{\mathrm{f}}=\mathrm{const}}}{\partial\theta}+\frac{\partial\int_{0}^{i_{\mathrm{f}}}\Psi_{\mathrm{f}}\mathrm{d}i_{\mathrm{f}}\big|_{i_{m}=0}}{\partial\theta}=T_{m}+T_{\mathrm{cog}} \tag{7.45}$$

联合式(7.44)和式(7.45)得

$$T_{\mathrm{e}}=T_{\mathrm{eA}}+T_{\mathrm{eB}}+T_{\mathrm{eC}}-2T_{\mathrm{cog}} \tag{7.46}$$

7.2.2 双凸极电机的控制仿真与分析

有限元分析法是目前对双凸极电机进行非线性建模的主流手段，具有结果准确的显著优点，但其耗时长，仿真效率低。电励磁双凸极电机数学模型由磁链方程、电压方程和转矩方程构成。由于双凸极电机的高度非线性和强耦合性，采用常规拟合方法进行建模，过程较为复杂。为了便于电机控制策略的选取及控制参数的整定，提高仿真效率，本章利用三维查表法建立模型。以 8/6 极四相电励磁双凸极电机为例，其单相磁链方程与式(7.37)相同，励磁磁链方程比式(7.38)多了一个因变量，为

$$\begin{aligned}\Psi_{\mathrm{f}}(i_{\mathrm{a}},i_{\mathrm{b}},i_{\mathrm{c}},i_{\mathrm{d}},i_{\mathrm{f}},\theta)&=\sum_{m=\mathrm{a,b,c,d}}(L_{\mathrm{f}m}(i_{m},i_{\mathrm{f}},\theta)i_{m})+L_{\mathrm{f}}(i_{\mathrm{f}},\theta)i_{\mathrm{f}}\\&=(\Psi_{\mathrm{a}}+\Psi_{\mathrm{b}}+\Psi_{\mathrm{c}}+\Psi_{\mathrm{d}})\cdot N_{\mathrm{f}}/N\end{aligned} \tag{7.47}$$

同样，四相电机的单相转矩方程与三相的相同，为式(7.45)，则总转矩方程为

$$T_{\mathrm{e}}=T_{\mathrm{eA}}+T_{\mathrm{eB}}+T_{\mathrm{eC}}+T_{\mathrm{eD}}-3T_{\mathrm{cog}} \tag{7.48}$$

首先，依据式(7.37)和式(7.48)分别建立其相磁链和励磁磁链模型。接着，依据式(7.45)建立其单相转矩模型，各单相转矩叠加后，对多余的齿槽转矩进行扣除，即可得到电磁转矩。

电励磁双凸极电机非线性建模框图如图 7.13 所示。首先，利用有限元仿真软件对电机进行建模和仿真，采用静态仿真计算方法，对其建立输入量为电枢电流、

励磁电流及转子角位置，输出量分别为磁链和单相转矩的数据表格，得到的磁链数据表和转矩数据表分别与式(7.37)和式(7.45)对应。然后，通过 MATLAB/Simulink平台中的 2D Lookup Table 模块进行数据查表，输出对应控制状态下的磁链和单相转矩。

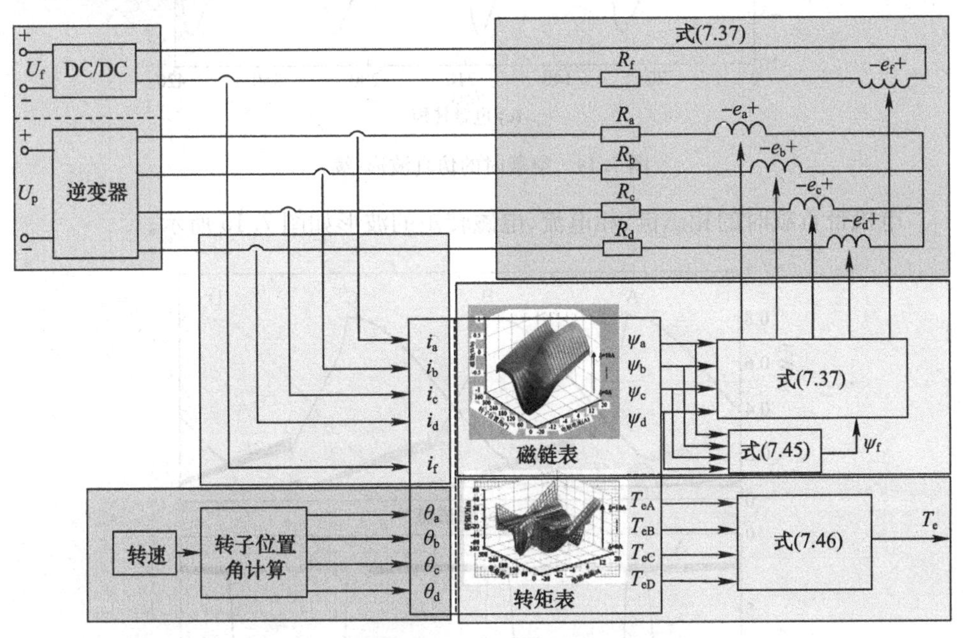

图 7.13　电励磁双凸极电机非线性建模框图

电机空载时的相磁链、反电动势、电磁转矩的波形如图 7.14 所示。

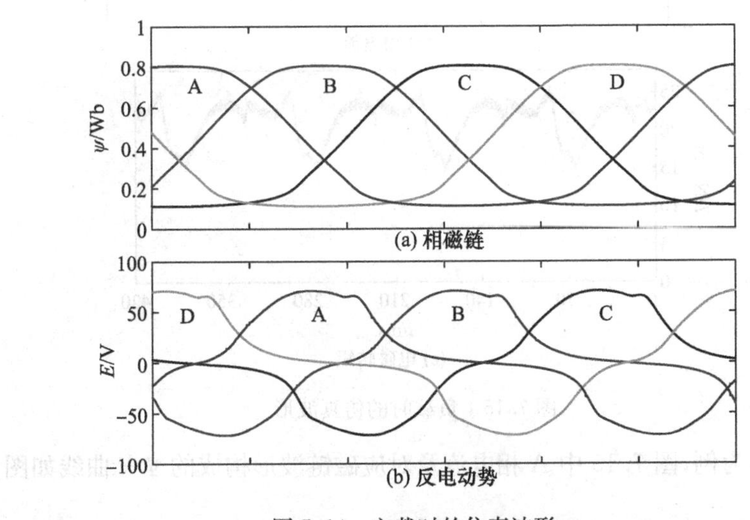

图 7.14　空载时的仿真波形

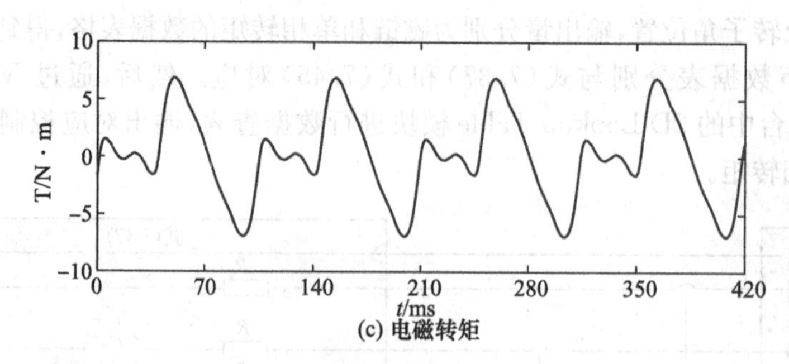

(c) 电磁转矩

图 7.14　空载时的仿真波形(续)

电机带负载时的相磁链、相电流、电磁转矩的波形如图 7.15 所示。

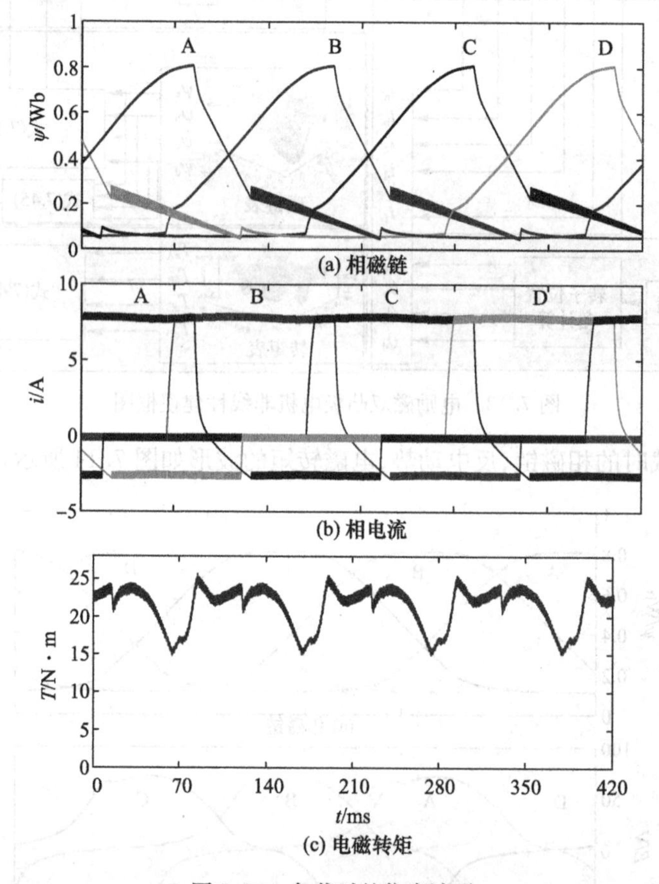

(c) 电磁转矩

图 7.15　负载时的仿真波形

以 A 相为例,图 7.15 中 A 相电流及对应磁链波形构成的 Ψ-i 曲线如图 7.16 所示。

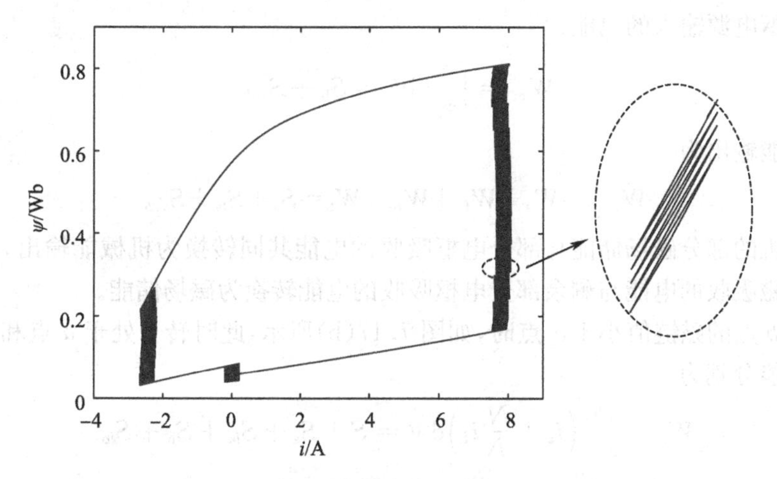

图 7.16　图 7.15 中 A 相对应的 Ψ-i 曲线

转子处于不同位置角时，对应的磁化曲线也不同，该相的 Ψ-i 曲线如图 7.17 所示。

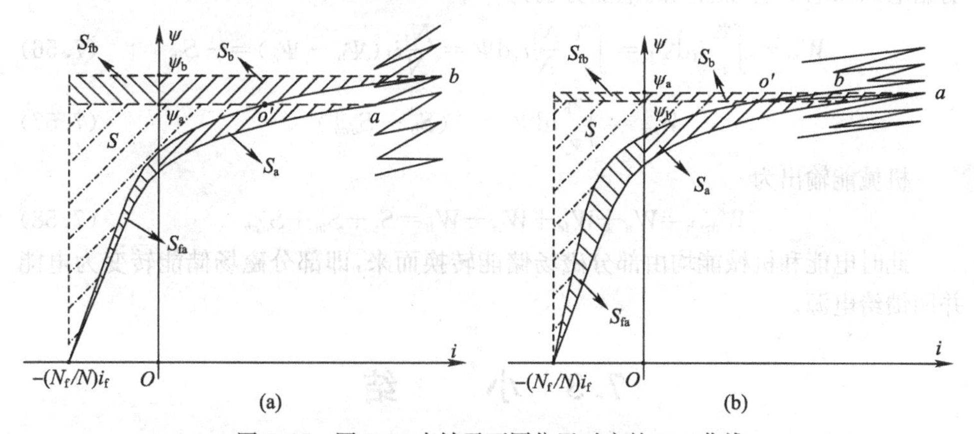

图 7.17　图 7.16 中转子不同位置对应的 Ψ-i 曲线

图 7.17(a)中，a 点纵坐标在 b 点之下，转子处于 a 点时，电机 A 相磁场储能为

$$W_a = \int_0^{\Psi_a}\left(i_a + \frac{N_f}{N}i_f\right)\mathrm{d}\Psi = S + S_a + S_{fa} \tag{7.49}$$

转子处于 b 点时，磁场储能为

$$W_b = \int_0^{\Psi_b}\left(i_b + \frac{N_f}{N}i_f\right)\mathrm{d}\Psi = S + S_b + S_{fb} \tag{7.50}$$

转子位置由 a 点变化到 b 点时，励磁电源输入的电能为

$$W_{fe} = \int_{\Psi_{fa}}^{\Psi_{fb}} i_f \mathrm{d}\Psi_f = \int_{\Psi_a}^{\Psi_b} \frac{N_f}{N} i_f \mathrm{d}\Psi = \frac{N_f}{N} i_f (\Psi_b - \Psi_a) = S_{fb} \tag{7.51}$$

电枢电源输入的电能为

$$W_{re} = \int_{\Psi_a}^{\Psi_b} i \mathrm{d}\Psi = S_b + S_{o'ab} \tag{7.52}$$

则机械能输出为

$$W_{mech} = W_a + W_{fe} + W_{re} - W_b = S_a + S_{fa} + S_{o'ab} \tag{7.53}$$

电机的部分磁场储能与部分电枢吸收的电能共同转换为机械能输出，电机的全部励磁吸收的电能与剩余部分电枢吸收的电能转换为磁场储能。

当b点的磁链值小于a点时，如图7.17(b)所示，此时转子处于a点和b点的磁场储能分别为

$$W_a = \int_0^{\Psi_a} \left(i_a + \frac{N_f}{N} i_f\right) \mathrm{d}\Psi = S + S_a + S_{fa} + S_b + S_{fb} \tag{7.54}$$

$$W_b = \int_0^{\Psi_b} \left(i_b + \frac{N_f}{N} i_f\right) \mathrm{d}\Psi = S \tag{7.55}$$

励磁电源和电枢电源输入的电能分别为

$$W_{fe} = \int_{\Psi_a}^{\Psi_b} i_f \mathrm{d}\Psi_f = \int_{\Psi_a}^{\Psi_b} \frac{N_f}{N} i_f \mathrm{d}\Psi = \frac{N_f}{N} i_f (\Psi_b - \Psi_a) = -S_{fb} \tag{7.56}$$

$$W_{re} = \int_{\Psi_a}^{\Psi_b} i \mathrm{d}\Psi = -(S_b - S_{o'ab}) \tag{7.57}$$

机械能输出为

$$W_{mech} = W_a + W_{fe} + W_{re} - W_b = S_a + S_{fa} + S_{o'ab} \tag{7.58}$$

此时电能和机械能均由部分磁场储能转换而来，即部分磁场储能转变为电能并回馈给电源。

7.3 小　　结

本章利用机电能量转换原理对开关磁阻电机和双凸极电机进行了分析，得到了两个电机的典型运动方程，并建立了仿真模型，给出了初步的仿真结果。

习题与思考题 7

7.1　试阐述开关磁阻电机和双凸极电机的相同点与不同点。

7.2　试仿照电励磁双凸极电机，写出永磁双凸极电机的运动方程。

7.3　试用 MATLAB 搭建开关磁阻电机模型。

参考文献

[1] 孟传富,钱庆镳．机电能量转换[M]. 北京:机械工业出版社,1993.
[2] 高里辛卡,凯利．机电能量转换[M]. 沈富根,蒋公惠,译．北京:国防工业出版社,1982.
[3] 卓忠疆．机电能量转换[M]. 北京:中国水利水电出版社,1987.
[4] 宫入庄太．机电能量转换[M]. 霍兴义,任仲岳,译．北京:机械工业出版社,1982.
[5] 周顺荣．电磁场与机电能量转换[M]. 修订版．上海:上海交通大学出版社,2006.
[6] 乌曼．电机学[M].7 版．刘新,苏少平,高琳,译．北京:电子工业出版社,2014.
[7] SARMA M S, PATHAK M K. Electric machines[M]. Singapore: Cengage Learning, 1994.
[8] 皮罗内,约基宁,拉玻沃兹卡．旋转电机设计[M]. 2 版．柴凤,裴宇龙,于艳军,等译．北京:机械工业出版社,2018.

反侵权盗版声明